高等院校石油天然气类规划教材

岩石物理学基础

(富媒体)

刘向君 熊 健 梁利喜 等编著

石油工业出版社

内容提要

本书结合勘查技术与工程专业的特点，较为全面系统地介绍了岩石物理的基本概念、产生机制及影响因素、室内实验测试原理和方法，以及岩石物理研究成果的基本应用。在传统出版的基础上，本书以二维码为纽带，加入了丰富的富媒体资源，为读者提供形象、便利的学习环境。

本书是面向勘查技术与工程本科专业学生的教学用书，也可供石油工程、地质工程及相关领域的学生和研究人员参考。

图书在版编目(CIP)数据

岩石物理学基础：富媒体/刘向君等编著.—北京：石油工业出版社，2018.11(2024.8重印)

高等院校石油天然气类规划教材

ISBN 978-7-5183-3015-7

Ⅰ.①岩…　Ⅱ.①刘…　Ⅲ.①岩石物理学—高等学校—教材　Ⅳ.①P584

中国版本图书馆 CIP 数据核字(2018)第 247086 号

出版发行：石油工业出版社

（北京市朝阳区安华里2区1号楼 100011）

网　　址：www.petropub.com

编辑部：(010)64523693

图书营销中心：(010)64523633　(010)64523731

经　　销：全国新华书店

排　　版：北京密东文创科技有限公司

印　　刷：北京中石油彩色印刷有限责任公司

2018年11月第1版　2024年8月第2次印刷

787毫米×1092毫米　开本：1/16　印张：12.75

字数：326千字

定价：32.00元

（如发现印装质量问题，我社图书营销中心负责调换）

版权所有，翻印必究

前　言

岩石物理学以岩石为研究对象，以物理学为研究手段，研究岩石的各种"场"物理特性、产生机制及其与岩石的客观物性之间的相互关系，具体地，深度挖掘岩石的声学、电学、磁学、重力等"场"物理性质的形成机制、表征参量及其与岩石的矿物组成、结构、构造、饱和流体、力学等客观物性和赋存环境之间的相互关系，进而为利用各种"场"物理性质实现对岩石客观物性、能源矿产资源的分布、地球内部和外部地质作用的预测提供理论和方法支撑，为新的地球物理探测仪器技术的研发指明方向。因此，岩石物理研究在应用地球物理领域具有重要的地位和作用，是能源矿产勘探开发、地震预测、工程地质勘查等领域的基础。岩石物理学的研究对象及研究内容决定了其实验性、基础性、综合性和多学科交叉性都很强。

岩石物理学的研究包含了物理学、声学、电学、力学、地质学、岩石学、地球物理学、地球化学、地热学、工程学和实验测试技术等众多学科，同时又涉及能源矿产勘探开发、地震预测、工程地质勘查等多个应用领域。这种多学科、多技术的综合性、交叉性和复杂性，导致其一直以来研究相对滞后，尤其除岩石声波速度特性、导电特性之外的其他领域的研究则相对更加薄弱。随着我国能源矿产勘探开发利用快速转向深部复杂地层和大洋等特殊环境，以及天然气水合物、页岩气等非常规资源和地热等可再生能源的利用，加之国民经济快速发展对地下空间资源开发利用、对地震等地质灾害准确预测等的迫切需要，地球物理勘探技术的快速发展与突破的重要性已被广大科技工作者越来越广泛和深入地认识到，技术的创新与进步亟待岩石物理研究的突破。由于岩石物理研究和应用领域长期的分割性，现有的相关书籍，或者以地震岩石物理，或者以岩石的导电特性，或者以岩石力学，或者以油气层岩石物理为对象展开，目前国内外还未见到全面系统介绍岩石物理学相关研究内容及发展的书籍。而作为勘查技术与工程专业的本科生，其面向的对象为地下地质体，既包括岩石，也涵盖岩石中的各种流体，系统全面学习、理解并架构岩石物理学的相关基础知识，对其今后主动利用岩石所具有的已知的不同"场"物理属性或挖掘利用岩石的新的特殊"场"物理属性，认识和分析地下岩石及其流体的性质是至关重要的。因此，编写一本内容涵盖全面，既有系统性、基础性，又有启发性、引导性和拓展性的岩石物理基础教材十分必要。本书正是基于这样的考虑编写完成的。

本书是面向勘查技术与工程本科专业学生的教学用书，结合勘查技术与工程专业的特点，全书共分为六章，较为全面系统地介绍了岩石物理的基本概念、产生机制及影响因素、室内实验测试原理和方法,以及岩石物理研究成果的基本应用。岩石物理学涉及多学科,综合性和交叉性都很强,因此,本书力求简明扼要,针对本科人才培养的特点,突出基础性、启发性、引导性、拓展性,力求使学生既对基础岩石物理有比较清晰的认识,又对岩石物理学研究的前缘领域有所了解。

随着我国油气等能源矿产资源开发转向深部复杂地层,以及页岩气、天然气水合物、地热等非常规资源和地热等新能源,资源勘探开发的难度越来越大,安全风险越来越高。因此,作为以油气为特色的石油高校的教学和科研工作者,我们在编写本书的过程中,既体现了岩石物理学研究在应用地球物理领域的基础性特点,也充分凸显了油气工业中岩石物理研究的特色,力求在为勘查技术与工程学生编写一本高质量教学用书的同时,也为石油工程、地质工程及相关领域的学生和研究人员提供一本较为系统全面的学习、研究参考用书。

本书主要由刘向君教授及研究团队编写完成。全书由刘向君教授组稿、统稿、定稿。青年教师熊健副研究员完成全书格式编排,并对全书的图、表及参考文献进行了统一规范整理,收集整理完成所有媒体资源。熊健副研究员、刘向君教授共同完成第一、二章;熊健副研究员、梁利喜副教授共同完成第三章;刘向君教授、刘红岐教授、熊健副研究员、青年教师张泽宇博士共同完成第四章、第六章;青年教师段茜、熊健副研究员、刘向君教授共同完成第五章。同济大学刘堂晏教授、西南石油大学谈德辉教授、孙良田教授对本书进行了审阅,并提出了许多宝贵建议。

感谢国家自然科学基金石化联合基金重点课题"页岩气低成本高效钻完井技术基础研究"(U1262209)在该书完成过程中提供的支持与资助。

在此向所有为本书付出辛勤劳动的各界人士致以衷心的感谢,没有他们的辛勤劳动就不会有本书的出版。

本书的视频资源采编于网络开放资源,在此对原作者表示感谢,同时也向本书所有引用资料的作者表示衷心的感谢。

由于作者水平有限,加上岩石物理学的复杂性,本书难免存在错误和不足之处,在此恳请广大读者批评指正。

刘向君

2018 年 7 月

目　　录

第一章　绪论 ·· 1
　　第一节　岩石物理学的研究对象及内容 ··· 1
　　第二节　岩石物理学的研究方法 ··· 2
　　习题 ·· 3
第二章　岩石的基础物性 ·· 4
　　第一节　岩石的骨架特征 ·· 4
　　第二节　岩石的孔隙与孔隙度 ·· 20
　　第三节　岩石中的流体及流体饱和度 ·· 28
　　第四节　岩石的密度 ·· 41
　　第五节　岩石的压缩性 ··· 46
　　第六节　岩石的渗透率 ··· 49
　　第七节　岩石的毛细管压力曲线 ·· 61
　　习题 ·· 66
第三章　岩石力学基础 ·· 68
　　第一节　岩石的受压力学特性 ·· 68
　　第二节　岩石的抗拉强度特性 ·· 79
　　第三节　岩石的抗剪强度特性 ·· 81
　　第四节　岩石的其他重要力学特性 ·· 84
　　第五节　地应力及其室内测试方法 ·· 92
　　第六节　岩石的强度准则 ··· 96
　　习题 ·· 99
第四章　岩石电学基础 ·· 102
　　第一节　岩石导电的基本概念 ·· 102
　　第二节　地层水电阻率 ·· 103
　　第三节　纯砂岩的导电特征——阿尔奇岩电关系 ························· 107
　　第四节　黏土矿物的导电性 ··· 109
　　第五节　含黏土矿物岩石的典型导电模型 ··································· 114
　　第六节　岩石的电化学作用 ··· 118
　　第七节　岩石的介电特征 ·· 120
　　第八节　岩石电学参数的实验室测定 ··· 128
　　习题 ··· 132

第五章　岩石声学基础 ········· 133
第一节　岩石声波的相关基础知识 ········· 133
第二节　岩石波速和衰减的实验室测试方法 ········· 146
第三节　岩石声学特性的应用 ········· 149
第四节　岩石波速模型 ········· 154
习题 ········· 160

第六章　岩石的其他物理性质 ········· 161
第一节　岩石的放射性 ········· 161
第二节　岩石的磁性 ········· 169
第三节　岩石的热物理性质 ········· 179
第四节　岩石的核磁共振特性 ········· 182
习题 ········· 188

参考文献 ········· 189

富媒体资源目录

序号	名称	页码	序号	名称	页码
1	彩图1-1	3	25	彩图4-12	114
2	彩图2-1	5	26	彩图4-32	128
3	彩图2-2	7	27	彩图4-35	129
4	彩图2-8	13	28	视频7	133
5	视频1	17	29	视频8	135
6	彩图2-22	20	30	视频9	137
7	彩图2-24	22	31	视频10	137
8	彩图2-27	24	32	视频11	137
9	视频2	24	33	视频12	137
10	视频3	39	34	彩图5-17	146
11	彩图2-45	43	35	彩图6-7	164
12	视频4	61	36	视频13	165
13	彩图2-69	63	37	彩图6-9	168
14	视频5	71	38	彩图6-18	180
15	彩图3-13	76	39	视频14	181
16	彩图3-24	80	40	视频15	181
17	彩图3-25	80	41	视频16	183
18	视频6	80	42	彩图6-21	184
19	彩图3-29	82	43	彩图6-24	186
20	彩图3-31	82	44	彩图6-25	186
21	彩图3-37	85	45	彩图6-26	188
22	彩图3-44	91	46	彩图6-27	188
23	彩图3-46	92	47	彩图6-28	188
24	彩图4-3	104			

本教材的富媒体资源由刘向君及其研究团队提供,若教学需要,可向责任编辑索取,邮箱为826630050@qq.com。

第一章
绪 论

岩石是由一种或几种造岩矿物按一定方式结合而成的天然集合体,是构成地壳的主要物质,是地球内部和外部地质作用的产物。研究岩石的各种物理性质,有助于人类更好地了解和认识地球内部的圈层结构、动力学性质,为能源矿产、地质灾害的成因机制与分布预测提供指导。

第一节 岩石物理学的研究对象及内容

岩石物理学以岩石为研究对象,以物理学为研究手段,研究岩石的各种"场"物理属性、产生机制、相互关系及应用。岩石作为一种特殊的材料,具有很多物理性质,如密度、弹性、导电性、导磁性、导热性、放射性等。这些物理性质可以形成可观测的各种地球物理场,包括天然存在的地球物理场和人工激发的地球物理场。其中地球的重力场、地磁场、地电场、地温场、核物理场是天然存在的地球物理场;由人工爆炸诱发在地下传播的弹性波场、向地下供电在地层中产生的局部电场、向地下发射电磁波激发出的电磁场等,都属于人工激发的地球物理场。岩石物理学主要研究能形成地球物理场的各种岩石物理性质及其成因机制,并通过这些场物理性质获得对地层的组分、孔隙性、渗透性、结构、构造等各种客观物理属性,以及地球内部结构、动力学特性等的认识、评价,进而实现相关预测,同时也为新的地球物理探测仪器技术的研发指明方向。针对不同研究领域,岩石物理学的研究内容不同。在油气资源的勘探开发领域,岩石物理学主要研究岩石的声波速度、电阻率、密度、放射性、核磁共振等物理特性及表征参量与岩石的矿物组成、结构、孔隙度、渗透率、流体饱和度、力学强度等性质、表征参数和赋存环境之间的关系,为油气地球物理探测技术的建立奠定基础,并为油气资源的勘探评价、安全开发开采提供技术支撑。

关于岩石物理学研究的实际问题,陈颙等(2001)将前人的研究总结归纳成三个方面:

(1)正问题:已知矿物、岩石本身的性质和变化,研究其物理性质在岩体中可能有的变化。这是一个由微观到宏观的推演过程,通常称为正演。

(2)反问题:已知地质、岩体的物理性质,如何反过来推演岩石和矿物的性质。这是一个由宏观到微观、由整体到局部的反演过程。

(3)应用问题:进一步,如何人为地改变矿物、岩石的特性,从而影响到岩体和地质特性的改变。这在岩石物理学中具有重要的潜在应用价值。

岩石物理学主要从实验和理论上研究岩石的物理性质和这些性质间的相互关系,其研究的基础是各种测试技术,包括空间观测、地面观测、井下观测和实验室观测等四个方面。实验上主要利用各种物理测试手段,测试岩石的各种物理量,从而获取岩石性质与物理参数间的关系;理论上针对岩石特性提出岩石各物理性质间的理论模型,用于解释实验观测到的现象和结果。岩石物理学的研究对象及研究内容决定了其实验性、基础性、综合性和交叉性都很强的必然性。目前,除了实验和理论岩石物理学外,岩石物理学与数学、计算机科学的结合产生了一门新的边缘学科,即计算岩石物理学或数值岩石物理学。计算岩石物理学是采用应用数学、计算科学及信息科学的方法解决岩石物理学中大量无法由解析方式解决的各种理论和实际问题。计算岩石物理学的发展正方兴未艾,已经成为现代岩石物理学理论和应用各个方面必不可缺少的科学手段和有力支柱。

第二节 岩石物理学的研究方法

岩石物理学主要采用物理学的研究方法,其研究方法有观察、实验、归纳和总结。实验是岩石物理学最基本的研究方法。实验室具体的研究方法为:首先采集各种有地质意义的岩石(包括井下岩石样品和露头岩石样品),按照测试规范制取有代表性的岩石样品,然后在实验室中分别研究其各种物理性质及各种因素对其物理性质的影响,并对大量的实验结果进行分析和归纳,找出岩石物理性质的变化规律,继而根据实验结果统计归纳得到经验关系式(理论模型);在建立合理而简化的数学物理模型基础上,将由实验得到的经验关系外推到实际问题中去,因为若没有合适的模型,而只是简单地把实验室小尺度实验得到的结果外推到大尺度的自然界,常常会出现错误的认识。简而言之,岩石物理学的实验研究方法主要步骤可概括为采样—制样—测试—分析—归纳和总结。

岩石物理学的研究涉及地质学、地球物理学、地球化学、环境科学、工程学等学科,也涉及一些基础学科,如声学、电学、力学、热学和电磁学等。岩石物理学是一门高度交叉的综合性学科,这就决定了在岩石物理学中,对于岩石不同物理性质,必然要用到上述相应学科中对应的物理方法和手段。主要物理性质和测量方法如表1-1所示,其中表的左边列出了研究地球内部组成、结构和运动依赖的物理方法,表的右边列出了相应的岩石物理性质。

表1-1 研究地球的各种物理方法和相应的岩石物理特性

物 理 方 法	岩石物理性质	物 理 方 法	岩石物理性质
重力法	密度	声学方法	波速、波衰减和各向异性
磁法	磁化率、磁导率	热学方法	热导率、比热容、热扩散系数
电法	电阻率、介电常数	核法	放射性、核磁共振

此外,岩石物理学的研究中还需要注意一些问题。我们知道地下的岩石都处于高温高压条件下(原位条件),不同原位地层条件下岩石的物理性质间存在差异。因此,在研究岩石的物理性质时,必须要考虑岩石所处的原位地层条件,否则,获取的岩石物理性质不具有代表性。其次,岩石物理研究中存在着不同的尺度。岩石的物理性质可能与进行测量的尺度有关,即岩石的物理性质随着研究的尺度不同而不同。如用岩石尺度看矿物,矿物性质是均匀的,而用矿物尺度看矿物,矿物是非均匀的。岩石物理学研究的尺度包括四种:矿物尺度、岩石尺度、岩体尺度和地质尺度。岩石的不同研究尺度可见图1-1,从图中可看出,选择不同位置取样,获取的岩样岩石物理性质将可能不同,即不同的研究尺度将对研究结果产生影响。陈颙等(2001)在岩石物理学的研究中提出了上限尺度和下限尺度的范畴,在上、下限尺度之内研究的岩石整

体上具有稳定的物理性质。因此,在研究岩石的物理学性质、应用岩石物理学性质解决实际问题时,需要确定合适的研究尺度,对复杂结构、构造岩石尤其要特别注意尺度效应。

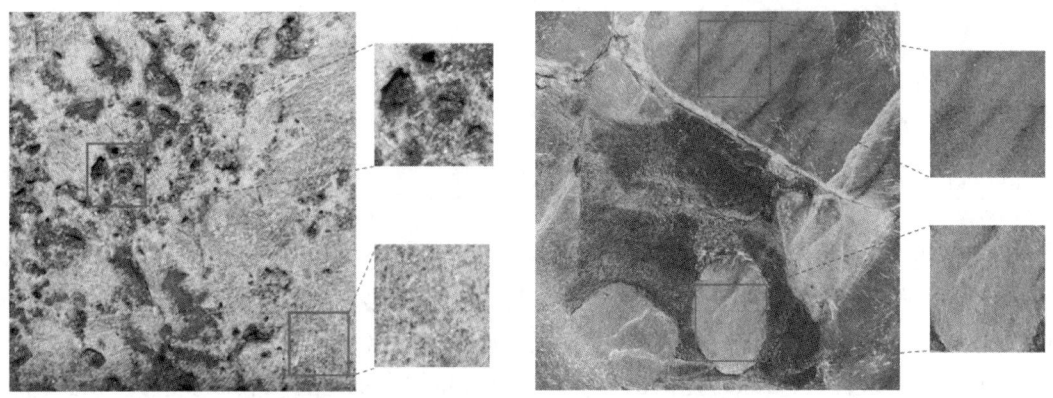

(a) 孔洞型碳酸盐岩　　　　　　　　(b) 砾岩

图 1-1　不同类型岩石的不同研究尺度

彩图1-1

习　题

(1) 岩石物理学研究什么?怎么研究?试举例阐述。
(2) 试举例阐述岩石物理学研究的科学及应用价值。

第二章 岩石的基础物性

岩石的组成、结构、构造、颗粒或晶粒大小及形状、孔隙性、渗透性、所含流体等客观物性是岩石声学、电学、磁学、放射性、核磁共振特性,以及储热、传热等岩石物理性质产生的基础,同时又是能源矿产勘探开发、地质灾害预测、工程地质勘查等必须研究获得的基础信息。因此,研究分析岩石物理性质,必须首先认识和了解岩石自身的客观物性及表征参量。在地质学的相关书籍中已经对岩石的组成、结构、构造、颗粒或晶粒等有系统的阐述,本章仅针对岩石颗粒大小、孔隙性、渗透性、流体性质、孔隙结构等客观物性及其表征参量进行较为系统的阐述,同时也对各种参量的测试方法进行了简要介绍。

第一节 岩石的骨架特征

岩石的骨架是由性质不同、形状各异、大小不等的颗粒经胶结作用而成。颗粒的大小、形状和排列方式,胶结物的成分、数量、性质以及胶结方式,都将影响到岩石骨架的性质,并进而影响到岩石的各种物理性质。描述岩石骨架特征的参数主要有粒度、比面、密度、压缩性和润湿性等,本节主要讨论岩石的粒度组成、比面和润湿性。

一、岩石的粒度组成

1. 粒度组成的概念及测量方法

岩石粒度是指岩石颗粒的大小,通常用其直径(单位可用目数或毫米)表示。根据粒径划分碎屑岩的方法有很多,表2-1是SY/T 5434—2009《碎屑岩粒度分析方法》中的粒级分类表。

表2-1 粒级分类表

粒 度 分 类		分 级 界 限	
大类	小类	粒径,μm	φ值
砾	中砾	64000 ~ ≥4000	-6 ~ ≤ -2
	细砾	<4000 ~ 2000	> -2 ~ -1
砂	巨砂	<2000 ~ 1000	> -1 ~ 0
	粗砂	<1000 ~ 500	>0 ~ 1
	中砂	<500 ~ 250	>1 ~ 2
	细砂	<250 ~ 125	>2 ~ 3
	极细砂	<125 ~ 62.50	>3 ~ 4

续表

粒度分类		分级界限	
大类	小类	粒径,μm	φ值
粉砂	粗粉砂	<62.50~31.25	>4~5
	细粉砂	<31.25~3.90	>5~8
泥	—	<3.90	>8

注:$\phi = -\log_2 d$。其中 d 为粒径。

粒度组成是指构成岩石的各种大小不同颗粒的含量,通常以百分数来表示,即不同粒径颗粒在全部岩石颗粒中所占的比例,其计算公式为

$$G_i = W_i / \sum W_i \times 100\% \quad (2-1)$$

式中,W_i 为第 i 种粒径颗粒的质量,g;G_i 为第 i 种粒径颗粒的质量分数,%。

可见,测定岩石粒度组成的关键是如何测定不同粒级颗粒占全部颗粒的百分数。岩石粒度组成测定方法很多,例如对松散的沉积物和能松解成单个颗粒的岩石,可用直接测量法、筛析法、沉降法(水析法)等;对粗大砾石或砾岩,可以采用直接测量法;对固结的岩石,常用薄片粒度分析或图像分析法等。筛析法主要用于砂岩分析,沉降法主要用于粉砂岩和泥质粉砂岩。本节主要对筛选法、沉降法和激光粒度分析仪法进行简要介绍。

1)筛析法

筛析法是用成套的筛子对经松解的岩石颗粒进行筛析,按不同粒级将它们分开,主要用于测定砂岩粒度。筛子的筛孔尺寸有两种表示方法:一种是每英寸长度上的孔数,称为目;另一种则是以毫米直接来表示筛孔孔眼的大小。此外,成套筛子的孔眼大小有一定的规定,例如相邻的两级筛孔孔眼大小的级差为 $\sqrt[4]{2}$ 或 $\sqrt{2}$。在实验室进行筛析时,一般都采用细金属丝编成的标准筛进行。把所选用的筛子自上而下按筛孔大小从大到小排列好(图2-1),将岩石颗粒放入最上面筛子中,开动振筛机振动15min。取下筛子,把每个筛子中颗粒倒出,逐份称量,算出质量分数和累计质量分数。筛析法测定岩石样品的粒度范围大于0.063mm,所需样品量大于10g,平均测量时间为1~2h。表2-2为利用筛析法测定的某岩样粒度组成。

(a)自上而下筛孔由大到小排列

(b)筛子俯视图

彩图2-1

图2-1 筛析法实验中使用的部分筛子

表 2-2 某岩样粒度组成测试结果

粒径(筛孔直径)		筛内颗粒质量	平均粒径	质量分数	累计质量分数
目	mm	g	mm	%	%
15	1.332	0.443	1.332	0.493	100.000
20	0.900	0.268	1.074	0.298	99.507
40	0.450	5.761	0.6	6.413	99.209
60	0.280	36.104	0.345	40.190	92.796
80	0.180	29.891	0.219	33.274	52.606
100	0.154	5.497	0.166	6.119	19.332
120	0.125	3.857	0.138	4.293	13.213
140	0.105	0.920	0.114	1.024	8.920
160	0.098	2.416	0.101	2.689	7.896
180	0.090	1.386	0.094	1.543	5.206
200	0.074	3.291	0.081	3.663	3.663

2) 沉降法

通过筛析法最小筛孔后的颗粒常为极细颗粒,需要再细分其粒级含量时,可采用沉降法。沉降法的依据是不同大小的颗粒在液体中具有不同的沉降速度,主要用于测定粉砂岩和泥质粉砂岩粒度。沉降法的基础是斯托克斯定律:球形颗粒在黏滞液体中受重力作用自由沉降时,沉降速度是与颗粒直径有关的常数,即

$$d = \sqrt{\frac{18\gamma v}{g(\rho_s - \rho_L)}} \qquad (2-2)$$

式中,d 为颗粒直径,cm;v 为粒径为 d 的颗粒在液体中下沉速度,cm/s;ρ_s 为颗粒密度,g/cm³;ρ_L 为液体密度,g/cm³;γ 为液体的运动黏度,cm²/s;g 为重力加速度,9.81cm/s²。

根据式(2-2)可知,选定悬浮液(如水溶液)后,液体的密度和运动黏度就为已知数,在颗粒密度已测得的情况下,再测出颗粒在液体中的下降速度,则由式(2-2)可计算出颗粒直径,最后统计出不同粒径的颗粒在总颗粒中所占的百分比。还需要注意的是,沉降法中粒度定义是:如果一个颗粒与球形颗粒具有相同的沉降速度,即认为该颗粒的粒度等于球形颗粒的直径。

在式(2-2)的推导过程中,斯托克斯曾假设:(1)颗粒坚硬,并具有光滑的球形表面;(2)在黏性和不可压缩液体中,颗粒的运动相当缓慢,且距离容器壁及底为无穷远;(3)颗粒沉降应以恒速进行;(4)在运动着的颗粒与分散介质之间的界面上,不发生滑动等。因此,该公式存在一定的局限性。此外,颗粒浓度对颗粒在分散液中下沉速度影响较大,为保证颗粒在沉降时呈单粒分散下沉,在测定时要求岩石样品颗粒在悬浮液中的质量浓度不得超过1%。沉降法测定岩石样品的粒度范围小于0.063mm,所需样品量大于30g,平均测量时间范围为1~2d。在实际应用中,一般将筛析法和沉降法两种方法相结合。

3) 激光粒度分析仪法

岩石粒度分析除了沉降法和筛析法等传统方法外,激光粒度分析仪法逐渐成为一种应用范围比较广的室内测定新方法。激光粒度分析仪如图2-2所示。激光具有很好的单色性和

极强的方向性，因此一束平行的激光在没有阻碍的无限空间中将会照射到无限远的地方，并且在传播过程中很少有发散现象。然而当光束遇到颗粒阻挡时，一部分光将发生散射现象，散射光的传播方向将与主光束的传播方向形成一个夹角，夹角大小与颗粒大小有关：颗粒越大，产生的散射光夹角就越小；颗粒越小，产生的散射光夹角就越大。这就是著名的米氏散射理论。激光粒度分析仪的测试原理主要基于光与颗粒间的作用，即根据颗粒能使激光产生散射来测试岩石粒度分布。激光发出的单色光，经过光路变换成平面波的平行光；平行光经过试样槽，遇到散布其中的颗粒发生衍射和散射，从而在后方产生光强的相应分布，被信息接收器接收并转化为信号，进而经过复杂的程序处理而得出颗粒粒径分布。激光粒度分析仪测定岩石样品的粒度范围为 0.02~2000μm，所需样品量小于 5g，平均测量时间范围为 3~5min。

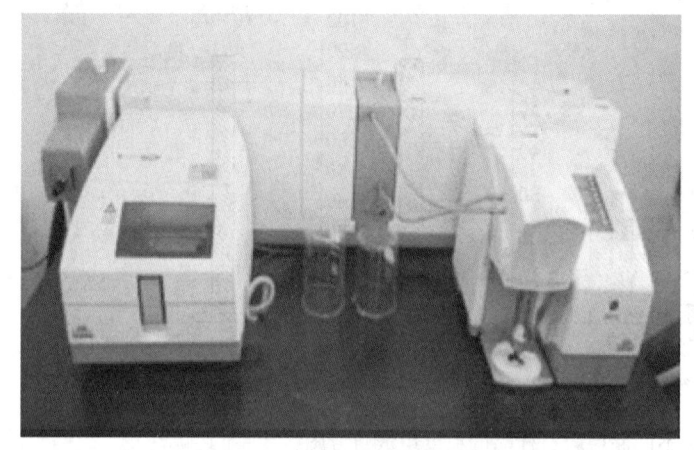

彩图2-2

图 2-2　激光粒度分析仪（Mastersizer 2000 型）

2. 粒度组成的表示方法及粒度参数计算

粒度组成的表示方法有数字列表法和作图法两大类。其中作图法较常用，主要包括直方图、频率曲线图、累计频率曲线图（累计曲线图）、概率累计曲线图等。这些图件直观表示了各种粒径颗粒在岩石中所占的质量分数，不同图件主要反映的地质环境及应用不同。

1）直方图

以颗粒直径（以 ϕ 值或毫米为单位）为横坐标，纵坐标为频数（质量分数），将所测得的各粒级频数画成矩形柱，即为直方图或柱状图。直方图中长方形的"宽"代表粒度区间，"高"代表每种粒度的频数，表示各粒度区间的质量分数。通常把直方图中突出于周围方块之上的高方块中的高点称为"峰"，如果只有一个峰则称为"单峰"，而有两个或两个以上的峰则称为"双峰"或"多峰"。图 2-3 为以 ϕ 值为横坐标得到的不同储层岩石的粒度直方图。从图 2-3 中可看出，图 2-3(a)样品的粒度分布范围广，具有多峰，且峰所在粒级的质量分数并不高，说明该样品分选性极差；图 2-3(b)样品的粒度分布为单峰，且粒度分布较宽，说明该样品分选性较差；图 2-3(c)和图 2-3(d)样品的粒度范围较窄，两者都具有较明显的单峰且后者更突出，说明两者样品的粒度分选性好且后者的分选性更好，同时后者样品的粒径更小。ϕ 值与 mm 表示的颗粒直径间的转换关系为

$$\phi = -\log_2 d \tag{2-3}$$

2）频率曲线图

将直方图上各矩形顶边中点连成一光滑曲线则为频率曲线图。常见的粒度组成频率分布

曲线形态如图2-4所示。粒度组成频率曲线的形态可用对称性或偏度表示[图2-4(a)和图2-4(b)],峰的展开度可用峰度(也称为尖度)表示[图2-4(c)](其定义见粒度累计曲线)。同时,粒度组成频率曲线中的高点也称为"峰",主峰所对应粒径值称为"众数"。如果只有一个则称为"单峰",而有两个或多个则成为"双峰"或"多峰",如图2-4(d)所示。单峰曲线横向展开度窄,峰值高,表示分选好,说明该岩石以某一粒径颗粒为主,岩石粒度组成越均匀[图2-4(d)中样品1];反之,表示分选差。双峰频率曲线代表混合物沉积,分选中差或差[图2-4(d)中样品2],若两峰相距较近且峰值高,则表示分选较好;若两峰相距远且峰值低,则表示分选差。多峰频率曲线一般表示分选差[图2-4(d)中样品3],为多种来源沉积物混合,常为冰川沉积或洪积物。

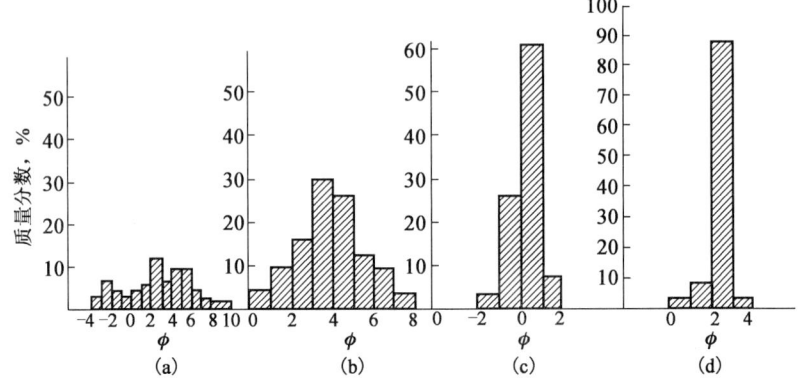

图2-3 不同储层岩石样品的粒度组成直方图

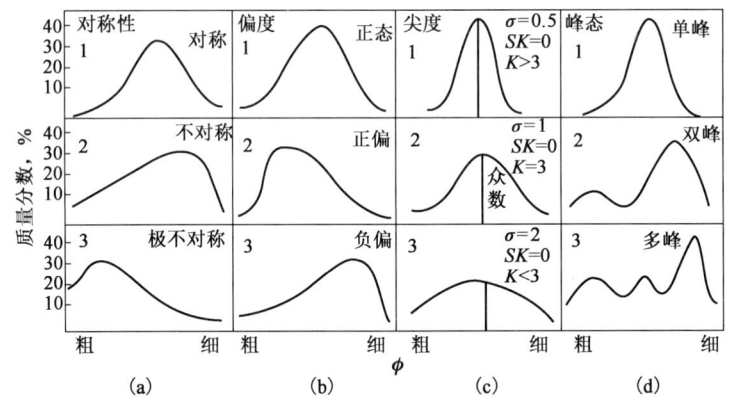

图2-4 常见的粒度组成频率分布曲线形态

3) 累计频率曲线

累计频率曲线以累计质量分数为纵坐标,以粒级为横坐标。需要注意的是,激光粒度分析仪法获取的岩石粒度组成累计频率曲线是以累计体积分数为纵坐标。从粗粒一端开始,以每一粒级的百分含量为基点,向细粒一端点出累计质量分数,将各点用光滑曲线连接而成。累计频率曲线总是呈"S"形,如图2-5(c)所示。图2-5(a)和图2-5(b)分别为累计频率曲线对应的直方图和频率曲线图。不同沉积环境形成的碎屑沉积物的累计频率曲线形态不同。分选好的岩石,粒度分布范围窄,累计频率曲线陡;反之,累计频率曲线较平缓。

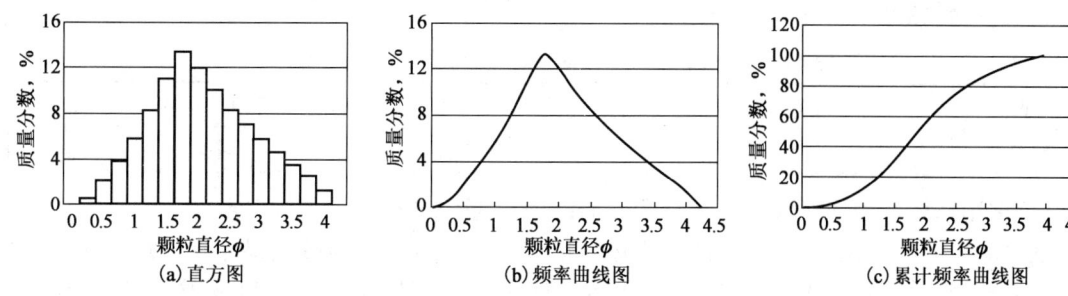

图 2-5 某地层岩石粒度组成的直方图、频率曲线图和累计频率曲线图

根据累计频率曲线上的一些特征点,可以获得粒度中值、不均匀系数、分选系数、标准偏差等粒度分布特征参数,对沉积的环境和物性等进行分析、评价。各参数定义见表2-3。P、ϕ分别为累计频率曲线的横坐标以 mm、ϕ 值为单位表示的粒径,下标表示对应的累计质量分数,如 P_i、ϕ_i 分别表示累计频率曲线上,累计质量分数 i 所对应的以 mm、ϕ 值表示的粒径(表2-3)。粒度中值 M_d 指在粒度组成累计频率曲线上累计质量分数 50% 所对应的颗粒直径,单位为 mm。

表 2-3 粒度分布量化表征参数

名称	福克和沃德(常用)	名称	特拉斯克	意义
粒度中值	$M_d = \phi_{50}$	粒度中值	$M_d = P_{50}$	粒度分布集中趋势
平均粒径	$M = \dfrac{\phi_{16} + \phi_{50} + \phi_{84}}{3}$	平均粒径	$M = \dfrac{P_{25} + P_{75}}{2}$	
标准偏差	$\sigma = \dfrac{\phi_{84} - \phi_{16}}{4} + \dfrac{\phi_{95} - \phi_5}{6.6}$	分选系数	$G_c = \sqrt{P_{75}/P_{25}}$	分选程度
偏度	$SK = \dfrac{\phi_{16} + \phi_{84} - 2\phi_{50}}{2(\phi_{84} - \phi_{16})} + \dfrac{\phi_5 + \phi_{95} - 2\phi_{50}}{2(\phi_{95} - \phi_5)}$	对称系数	$S = \dfrac{P_{25} \cdot P_{75}}{M_d^2}$	粒度分布对称程度
峰度	$K = \dfrac{\phi_{95} - \phi_5}{2.44(\phi_{75} - \phi_{25})}$	峰度系数	$K_c = \dfrac{P_{75} - P_{25}}{2(P_{90} - P_{10})}$	表示粒度曲线的尖锐程度

福克和沃德提出采用偏度来反映颗粒频率分布的不对称程度,其提出的划分标准见表2-4。从表2-4中可看出,正偏表示沉积物以粗粒为主,负偏表示沉积物以细粒为主,而对称曲线的偏度为0,如图2-4(b)所示。从图2-4(b)中看出,样品1的颗粒频率分布对称性好,样品2的颗粒以粗粒为主,而样品3的颗粒以细粒为主。

表 2-4 偏度等级划分依据(据福克和沃德,1957)

偏度 SK	-1.00~-0.30	-0.30~-0.10	-0.10~0.10	0.10~0.30	0.30~1.00
偏度等级	极负偏	负偏	近对称	正偏	极正偏

福克和沃德提出用正态分布标准偏差 σ 大小来划分颗粒分选性的等级。根据标准偏差 σ 来划分岩石的分选等级见表2-5。从表2-4中可看出,标准偏差 σ 越小,岩石分选性越好,如图2-4(c)所示。从图2-4(c)中可看出,样品1的分选性要好于样品2和样品3的分选

性。分选性好坏可作为沉积环境的标志。

表 2-5 按标准偏差 σ 划分的分选等级（据福克和沃德,1957）

标准偏差 σ	<0.35	0.35~0.50	0.50~0.71	0.71~1.00	1.00~2.00	2.00~4.00	>4.00
分选等级	极好	好	较好	中等	差	较差	极差

峰度用来评价频率曲线两尾端分选与曲线中央部分分选的比率,其度量标准见表 2-6。一般,窄峰态的曲线,其中部较尾部分选好,如图 2-4(c)所示。若峰度很低或非常低,则说明该沉积物未经改造就进入了新环境,而新环境对其改造又不明显,是几种物质直接混合的结果,其分布曲线则可能是宽峰或多峰分布等。

表 2-6 峰度等级划分依据（据福克和沃德,1957）

峰度 K	<0.67	0.67~0.90	0.90~1.11	1.11~1.50	1.50~3.00	>3.00
偏度等级	很宽	宽	中等	窄	很窄	非常窄

根据累计频率曲线还可获得粒径不均匀系数 α,其计算公式为

$$\alpha = \frac{\phi_{60}}{\phi_{10}} \tag{2-4}$$

一般而言,不均匀系数大于1。该值越接近于1,表明岩石粒度组成越均匀。一般储层岩石的不均匀系数分布在 1~20 之间。

根据特拉斯克的规定,分选系数 $S=1~2.5$ 为分选好;$S=2.5~4.5$ 为分选中等;$S>4.5$ 为分选差。

4) 概率累计曲线

概率累计曲线图和累计频率曲线图的横坐标一样都为颗粒直径,纵坐标都是累计质量分数,但累计频率曲线纵坐标采用普通等间距刻度,概率累计曲线为正态概率坐标,即纵坐标是以50%为对称中心的非等间距坐标,按单峰正态曲线分布规律刻画。一般碎屑沉积物的概率累计曲线表现为几个相交的直线段,这说明大多数沉积物中都包含了几个粒度次总体,而不是由一个简单的对数正态总体组成。Visher(1969)的研究证明,不同成因环境的样品,其概率累计曲线的线段数目、线段间截点的位置及线段斜率等性质各不相同。借此可辨别海滩、浅海、河流和三角洲、浊流等沉积环境及各亚类沉积环境。

由于搬运形式不同,碎屑沉积物的粒度成分可分为滚动、跳跃、悬浮三个粗细不同的次总体,每一种搬运方式的碎屑粒度分布都成一种对数正态分布,以自己的平均粒度和分选性区别于其他搬运方式。因此,在概率坐标纸上,每个次总体将单独形成一条直线,每条直线至少有四个控制点。各直线斜率不同,表示分选性不同,斜率越大,分选性越好;直线段的交点称为截点。有的直线在截点附近的一些点并不位于直线上,而是以相邻的点构成一弧线,由截点至该弧线的距离称为混合度,用来度量两种对数正态分布之间的混合程度。图 2-6 为某地层的岩石粒度组成概率累计曲线,从图中可见该地层跳跃组分含量较高。

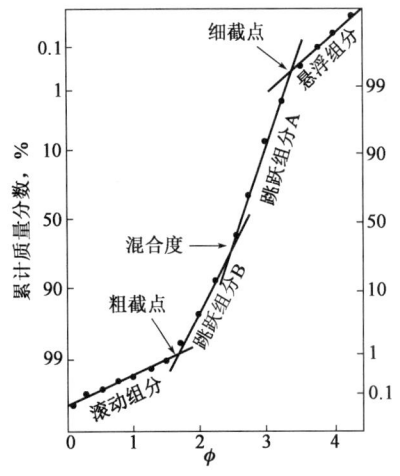

图 2-6 某地层的岩石粒度组成概率累计曲线图

二、岩石的比面

1. 岩石比面的概念

除了用粒度组成表示岩石骨架分散性外，还可用岩石的比面或比表面积来描述岩石骨架颗粒的分散程度。

岩石比面有多种表达方式：

（1）以岩石表观体积 V_b 为基准的比面 S_b：

$$S_b = \frac{A}{V_b} \tag{2-5}$$

（2）以岩石骨架体积 V_{ma} 为基准的比面 S_{ma}：

$$S_{ma} = \frac{A}{V_{ma}} \tag{2-6}$$

（3）以岩石孔隙体积 V_p 为基准的比面 S_p：

$$S_p = \frac{A}{V_p} \tag{2-7}$$

式（2-5）至式（2-7）中，各比面的单位均为 m^2/m^3；A 为岩石颗粒的总表面积或岩石孔隙的总内表面积，m^2；V_b、V_{ma}、V_p 单位均为 m^3。

因为

$$\phi = \frac{V_p}{V_b}, \quad V_p = \phi V_b, \quad V_{ma} = (1-\phi)V_b \tag{2-8}$$

因此由上述各式可得出按以上三种不同体积定义的比面的下述关系：

$$S_b = \phi S_p = (1-\phi)S_{ma}$$

式中，ϕ 为岩石的孔隙度（详见本章第二节）。

当颗粒间是点接触时，岩石孔隙的总内表面积即为所有颗粒的表面积之和。例如，半径为 R 的等圆球按立方体排列组成多孔介质（八个等圆球占据立方体的八个顶点），则该多孔介质（立方体）的边长为 $4R$，故其比面应为 $S = 8 \times 4\pi R^2/(4R)^3 = \pi/(2R)$。因此，$R$ 越小，多孔介质的比面越大，说明细颗粒物质的比面要明显大于粗颗粒物质。

岩石骨架表面是流体流动的边界，对流体在岩石中的流动有较大的影响。岩石与流体接触时所产生的表面现象、流体在岩石中的流动阻力、岩石的渗透性、岩石的孔隙度以及骨架表面对流体的吸附量等都与岩石比面有关。

岩石比面的大小受颗粒粒径、颗粒排列方式、颗粒形状、颗粒胶结方式和胶结物含量等因素的综合影响。胶结物含量对岩石比面的影响取决于胶结物类型、晶粒大小。一般当孔隙度相同时，颗粒粒径小的比面比颗粒粒径大的比面大，扁圆形颗粒的比面要比圆球形颗粒的比面大，胶结物含量对岩石比面的影响与胶结物类型相关，如泥质胶结物造成比面增大，而钙质、铁质等胶结物将造成比面减小。

岩石比面的计算一般以岩石表观体积为基准，即单位体积岩石内，岩石颗粒的总表面积或总孔隙的内表面积。此外，在有关比面的定义中，其分母也可用"单位质量"表征，即单位质量岩石内，颗粒的总表面积，此时比面的单位为 m^2/g，这样表示的比面一般习惯称为岩石比表面积。有兴趣的读者可推导两种岩石比面的单位 m^2/m^3 与 m^2/g 之间的转换关系。

2. 岩石比面的实验室测定

不同的测试方法，所测得岩石比面的结果也会不同，因为不同的方法测量得到的比面具有不同的意义。在任何情况下,应根据岩石的实际情况,按照所要解决的问题来选择比面的定义及测量方法。岩石比面的测定有直接法和间接法,其中直接法包括透过法和气体吸附法,间接法包括岩石孔隙度和渗透率估算法、岩石的粒度组成资料估算法。本节主要对透过法和气体吸附法测定岩石比面进行介绍。

1) 透过法

透过法是指根据岩石对流体的透过性来求比面的方法。图2-7为透过法的实验流程图,主要包括马略特瓶、岩心夹持器和水压计。由于马略特瓶内的水流出,在岩心上端造成负压,空气流过岩心。岩心两端压差由水压计测出,排除水的流量等于空气流过岩心的流量。

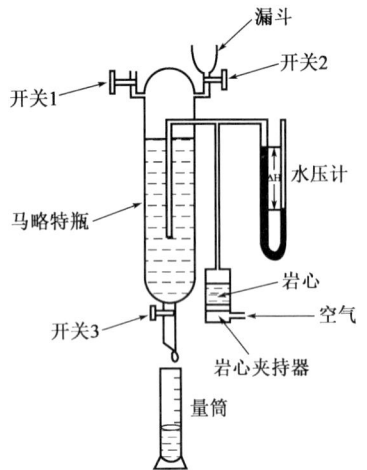

图2-7 岩石比面测定仪

测试步骤如下:(1)将待测样品装入岩心夹持器,同时打开开关1和2,通过漏斗向马略特瓶中注水;(2)当瓶内水面升到一定的高度后,同时关闭开关1和2;(3)打开开关3,并通过开关3来控制流出的水量;(4)待水压计的压差稳定后,用量筒计量流出的水量,并计算出水的流量。这样即可按式(2-9)的高才尼—卡尔曼(Kozeny-Carman)方程(1927)计算比面:

$$K = \frac{\phi^3}{\xi S_b^2} \times 10^8 = \frac{\phi^3}{\xi S_{ma}^2 (1-\phi)^2} \times 10^8 = \frac{\phi}{\xi S_p^2} \times 10^8 \qquad (2-9)$$

式中,K为岩心渗透率(详见本章第六节);ξ为高才尼常数,一般取5,与岩石中孔喉的复杂度有关,一般岩石孔喉越复杂,流体流动路径越复杂,该值越大。

结合达西渗流公式(详见本章第六节),进一步可得到岩石比面的计算公式:

$$S_b = 14\sqrt{\phi^3}\sqrt{\frac{A\Delta H}{Q_o \mu L}} \qquad (2-10)$$

式中,ϕ为岩心孔隙度,小数;A为岩心截面积,cm^2;L为岩心长度,cm;μ为室温下空气的黏度,$mPa \cdot s$;ΔH为空气通过岩心稳定后的压差,cmH_2O(厘米水柱,$1cmH_2O = 98Pa$);Q_o为通过岩心的空气量,相当于从马略特瓶中流出的水量,cm^3/s。

有兴趣的读者可以结合达西渗流公式试着推导该比面计算公式。

由式(2-10)可看出,如果已知岩心的孔隙度ϕ、岩心截面积A、岩心长度L及空气黏度μ,实验过程中,测出压差ΔH及相应流量Q_o,即可计算出岩石的比面。

2) 吸附法

除了透过法测试岩石比面外,目前在实验室中,气体吸附法因其测试原理的科学性、测试过程的可靠性、测试结果的一致性,在国内外各行各业中被广泛采用(气体吸附法测试获得比面单位为m^2/g,一般称为比表面积)。气体吸附法的测试原理和方法可参考国家标准GB/T 19587—2017《气体吸附BET法测定固态物质比表面积》。气体吸附法测定比表面积的原理是依据气体在固体表面的吸附特性,在一定压力下,被测样品颗粒表面在超低温下对气体分子具有可逆物理吸附作用,并对应一定压力存在确定的平衡吸附量。通过测定出该平衡吸附量,利用理论模型求出被测样品的比表面积。氮气因其易获得性和良好的可逆吸附特性,成为最常用的吸附介质,同时在测试中温度始终保持在-196℃左右,因此也称氮气吸附法为低温液氮吸附法或低压氮气吸附法。图2-8为氮气吸附法全自动表面积和孔结构分析仪。

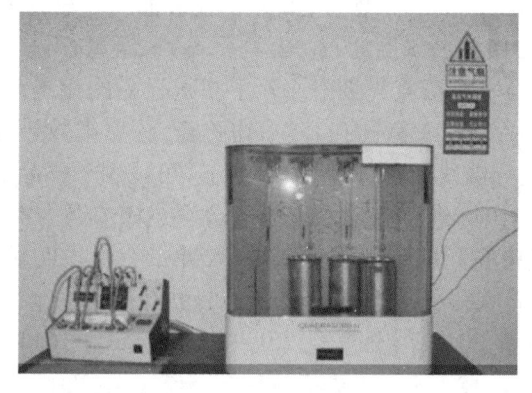

彩图 2-8

图 2-8 氮气吸附法全自动表面积和孔结构分析仪（Autosorb-IQ 型）

通过低压氮气吸附法测定的比表面积称为"等效"比表面积，即样品的比表面积是通过其表面密排包覆的氮气分子数量和分子最大横截面积来表征。实际测定出氮气分子在样品表面平衡饱和吸附量，通过不同理论模型计算出单层饱和吸附量，进而得出分子个数，采用表面密排六方模型计算出氮气分子等效最大横截面积，即可求出被测样品的比表面积。计算公式为

$$S_g = \frac{V_m N_A A_m}{22400 W} \times 10^{-18} \qquad (2-11)$$

式中，S_g 为被测样品比表面积，m^2/g；V_m 为标准状态下氮气分子单层饱和吸附量，mL；A_m 为氮分子等效最大横截面积（密排六方理论值 $A_m = 0.162 \text{ nm}^2$）；W 为被测样品质量，g；N_A 为阿伏加德罗常数，6.02×10^{23}。

对式（2-11）进行简化处理，得到低压氮气吸附法计算比表面积的公式为

$$S_g = 4.36 V_m / W \qquad (2-12)$$

由式（2-12）可看出，准确获取样品表面单层饱和吸附量 V_m 是比表面积测定的关键。基于低压氮气吸附的比表面积测试方法很多，其中 BET 法比表面积分析测定应用较广。BET 理论计算是建立在 Brunauer、Emmett 和 Teller（1938）三人从经典统计理论推导出的多分子层吸附公式基础上，即著名的 BET 方程：

$$\frac{p}{V(p_o - p)} = \frac{1}{V_m C} + \frac{C-1}{V_m C} \frac{p}{p_o} \qquad (2-13)$$

式中，p 为吸附质分压，MPa；p_o 为吸附剂饱和蒸气压，MPa；V 为样品实际吸附量，mL；C 为与样品吸附能力相关的常数。

由式（2-13）可看出，BET 方程建立了单层饱和吸附量 V_m 与多层吸附量 V 之间的关系，为比表面积测定提供了很好的理论基础。在实际应用中发现，只要当 p/p_o 取点在 0.05~0.35 范围内时，BET 方程与实际吸附过程相吻合。因此，在进行实际应用时，一般都在相对压力 0.05~0.35 范围内选取多个点数据，利用 BET 方程进行拟合计算从而得到样品的比表面积。某样品的低压氮气吸附—脱附等温线的测试结果如图 2-9 所示。在图 2-9 中的氮气吸附等温线中取相对压力 0.05~0.35 范围内数据点，根据式（2-12）和式（2-11）可计算出样品的比表面积为 $8.417 m^2/g$。岩石的比表面积差异比较明显，有的岩石样品的比表面积大，而有的岩石样品的比表面积小。烃源岩岩石（包含富有机质页岩）中有机质的比表面积比较大，如龙马溪组页岩中干酪根的比表面积平均值大于 $200 m^2/g$，而其岩石的比表面积平均值小于

20m²/g(Liu et al.,2015;Xiong et al.,2015)。不同类型黏土矿物的比表面积差异较明显,其顺序为蒙脱石(71.5m²/g)>伊/蒙混层(31.31m²/g)>高岭石(12.41m²/g)>绿泥石(4.4m²/g)>伊利石(3.21m²/g)(吉利明等,2014,2015)。低压氮气吸附法除了获得样品的比表面积外,还可获得样品的总孔容(孔隙体积)、微孔比表面积、微孔孔容、平均孔径、分形维数等孔隙结构参数。除此之外,低压氮气的吸附—脱附等温线形态(吸附回线形态)可以用于样品的孔类型定性分析。图2-9中样品的吸附回线为国际纯粹与应用化学联合会(IUPAC)分类法的H3型,兼有H2型特征,其吸附—脱附曲线中脱附曲线分支近似平行,并带有不很明显的拐点。这类曲线反映出该样品的孔隙形态以圆筒状孔、四边都开口的平行板状孔等为主,含有墨水瓶状孔等开放性孔(Liu et al.,2015;熊健等,2015;梁利喜等,2015;Xiong et al.,2015;Liang et al.,2015)。

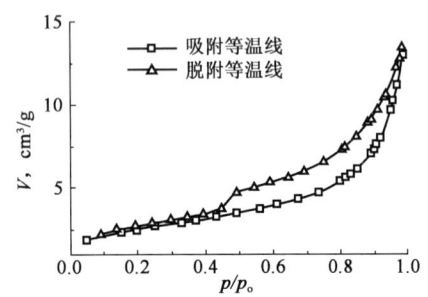

图2-9 某样品的低压氮气吸附—脱附等温线

透过法与气体吸附法的实验方法、实验原理和实验结果都存在较大差异。前者采用空气作为流动介质,后者则一般采用氮气作为吸附介质;前者为基于达西渗流的动态测定结果,所反映的是能够参与流动的岩心孔隙内表面,后者是基于 BET 方程的静态吸附测定结果,既包括了岩心中可流动部分,也包括了岩心中不可流动部分,因此,后者测量结果一般大于前者。因此,在实际应用中,应根据不同的问题选择使用不同的测试方法。

三、岩石的润湿性

岩石的润湿性是岩石矿物与流体相互作用的结果,是岩石—流体组成体系综合特性的反映。岩石的润湿性影响着油、气、水在岩石孔隙中运移的难易程度,以及流体(油、气、水)在岩石孔道内的微观分布。不同的润湿性造成油、气、水在孔隙中的流动方式、分布状态,以及残留形式不同。

1. 润湿性的基本概念

润湿现象是指在气—液—固或液—液—固三相体系中,流体中的某一相沿着固体表面铺开,从而降低体系表面自由能的现象。润湿现象的本质就是降低固体的表面自由能。液滴在固体表面迅速铺开(如水滴在光滑的玻璃板上),说明液体润湿固体表面[图2-10(a)];而液滴在固体表面不能铺开(如水银在光滑的玻璃板上),说明液体不润湿固体表面[图2-10(b)],这些现象都是润湿现象。润湿总是发生在三相体系中,一相为固体,一相为液体,第三相为气体或另一种液体。

润湿性是指当存在两种非混相流体时,其中某一相流体在界面张力作用下沿固体表面延展或附着的倾向性。当两种非混相流体与固体接触时,能沿固体表面发生流散的流体相为润湿相,而另一相为非润湿相。当然,液体对固体的润湿能力会因第三种物质的加入而发生改变。若固体表面吸附一定量的表面活性物质,其润湿性可由亲水

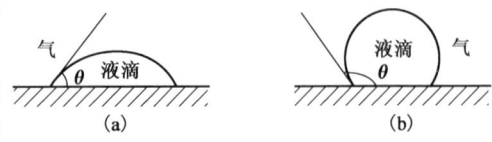

图2-10 液体对固体表面的选择性润湿

性变为亲油性或由亲油性变为亲水性,这种现象称为润湿反转,即固体表面在活性物质吸附作用下润湿性发生转化的现象。

润湿的程度用接触角或附着功来表示。

1) 接触角(也称润湿角)

如图 2-11 所示,通过液—液—固或气—液—固三相交点做液—液或液—气界面的切线,切线与固—液界面之间的夹角称为接触角,用 θ 表示,并规定 θ 从密度大的液体一侧算起。

油—水与岩石表面接触角如图 2-11 所示,水—油—岩石体系的润湿性可分为:(1) 当 $\theta<90°$ 时,水可以润湿岩石,则水为润湿相,油为非润湿相,岩石具有亲水性,称为水湿;(2) 当 $\theta=90°$ 时,油、水润湿岩石的能力相当,岩石既不亲水也不亲油,称为中性润湿;(3) 当 $\theta>90°$ 时,油可以润湿岩石,则油为润湿相,水为非润湿相,岩石具有亲油性,称为油湿。此外,需要注意的是水或油与岩石表面接触时,水或油在岩石表面完全铺展,即 $\theta=0°$ 或 $180°$,称为完全润湿(强水湿),或完全不润湿(强油湿)。

某相流体润湿固体表面是作用于三相周界相应的各界面张力作用的结果。如图 2-12 所示,在三相周界接触点(O)处有三种表面张力:气—液表面张力 σ_{gL}、气—固表面张力 σ_{gs}、液—固表面张力 σ_{Ls}。这三种表面张力间达到平衡时,满足著名的杨氏方程(Young's equation,1805):

$$\sigma_{gs} = \sigma_{Ls} + \sigma_{gL}\cos\theta \tag{2-14}$$

由式(2-14)可得

$$\theta = \arccos\frac{\sigma_{gs} - \sigma_{Ls}}{\sigma_{gL}} \tag{2-15}$$

由式(2-15)可看出,只要已知 σ_{gL}、σ_{gs}、σ_{Ls} 后,即可通过计算求得接触角。

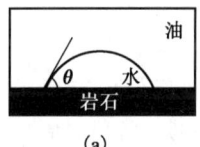
(a)
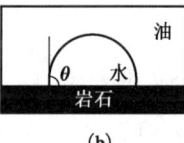
(b)
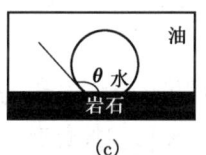
(c)

图 2-11 油—水与岩石表面接触角

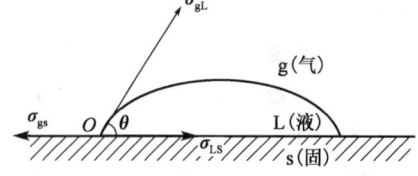

图 2-12 三相周界界面张力的平衡

2) 附着功

附着功(也称黏附功)是指在非润湿相流体中,将单位面积的润湿相从固体界面拉开所做的功。如图 2-13 所示,在分开过程中,表面能变化为 ΔU_s,则

$$\Delta U_s = U_2 - U_1 = [(\sigma_{gL} + \sigma_{gs}) - \sigma_{Ls}]A_s \tag{2-16}$$

式中,U_1、U_2 为润湿相流体离开固体表面前后固体的比表面能;A_s 为润湿相流体与固体表面的接触面积。

根据表面张力的概念,$\sigma_{gL} + \sigma_{gs} > \sigma_{Ls}$,故 ΔU_s 必定大于零,即体系的表面能增加。这个表面能的增量就等于附着功,以符号 W 表示。联合式(2-14)、式(2-16),可得接触角与附着功间的关系:

$$W = \sigma_{gL}(1 + \cos\theta) \tag{2-17}$$

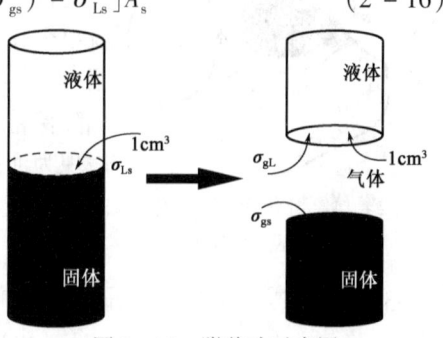

图 2-13 附着功示意图

由式(2-17)可看出,接触角 θ 越小,附着功 W 越大,即液体对固体的润湿程度越好;反之越差。因此,附着功 W 可用来判断岩石润湿性的好坏。对于水—油—岩石体系,当附着功大于油水界面张力时,岩石亲水;当附着功小于油水界面张力时,岩石亲油;当附着功等于油水界面张力时,岩石为中性润湿。

2. 岩石润湿性的影响因素

1) 矿物组成的影响

根据水滴在固体表面上接触角大小,一般将矿物分为两类:(1)若水滴在矿物表面上接触角 $\theta < 90°$,则该矿物属于亲水矿物,如石英、长石、硅酸盐、碳酸盐、硅铝酸盐等,按亲水次序强弱排列为黏土矿物、石英、石灰岩、白云岩、长石;(2)若水滴在矿物表面上接触角 $\theta > 90°$,则该矿物属于亲油矿物,如石墨、烃类有机固体和矿物中的金属硫化物等。油气层岩石的矿物组成比较复杂,包含多种矿物,虽然多数岩石表面亲水,但亲水程度不同。烃源岩岩石(包含富有机质页岩)除含无机质外,还含有一定量的有机质,将造成其表面既亲水又亲油。

2) 流体组成的影响

研究流体组成对润湿性的影响主要包括三个方面:非极性烃类,含有极性的氧、硫、氮化合物,以及原油中的极性物质或活性物质。原油中非极性烃类中含碳原子数不同,具有不同的非极性程度。实验表明,原油中烃类所含碳原子数越多,接触角越大。原油中的极性物质对岩石表面润湿性的影响取决于极性物质的性质。有的极性物质能够完全改变岩石润湿性,使润湿性发生转化,有的极性物质影响程度不明显。

3) 表面活性物质的影响

表面活性物质吸附到岩石表面,可使岩石润湿性发生变化,甚至润湿反转。需要注意的是,表面活性物质对岩石润湿性的影响比极性物质更为显著。

4) 矿物表面粗糙度的影响

实际岩石表面粗糙不平,导致各处的表面能不均匀,因此岩石润湿性在各部位也有所差异。尤其是矿物颗粒的尖锐凸出部分及棱角,对润湿性有显著的影响。实验表明,当润湿周界到达棱角时,在棱角处受阻,此时在棱角与三相润湿周界接触处的接触角将受到其影响,所测得的接触角并不能反映真实情况。

岩石润湿性是岩石骨架本身的矿物组成与流体组成相互作用的结果。岩石孔隙表面具有优先润湿某种流体的倾向,导致了各种不同状况的宏观润湿性。岩石的微观非均质润湿性可分为斑状润湿和混合润湿。斑状润湿也称部分润湿或斑块润湿,是指油湿或水湿表面无特定位置。就单个孔隙而言,一部分表面为强水湿,其余部分则可能为强油湿(图2-14)。混合润湿则是指不同大小孔道其润湿性不同,小孔隙保持水湿不含油,而大孔隙岩石颗粒表面由于和原油接触表现为油湿。此外,对于烃源岩岩石(包含富有机质页岩)而言,由于岩石本身含有较多的有机质固体,使其润湿性比较复杂,岩石润湿性表现出既亲水又亲油。

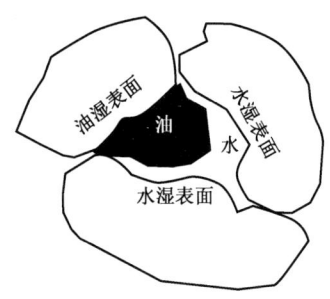

图2-14 斑状润湿示意图
(据 Morrow,1976)

3. 润湿性对油、水在岩石孔隙中分布的影响

由于各相界面张力的相互作用,润湿相总是附着于颗粒表面,并占据较窄小的孔隙角隅,

而把非润湿相推向更畅通的孔隙中间。因此,岩石颗粒表面润湿性不同将造成油、水在岩石孔隙中分布差异,岩石表面亲水的部分,其表面为水膜所包围,而亲油的部分则为油膜所覆盖。图2-15为油、水、气在岩石孔隙中分布示意图。

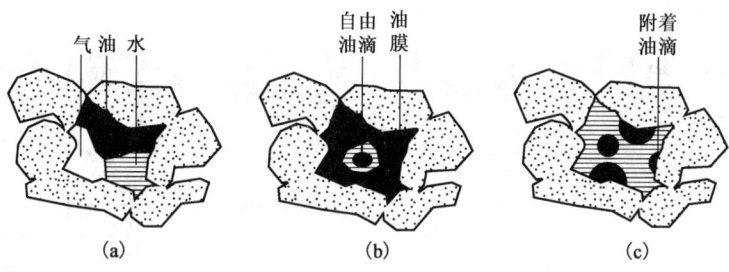

图2-15 油、水、气在岩石孔隙中分布示意图

图2-16分别表示在水湿[(a)、(b)、(c)]和油湿[(d)、(e)、(f)]岩石孔隙中,油、水在不同饱和度下分布情况。如果岩石颗粒表面亲水(或亲油),水(或油)则附着于颗粒表面。从图2-16(a)可看出,当含水饱和度较低时,水围绕砂岩颗粒接触点形成一个水环,称为环状分布。由于含水饱和度很低,这些水环既不能互相接触,又不能彼此连通,也不能流动,即以束缚水状态存在;与此同时,含油饱和度很高,油则处于"迂回状"连续分布在孔隙的中间,在压差作用下形成渠道流态流动。这里迂回状指油相连续地沿颗粒盘绕迂回。图2-16(b)是当含水饱和度增加时,水环也随之增大,直至增到水环彼此连通起来,成为"共存水"的一种形式,水能否流动取决于压差的大小。高于这一共存水饱和度后,水将形成"迂回状"分布并能参与流动。图2-16(c)是含水饱和度继续增加,油最终失去连续性并破裂成油珠、油滴,以"孤滴状"分布在岩石孔隙中间部位,油滴在较大压差下可以被水驱走,但遇到狭窄孔隙喉道后很容易而被卡住,形成对液流的较大阻力。

当岩石颗粒表面亲油时,油、水分布状态及其饱和度的变化恰与上述情况相反,如图2-16(d)、(e)、(f)所示。水驱油过程中油、水分布状态的动态变化过程可见视频1。

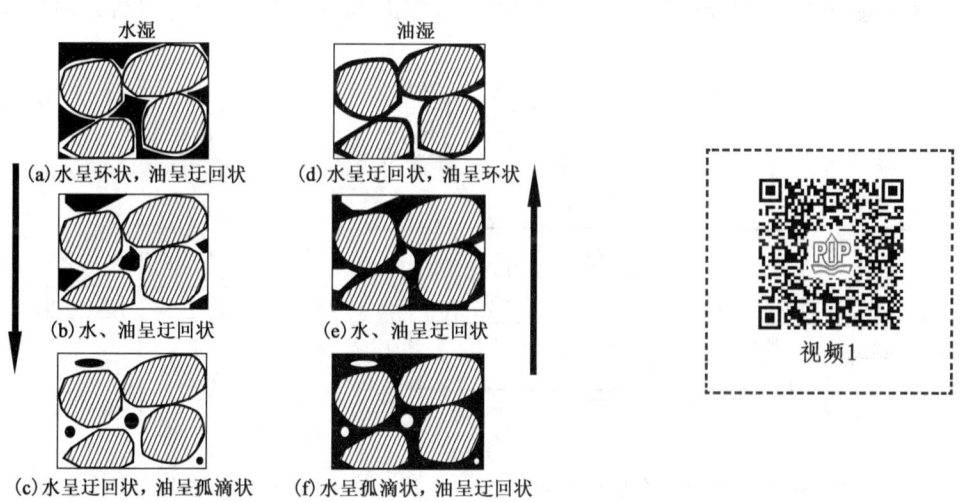

图2-16 油、水在岩石孔隙孔道中的分布示意图

油、水在岩石孔隙中的分布不仅与油、水饱和度有关,而且与饱和度的变化方向有关,即取决于过程是润湿相驱替非润湿相还是非润湿相驱替润湿相。将非润湿相驱替润湿相的过程称为驱替过程,随着驱替过程的进行,润湿相饱和度降低,非润湿相饱和度逐渐增大。把润湿相

驱替非润湿相的过程称为吸吮过程,随着吸吮过程的进行,润湿相饱和度不断增加。例如,亲水岩石水驱油过程则为吸吮过程,亲油岩石水驱油则为驱替过程。图 2－17 分别给出了吸吮过程和驱替过程中油、水分布状态的示意图。由于岩石饱和流体的先后次序不同,即使饱和度相同,油、水在孔隙中的分布状态也不同。

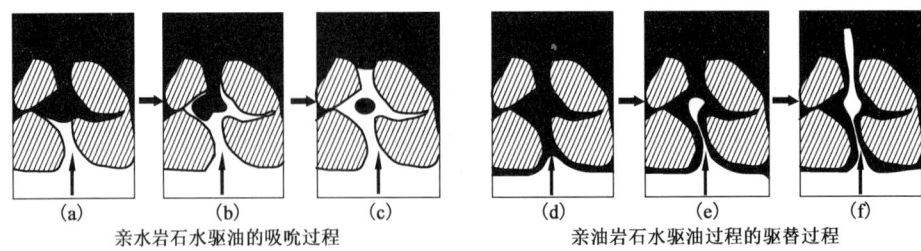

图 2－17 润湿次序对水驱油的影响

岩石表面润湿性的差异影响不同流体在孔喉中的分布,将直接影响岩石电学和声学等特性及相关实验结果。

4. 岩石润湿性的实验室测定

在实验室测量岩石润湿性的方法大体上可分为两类:一类是直接测量法,如接触角法、液滴法、吊板法等;另一类是间接测量法,如自动吸入法、自吸驱替法、自吸离心法等。以下主要介绍直接测量法中的接触角法和间接测量法中的自吸驱替法。

1) 接触角法

接触角法是直接测量法中最常用的,是直接通过测定接触角来确定流体对固体表面的润湿程度,其中以液滴法最简单、实用。如图 2－18 所示,接触角法的原理是将待测岩石样品加工成平板,表面经过磨光处理,磨成光面,浸入液体(油或水)中,在样品光面上滴一滴直径约 $1\sim2$ mm 的液体,再通过光学仪器或显微镜将液滴放大,连续拍照液滴形状,便可直接在测出接触角,或测量液滴的高度 h 和它与岩石接触处的宽度(弦长)D(图 2－19),计算接触角 θ 的公式为

$$\tan\frac{\theta}{2} = \frac{2h}{D} \qquad (2-18)$$

式中,θ 为接触角,(°);h 为液滴高度,mm;D 为液滴和固体表面接触的弦长,mm。

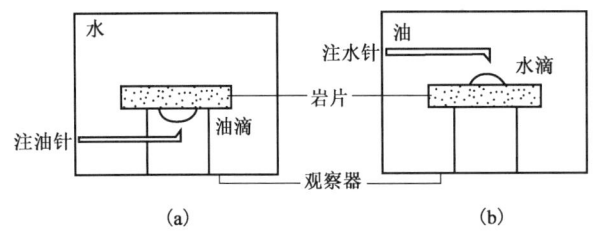

图 2－18 测量接触角的示意图

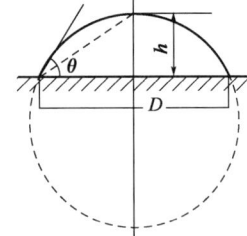

图 2－19 投影法测接触角示意图

接触角法只能定性评价油气层岩石的润湿性。根据行业标准 SY/T 5153—2017《油藏岩石润湿性测定方法》的规定,对于水—油—岩石体系,当 $0° < \theta < 75°$ 时,岩石润湿性为水湿;当 $105° > \theta > 75°$ 时,岩石润湿性为中性润湿;当 $180° > \theta > 105°$ 时,岩石润湿性为油湿。利用接触角法测得的结果可见图 2－20,其中图 2－20(a)是空气—水—岩石条件下的接触角测定结

果,图2-20(b)是水—油—岩石条件下的接触角测定结果。此外,利用接触角法研究烃源岩岩石(包含富有机质页岩)润湿性时,发现空气—油—岩石条件下油在岩石表面表现为铺展,而空气—水—岩石条件下岩石表面上水的接触角小于90°,这与烃源岩岩石中有机质固体有关,水的接触角随着有机碳含量的增大而增大(Liang et al., 2015)。烃源岩岩石中有机质表现为亲油性,无机矿物表现为亲水性,因此,在烃源岩岩石孔隙中,其润湿性表现为非均质润湿性。

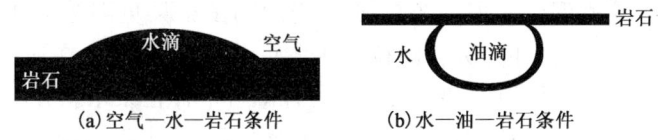

图2-20 接触角法测定结果

2) 自吸驱替法

自吸驱替法是指在岩心自吸油(或水)完成后,再将岩心放在岩心夹持器中加压进行驱替,测出驱替排出的油(或水)量,并将自吸排出的油(或水)量与岩心中排出的总油(或水)量进行比较。自吸驱替法测定润湿性的原理示意图如图2-21所示。

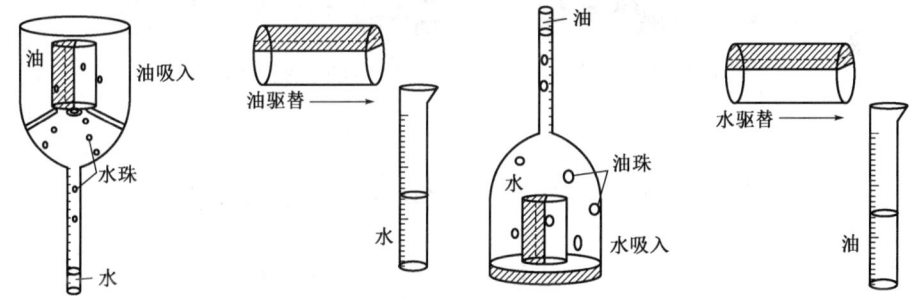

图2-21 自吸驱替法测定润湿性的示意图

实验步骤包括:(1)对岩心进行抽提、清洗和烘干,接着进行饱和水处理,之后用油驱,使岩心只含束缚水;(2)将饱和油的岩心进行自吸水实验,测出自吸水排油量;(3)继续将岩心放入岩心夹持器内用水驱,测出水驱排油量;(4)排油实验结束后,将饱和水的岩心(只含残余油)进行吸油实验,测出自吸油排水量;(5)继续将岩心放入岩心夹持器内用油驱,测出油驱排水量。实验结束后,按式(2-19)计算出水湿指数和油湿指数:

$$\begin{cases} 水湿指数 \quad I_w = \dfrac{自吸水排油量}{自吸水排油量 + 水驱排油量} \\ 油湿指数 \quad I_o = \dfrac{自吸油排水量}{自吸油排水量 + 油驱排水量} \end{cases} \quad (2-19)$$

阿莫特(Amott)润湿指数定义为

$$I = I_w - I_o \quad (2-20)$$

根据阿莫特润湿指数的大小,可定性评价岩石的润湿性。根据行业标准SY/T 5153—2017《油藏岩石润湿性测定方法》的规定,对于水—油—岩石体系,当 $-1 \leq I \leq -0.7$ 时,岩石润湿性为强油湿;当 $-0.7 \leq I \leq -0.3$ 时,岩石润湿性为油湿;当 $-0.3 \leq I \leq -0.1$ 时,岩石润湿性为弱油湿;当 $-0.1 \leq I \leq 0.1$ 时,岩石润湿性为中间润湿;当 $0.1 \leq I \leq 0.3$ 时,岩石润湿性为弱水湿;当 $0.3 \leq I \leq 0.7$ 时,岩石润湿性为水湿;当 $0.7 \leq I \leq 1$ 时,岩石润湿性为强水湿。

此外,需要注意的是,以上介绍的岩石润湿性测定方法以块状岩样为研究对象,而对于粉末状颗粒的样品,可采用 LLE(liquid-liquid extraction)法定性研究其润湿性(Liang et al.,2015,2016)。测试步骤如下:将 1g 岩样粉末状颗粒(粒径小于 10μm)、20mL 水和 20mL 油混合在一起,充分搅拌及摇晃,放置一段时间,通过观察颗粒是沉在水中还是悬浮在油中判断颗粒亲疏性。该方法可用于定性研究烃源岩岩石(包含富有机质页岩)润湿性。某富有机质页岩的测试结果见图 2-22。从图 2-22 中可看出,部分页岩颗粒沉在水底,部分颗粒悬浮在油中,部分颗粒悬浮在油水界面处,因此,页岩岩样颗粒中存在亲水颗粒和憎水颗粒(即亲油颗粒),从微观角度分析页岩岩石孔隙表面润湿性存在差异,表现为微观非均质润湿特征,即斑状润湿,孔隙中部分表面表现为水湿,孔隙中部分表面表现为油湿。

彩图 2-22

图 2-22 某富有机质页岩样品颗粒 LLE 法测试结果

第二节 岩石的孔隙与孔隙度

一、岩石的孔隙

岩石颗粒间未被胶结物质充满或未被其他固体物质占据的空间称为空隙。空隙按几何尺寸或形状可分为孔隙、洞穴和裂缝,其中孔隙是一种最普遍的存在形式,因此常将空隙也称为孔隙。岩石孔隙空间的主要构成包括孔隙和喉道,其中岩石颗粒包围着的较大空间称为孔隙,而仅仅在两个颗粒间连通的狭窄部分称为喉道。岩石中孔隙的形状、大小、发育程度、形成过程非常复杂,孔隙间的差异较明显。下面主要从两个方面讨论岩石的孔隙。

1. 孔隙类型

1) Meinzer 分类

Meinzer 按储层岩石孔隙组成和孔隙间的相互关系,将岩石的孔隙分为六种类型,如图 2-23 所示。

2) 按孔径大小分类

(1) 超毛细管孔隙:孔径大于 0.5mm 或裂缝宽度大于 0.25mm。此类孔隙中流体在重力作用下自由流动。岩石中大裂缝、溶洞及未胶结或胶结疏松的砂岩孔隙大部分属于此类。

(2) 毛细管孔隙:孔径介于 0.5~0.0002mm 之间或裂缝宽度介于 0.25~0.0001mm 之间。由于毛细管力的作用,此类孔隙中流体不能自由流动,需要在一定压差下才能使流体在其中流动。砂岩中包含大量此类孔隙。

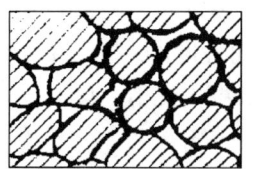 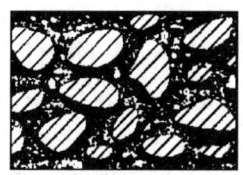 

(a) 分选好的高粒间孔隙　　(b) 分选差的低粒间孔隙　　(c) 砾石组成的沉积物,除大的粒间孔隙之外,砾石本身也是多孔的,因而整个沉积物的孔隙很大

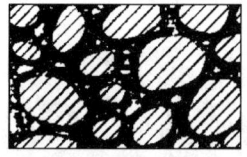 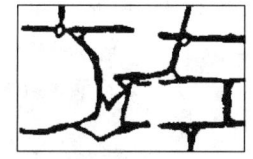 

(d) 沉积物分选好,但颗粒间有胶结物,因而总孔隙很小　　(e) 由裂隙和溶蚀形成的多孔岩石　　(f) 由断裂形成的有胶结物的多孔岩石

图 2-23　岩石孔隙的几种类型示意图(据 Meinzer,1942)

(3) 微毛细管孔隙:孔径小于 0.0002mm 或裂缝宽度小于 0.0001mm。在此类孔隙中,分子间引力很大,要使流体在孔隙中移动需要非常高的压力梯度,这在储层条件下一般很难达到。同时,人们常将孔道半径 $0.2\mu m$ 作为流体能否在孔隙中流动的分界线。泥岩和页岩中包含大量的此类孔隙。

3) 按生成时间分类

孔隙按生成时间分为原生孔隙和次生孔隙。原生孔隙是与沉积过程同时形成的孔隙,如粒间孔隙;而次生孔隙是沉积作用后由于各种原因形成的孔隙,如地下水作用形成的溶孔、溶洞或在构造应力作用下岩石破裂形成的裂隙。

4) 按组合关系分类

孔隙按组合关系分为孔道和喉道。孔道是较大的孔洞(简称孔),而喉道是连接大孔隙之间的细小通道(简称喉)。

5) 按连通性分类

孔隙按连通性分为连通孔隙和死孔隙。岩石中绝大多数孔隙都是连通的,也有不连通的死孔隙。

2. 孔隙结构

岩石孔隙结构包括孔隙大小、孔隙形状、孔间连通情况、孔隙类型、孔壁粗糙程度等孔隙特征和它的构成方式。孔隙结构直接影响岩石的储集性和渗流特性,其中孔隙性反映了岩石的储集能力,而喉道的形状、大小则控制着岩石的渗透能力。

常采用薄片法、铸体电镜法、压汞法、微/纳 CT 等方法研究岩石孔隙结构,常采用孔喉比、孔隙配位数、喉道迂曲度等孔隙结构参数描述岩石孔隙结构特征。对于致密岩石(如致密砂岩、富有机质页岩等),还常利用气体吸附法研究和表征岩石孔隙结构特征(测试方法可见本章第一节),包括比表面积、孔容、平均孔径、孔径分布,以及微孔、中孔和大孔对比表面积和孔容的贡献等。

(1) 孔喉比:孔隙与喉道直径的比值。

(2) 孔隙配位数:每个孔道所连通的喉道数。如一个孔道与三个喉道相连,则孔隙配位数为3。一般砂岩的孔隙配位数介于2～15之间。

（3）喉道迂曲度 τ：用以描述孔隙弯曲程度的一个参数,定义为流体质点实际流经的路程长度与岩石外观长度之比值。该值一般无法直接测定,介于1.2～2.5之间。

孔喉比、孔隙配位数、喉道迂曲度等孔隙结构参数可通过高倍显微镜观察铸体薄片来确定,如图2－24所示。同时,在显微镜下还可观测到孔隙内壁的粗糙程度、孔隙的排列与组合方式等。

彩图2-24

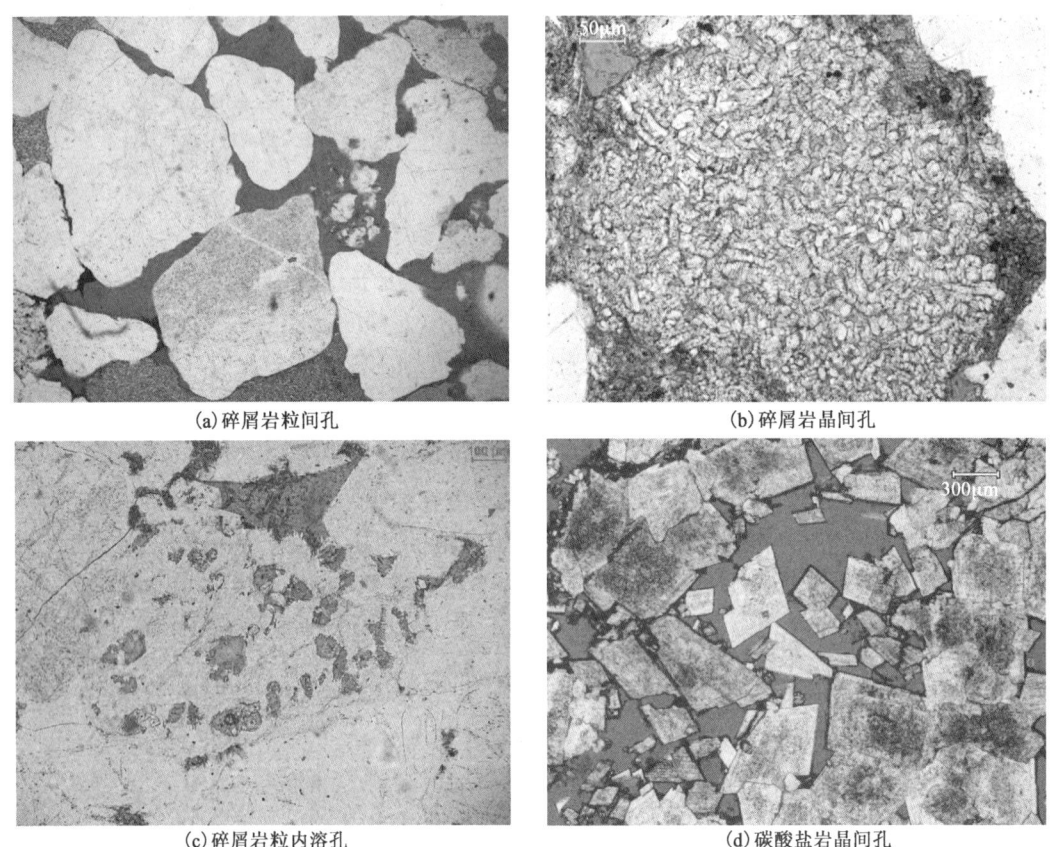

(a) 碎屑岩粒间孔　　　　　　　　(b) 碎屑岩晶间孔

(c) 碎屑岩粒内溶孔　　　　　　　(d) 碳酸盐岩晶间孔

图2－24　岩石样品的铸体薄片图像

此外,微/纳CT成像技术除了研究岩石的二维孔隙结构特征外,还可用来研究岩石的三维孔隙结构特征,如岩石中孔喉的三维分布、孔隙连通性情况等。基于微/纳CT扫描获取岩心样品的二维切片图像如图2－25(a)所示,该图为灰度图,图中的灰色、白色区域为岩石骨架(高密度),黑色区域为孔隙空间(低密度);基于微/纳CT扫描获取岩心样品的三维灰度图像如图2－25(b)所示。在获取二维CT切片灰度图像时存在系统噪声,并且岩石骨架和孔隙之间的边缘比较模糊,需要通过滤波算法(如中值滤波法)增强信噪比。滤波后的灰度图像[图2－26(a)]还需要进行二值化分割,划分出岩石骨架部分和孔隙部分,使其由灰度图像转变为二值化图像。图像的二值化关键在于分割阈值的选取,可选用基于岩心孔隙度的二值化分割方法(刘向君等,2014,2017)。

当灰度低于阈值时表征孔隙,而灰度高于阈值时则表征骨架。通过二值化分割得到的二值图像如图2－26(b)所示,其中黑色区域代表岩石骨架,白色区域代表孔隙空间。在此基础上,还可根据实际需要,采用数学形态学算法对其作进一步精细处理(刘向君等,2014,2017),精细处理结果可见图2-26(c)。在获取二值化后的图像基础上,对其进行代表体积元分析(REV),在岩心孔隙度约束下选取合理尺寸,可利用数学算法将二维图像重建得到三维数字岩心模型。

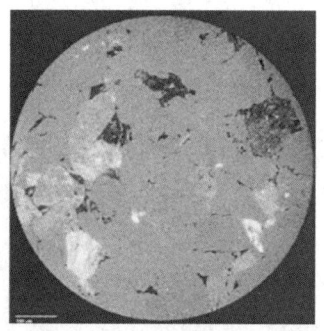 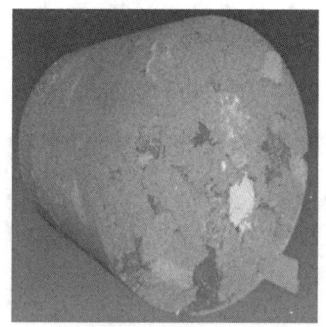

(a)二维切片图　　　　　　　(b)岩心三维视图

图2-25　微/纳CT扫描结果图

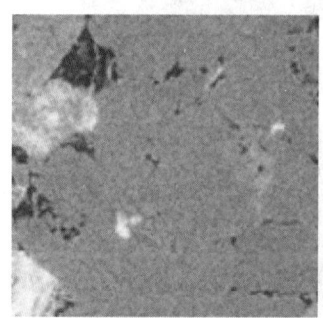 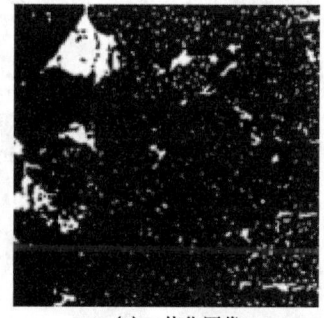 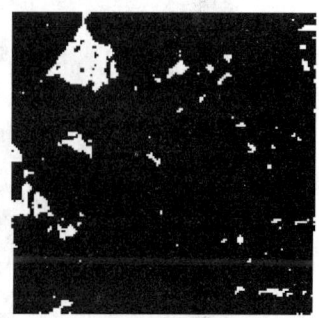

(a)滤波后的二维灰度图像　　(b)二值化图像　　(c)精细化处理后图像

图2-26　图像二值化分割流程示意图

基于微/纳CT扫描图像重构得到的三维重构图如图2-27(a)所示,图中的红色区域为岩石骨架,蓝色区域为孔隙空间。从图2-27(a)中可看出,微米级尺度下样品具有孔喉大小不一、孔隙形状不规则等特点。同时,从图2-27(a)中还可清晰分辨样品中孔隙与骨架间的接触边界,这样可从样品的三维重构图中提出岩石骨架和孔隙模型。在此基础上,提取的三维连通孔隙模型可见图2-27(b)和视频2,图中蓝色部分为孔隙,透明部分为岩石骨架。从图2-27(b)中可看出,微米级尺度下样品中孔喉分布状态主要包括连片状孔隙和孤立状孔隙,其中连片状孔隙的连通性要比孤立状孔隙好,后者多为"死孔隙",在三维空间中多为孤立体且不具有连通性。同时,从图2-27(b)中还可看出,微米级尺度下样品中孔隙分布不均,具有微观非均质性,局部区域的孔隙较富集,在空间上主要表现为片状或条带状,这部分区域孔隙主要与残余粒间孔或粒间溶蚀孔有关,而局部区域的孔隙较分散,在空间上多呈孤立分布,这部分区域孔隙主要与粒内溶蚀孔有关。在三维孔隙模型基础上,利用数学算法(如燃烧算法)对数字岩心进行连通性测试可得到三维连通孔隙模型,其结果如图2-27(c)所示,图中蓝色部分为孔隙,透明部分为岩石骨架。在三维连通孔隙模型基础上,通过数学算法对模型进行简化,并可获得三维孔喉网络结构模型,如图2-27(d)所示。

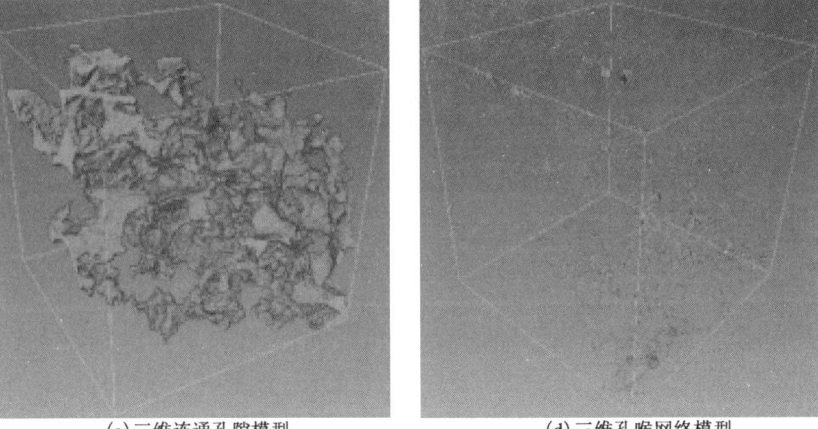

彩图2-27　　　　　　　视频2

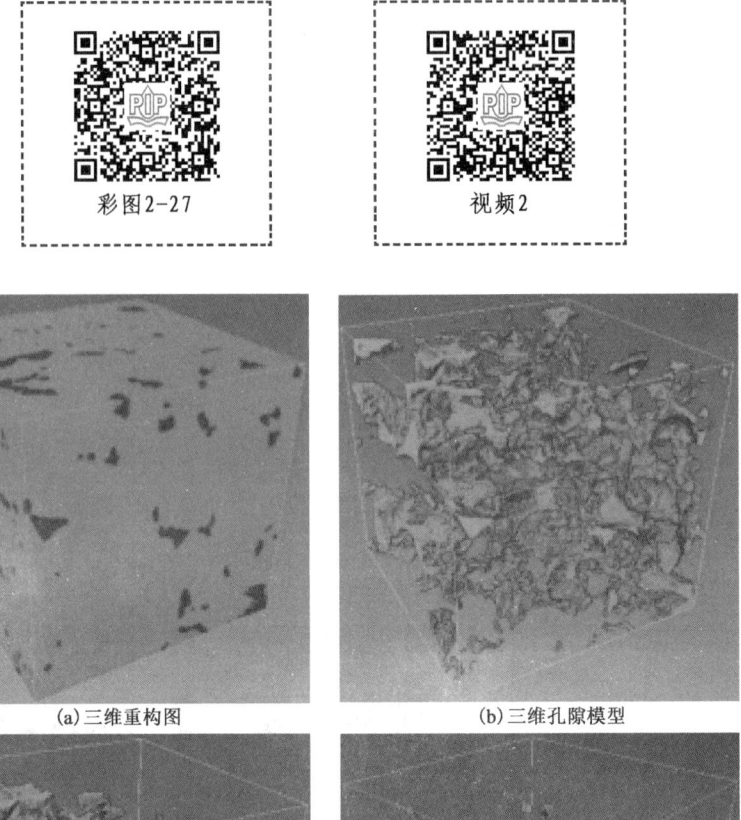

(a) 三维重构图　　　　　　　(b) 三维孔隙模型

(c) 三维连通孔隙模型　　　　(d) 三维孔喉网络模型

图2-27　某致密砂岩样品的三维数字岩心图像

基于微/纳CT岩心扫描技术快速发展起来的数字岩心表征技术，从提出到现在近十年的时间里快速发展，尤其在致密砂岩地层岩石微观孔隙结构表征，以及微观渗流机理、岩电关系等研究领域得到了广泛应用，成为复杂地层微观研究的重要辅助手段。有兴趣的读者可进一步深入阅读相关的文献资料。

二、岩石的孔隙度

岩石包含三个体积：骨架体积 V_{ma}、孔隙体积 V_p 和总（表观、视）体积 V_b，其中岩石总体积是由骨架体积和孔隙体积两部分组成。岩石孔隙体积大小用孔隙度（在岩石力学中，也称为孔隙率）定量描述。孔隙度是指岩石孔隙体积与岩石总体积的比值，通常以百分数表示，其表达式为

$$\phi = \frac{V_\mathrm{p}}{V_\mathrm{b}} \times 100\% = \frac{V_\mathrm{b} - V_\mathrm{ma}}{V_\mathrm{b}} \times 100\% \qquad (2-21)$$

在不同类型的孔隙中,流体的可流动情况有很大差别。参与渗流的孔隙为流动孔隙,而不参与渗流的孔隙为无效孔隙。因此,将孔隙度分为绝对孔隙度、连通孔隙度、有效孔隙度和流动孔隙度。

岩石的绝对孔隙度 ϕ_a 是指岩石总孔隙体积 V_a 与岩石总体积 V_b 之比,即

$$\phi_\mathrm{a} = \frac{V_\mathrm{a}}{V_\mathrm{b}} \times 100\% \qquad (2-22)$$

岩石的连通孔隙度 ϕ_c 是指岩石中相互连通的孔隙的体积 V_c 与岩石总体积 V_b 之比,即

$$\phi_\mathrm{c} = \frac{V_\mathrm{c}}{V_\mathrm{b}} \times 100\% \qquad (2-23)$$

岩石的有效孔隙度 ϕ_e 是指岩石中有效孔隙体积 V_e(在一定压差下,被油、气、水饱和并参与渗流的连通孔隙体积)与岩石总体积 V_b 之比,即

$$\phi_\mathrm{e} = \frac{V_\mathrm{e}}{V_\mathrm{b}} \times 100\% \qquad (2-24)$$

需要注意的是,有些孔隙虽然彼此连通,但未必都能让流体流过。例如在亲水岩石孔隙表面常存在着水膜,相应地缩小了油气流动的孔隙通道。因此,在连通孔隙度基础上,进一步提出流动孔隙度概念。

岩石的流动孔隙度 ϕ_ff 是指岩石流体能够在其中流动的孔隙体积 V_f 与岩石总体积 V_b 之比,即

$$\phi_\mathrm{ff} = \frac{V_\mathrm{f}}{V_\mathrm{b}} \times 100\% \qquad (2-25)$$

流动孔隙度不是一个定值,它随地层中的压力梯度和液体的物理—化学性质而变化。

由上述定义可知,不同孔隙度间的关系为 $\phi_\mathrm{a} > \phi_\mathrm{c} \geqslant \phi_\mathrm{e} \geqslant \phi_\mathrm{ff}$。对储集性较好的岩石,不同孔隙度间差别较小,而对储集性较差的岩石,不同孔隙度间差别较明显。

当岩石具有双重孔隙系统时,如裂缝—粒间孔隙系统,总孔隙度 ϕ_a 为原生孔隙度 ϕ_p 和裂缝孔隙度 ϕ_f 之和,即

$$\phi_\mathrm{a} = \phi_\mathrm{p} + \phi_\mathrm{f} \qquad (2-26)$$

式中,ϕ_p = 基质孔隙体积/岩石总体积;ϕ_f = 裂缝孔隙体积/岩石总体积。

大量的实验测定结果表明,裂缝孔隙度 ϕ_f 明显小于原生孔隙度 ϕ_p。

在用显微镜处理岩石的微观结构图像(如铸体薄片等)时,可使用另一个孔隙度概念,即面孔率。面孔率是指显微镜下的岩石可视孔隙度,即孔隙面积与观测视域总面积的比值,其表达式为

$$\phi_\mathrm{area} = \frac{A_\mathrm{p}}{A_\mathrm{b}} \times 100\% \qquad (2-27)$$

式中,ϕ_area 为岩石面孔率;A_p 为岩石孔隙面积,m^2;A_b 为岩石总面积,m^2。需要注意的是,孔隙度表示的是三维体积的比值,而面孔率表示的是二维面积的比值。

大量的实验测定结果表明,不同类型岩石的孔隙度差异较大,可根据孔隙度的大小评价储层特征。行业标准 SY/T 6285—2011《油气储层评价方法》和国家标准 GB/T 26979—2011《天然气藏分类》中规定:

(1) 对碎屑岩储层,若 $\phi \geqslant 30\%$,则其为特高孔储层;若 $25\% \leqslant \phi < 30\%$,则其为高孔储层;若 $15\% \leqslant \phi < 25\%$,则其为中孔储层;若 $10\% \leqslant \phi < 15\%$,则其为低孔储层;若 $5\% \leqslant \phi < 10\%$,则其为特低孔储层;若 $\phi < 5\%$,则其为超低孔储层。

(2) 对碳酸盐岩储层,若 $\phi \geqslant 20\%$,则其为高孔储层;若 $12\% \leqslant \phi < 20\%$,则其为中孔储层;若 $4\% \leqslant \phi < 12\%$,则其为低孔储层;若 $\phi < 4\%$,则其为特低孔储层。

(3) 对气藏储层,若 $\phi \geqslant 20\%$,则其为高孔气藏;若 $10\% \leqslant \phi < 20\%$,则其为中孔气藏;若 $5\% \leqslant \phi < 10\%$,则其为低孔气藏;若 $\phi < 5\%$,则其为特低孔气藏。

三、影响岩石孔隙度的因素

影响岩石孔隙度的因素主要包括岩石颗粒的矿物成分、形状、大小、排列方式、分选程度、胶结物的类型和含量,以及成岩作用等。

1. 矿物成分与胶结物的影响

岩石中的矿物成分将影响颗粒形态,如石英为粒状,而云母为片状,黏土矿物遇水发生膨胀将降低岩石孔隙度。同时,胶结物的成分、含量以及胶结类型对岩石孔隙度有重要的影响,如胶结物含量增加,造成岩石孔隙度降低。

2. 颗粒形状、大小、排列方式和分选性的影响

大量砂岩岩样统计规律表明,岩石孔隙度与岩石颗粒形状、大小、分选程度和排列方式有关。岩石颗粒分选程度好,颗粒越均匀,岩石孔隙度越大;岩石颗粒分选程度差,小颗粒碎屑充填到大颗粒孔隙中,造成岩石孔隙度下降,如图 2 – 28 所示。

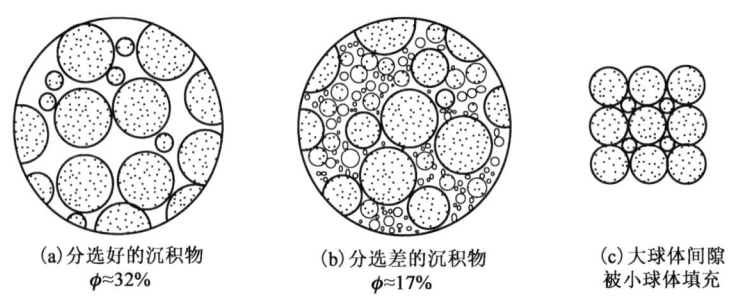

图 2 – 28　分选程度对岩石孔隙度的影响

3. 埋藏深度与压实作用的影响

随着地层埋藏深度增加,地层压力和温度增加,岩石颗粒排列更加紧密,岩石颗粒间发生非弹性的、不可逆的压实变形,造成岩石孔隙度下降,如图 2 – 29 所示。同时,当颗粒紧密排列达到最大限度时,埋藏深度继续增加,会促使颗粒在接触点上的局部溶解,溶解的矿物(如石英)将在孔隙空间形成新的结晶,造成岩石孔隙度降低,严重时导致孔隙消失,使其演化成非渗透层。

对泥岩等以压实作用为主的岩石,其孔隙度随埋藏深度增大而减小,其表达式为

$$\phi(H) = \phi_0 - A\ln H \qquad (2-28)$$

或

$$\phi(H) = \phi_0 \exp(-BH) \qquad (2-29)$$

式中，H 为埋藏深度，m；ϕ_0 为初始孔隙度，小数；A 和 B 为拟合系数。

四、岩石孔隙度的实验室测定

岩石孔隙度的确定方法有多种，主要分为两类：室内测定方法和地球物理测井方法。本节仅介绍室内测定方法。从岩石孔隙度定义出发，只要测得岩石三个体积（骨架体积 V_{ma}、孔隙体积 V_p 和总体积 V_b）中的两个值，即可按式（2-21）计算出岩石孔隙度。岩石总体积测定方法包括直接度量法、封蜡法、饱和煤油法、水银法等；岩石孔隙体积测定方法包括气体膨胀法、流体饱和法等；岩石骨架体积测定方法包括比重瓶法、气体膨胀法、浸没称重法、固体体积计法等。除了以上岩石孔隙度的测定方法外，致密岩石（如致密砂岩、富有机质页岩等）还可利用压汞法获取岩石孔隙度，即压汞孔隙度（测试方法可见本章第七节）。本节主要介绍封蜡法测定岩石总体积、气体膨胀法测定岩石孔隙体积和骨架体积。

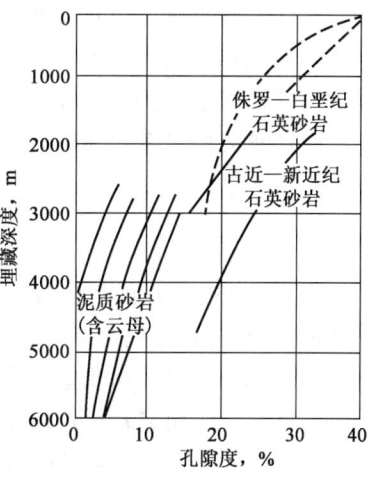

图 2-29 砂岩的孔隙度与埋藏深度关系（据何更生，2011）

1. 封蜡法测定岩石总体积

该方法适用于胶结疏松、易碎的岩石，岩样形状可以是任意不规则形状。首先测定样品在空气中的质量 w_1，再浸入熔化的石蜡中，让其表面覆盖一层蜡衣，再称其质量 w_2，最后将已封蜡岩样置于水中称得其质量 w_3，按下式计算出岩样总体积：

$$V_b = \frac{w_2 - w_3}{\rho_w} - \frac{w_2 - w_1}{\rho_k} \quad (2-30)$$

式中，w_1、w_2、w_3 为岩样不同条件下的质量，kg；ρ_w 为水的密度，kg/m³；ρ_k 为石蜡的密度，kg/m³。

2. 气体膨胀法测定岩石骨架体积

测量岩样骨架体积的原理图如图 2-30 所示。气体膨胀法测定岩石骨架体积时，需对岩石样品进行抽提、清洗和烘干，并预制成直径 2.5cm、长 4~6cm 的圆柱体。已知标准气室体积为 V_k，岩心室体积为 V，岩样颗粒体积为 V_{ma}，则岩心放入后岩心室的剩余容积为 $V - V_{ma}$。

测试步骤如下：(1) 将岩样装入岩心室；(2) 将气体充入标准气室，关闭阀2，记录压力平衡后压力 p_k；(3) 打开阀1，使气体向岩心室作等温膨胀，记录气体膨胀后体系最终压力 p；(4) 打开阀3，对系统中气体进行放空。

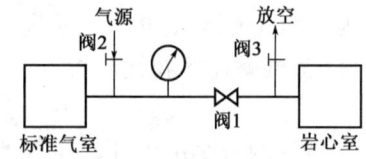

图 2-30 测量岩样骨架体积的原理图

根据波义耳定律，可推得岩石骨架体积的计算公式为

$$V_{ma} = V - \frac{V_k(p_k - p)}{p} \quad (2-31)$$

3. 气体膨胀法测定岩石孔隙体积

气体膨胀法测定岩石孔隙体积原理与气体膨胀法测定岩石骨架体积原理相同，如图 2-30 所示，两者测试方法的区别在于前者将岩心放置在已知体积的岩心室中，后者需要用橡胶

套包裹岩心并放在岩心夹持器中,两者的测试步骤相同。气体膨胀法测定岩石孔隙体积也需要对岩石样品进行抽提、清洗和烘干,并预制成直径2.5cm、长4~6cm的圆柱体。

测试步骤如下:(1)将待测岩石样品置于岩心夹持器中,用橡胶套包裹岩心并加适量的围压;(2)将气体充入标准气室,关闭阀2,记录压力平衡后压力 p_k;(3)打开阀1,使气体向夹持器中作等温膨胀,记录气体膨胀后体系最终压力 p;(4)打开阀3,对系统中气体进行放空。

根据波义耳定律,可推得岩石孔隙体积的计算公式为

$$V_p = \frac{V_k(p_k - p)}{p} \tag{2-32}$$

与图2-30所示的气体膨胀法测量岩石骨架体积的原理图有所不同,气体膨胀法测定岩石孔隙体积时,岩心室为带橡胶套且可以加压的岩心夹持器,加压后橡胶套将变形紧贴在岩心表面,且阀1打开后,标准室中的气体将直接膨胀进入待测岩石样品的孔隙中。

气体膨胀法测定岩石骨架体积和岩石孔隙体积时,由于不同气体分子可进入孔隙大小的差异,导致所采用的气体不同,其测量值会有差异。一般根据待测量岩石的孔渗特征,可选用氮气或氦气。要特别注意,涉及对岩样进行烘干的各类实验,一般均要求将实验用岩样在低温下烘干,以免较高温度破坏岩石的结构。

第三节　岩石中的流体及流体饱和度

岩石的物理性质由岩石骨架及其孔隙流体的物理性质共同决定。岩石孔隙中包含的流体可能为油、气、水的单相、两相或三相并存。石油和天然气赋存于其中并达到一定的量,则称为油气层。

一、天然气的物理性质

1. 天然气的密度和相对密度

天然气的密度是指单位体积天然气的质量,其表示式为

$$\rho_g = \frac{m_g}{V_g} \tag{2-33}$$

式中,ρ_g 为天然气的密度,kg/m³;m_g 为天然气的质量,kg;V_g 为天然气的体积,m³。天然气的密度可取样在实验室测定,可参考国家标准 GB/T 26981—2011《油气藏流体物性分析方法》中相关测试方法。

天然气的相对密度是指在标准状态(293K,0.101MPa)下,天然气的密度 ρ_g 与干燥空气的密度 ρ_a 之比,其表达式为

$$\gamma = \frac{\rho_g}{\rho_a} \tag{2-34}$$

式中,γ 为天然气的相对密度;ρ_a 为干燥空气的密度,kg/m³,在标准状态下空气的密度为 1.293kg/m³。

一般而言,天然气的相对密度分布在 0.58~0.62 之间。

2. 天然气的偏差因子

真实气体的状态参数并不满足理想气体的状态方程,而是引入一个系数 Z,从而得到真实气体的状态方程,即

$$pV_g = ZnRT \tag{2-35}$$

式中,V_g 为压力 p、温度 T 下的气体体积,m^3;n 为气体的物质的量,mol;R 为气体常数,$0.008314MPa \cdot m^3/(kmol \cdot K)$;$Z$ 为气体偏差因子或压缩因子或偏差系数,无因次,其物理意义为给定压力和温度下,一定量真实气体所占的体积与相同温度、压力下等量理想气体所占的体积的比值。

气体偏差因子随着气体温度、气体压力和气体组成的变化而变化,可通过实验进行测量,也可通过对应状态原理,利用 Standing-Katz 图版(图 2-31)确定。利用该图版确定气体偏差因子,需要先确定气体的拟对比压力和拟对比温度。

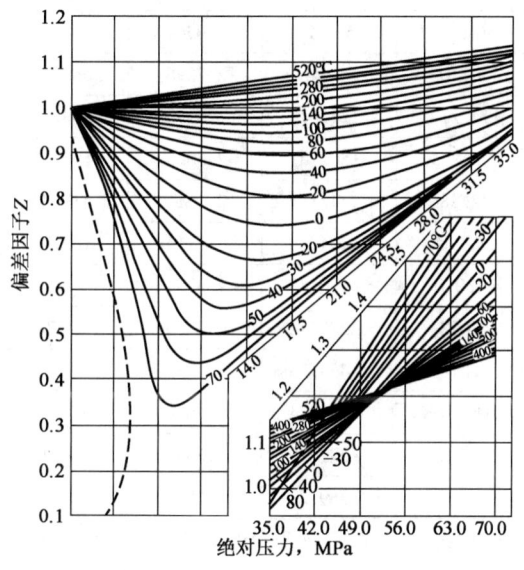

图 2-31 天然气的偏差因子图版(据 Standing,Katz,1942)

拟对比压力和拟对比温度的计算公式分别为

$$\begin{cases} p_{pr} = p/p_{pc} \\ T_{pr} = T/T_{pc} \end{cases} \tag{2-36}$$

式中,p_{pr} 为气体的拟对比压力,无因次;T_{pr} 为气体的拟对比温度,无因次;p_{pc} 为气体的拟临界压力,MPa;T_{pc} 为气体的拟临界温度,K。

对于多组分天然气,其拟临界压力和拟临界温度的计算式分别为

$$\begin{cases} p_{pc} = \sum x_i p_{ci} \\ T_{pc} = \sum x_i T_{ci} \end{cases} \tag{2-37}$$

式中,p_{ci} 为天然气中第 i 种组分的临界压力(在临界温度时使气体液化所需要的最小压力),MPa;T_{ci} 为天然气中第 i 种组分的临界温度(使物质由气相变为液相的最高温度),K;x_i 为天然气中第 i 种组分的摩尔分数,小数。

天然气中常见组分的物性参数可见表2-7。

表2-7 烃类及非烃类气体的物性常数表

组分名称	分子式	相对分子质量	在0.101MPa下的沸点,℃	临界压力 MPa	临界温度 K	密度(0.1MPa、288.6K) kg/m³	密度(0.1MPa、273K) kg/m³
甲烷	CH_4	16.043	-161.50	4.6408	190.67	0.6785	—
乙烷	C_2H_6	30.070	-88.61	4.8835	305.5	1.2794	—
丙烷	C_3H_8	44.097	-42.06	4.2568	370.00	1.8910	—
异丁烷	iC_4H_{10}	58.124	-11.72	3.6480	408.11	2.527	—
正丁烷	nC_4H_{10}	58.124	-0.50	3.7928	425.39	2.5318	—
异戊烷	iC_5H_{12}	72.151	27.83	3.3336	460.89	3.0453	—
正戊烷	nC_5H_{12}	72.151	36.06	3.3380	470.11	3.0453	—
正己烷	nC_6H_{14}	86.178	68.72	3.0344	507.89	3.6374	—
正庚烷	nC_7H_{16}	100.205	98.44	2.7296	540.22	4.2293	—
正辛烷	nC_8H_{18}	114.232	125.67	2.4973	569.39	4.8214	—
正壬烷	nC_9H_{20}	128.259	150.78	2.3028	596.11	5.4135	—
正癸烷	$nC_{10}H_{22}$	142.286	174.11	2.1511	619.44	6.0056	—
空气	N_2,O_2	28.964	-194.28	3.7714	132.78	—	1.2931
二氧化碳	CO_2	44.010	-186.43	7.3787	304.78	—	1.9768
氦气	He	4.003	-372.52	0.2289	5.278	—	0.1785
氢气	H_2	2.016	-459.73	1.3031	33.22	—	0.08985
硫化氢	H_2S	34.076	-315.74	9.0080	373.56	—	1.5392
氮气	N_2	28.013	-371.19	3.3936	126.11	—	1.2507
氧气	O_2	31.999	-389.22	5.0807	154.78	—	1.4289

资料来源:上海化工学院炼油教研组选编.石油炼制及石油化工计算方法图表集.1978。

根据天然气的组成,依据式(2-37)计算出天然气的拟临界压力和拟临界温度,利用式(2-36)可计算出天然气的拟对比压力和拟对比温度。在此基础上,可利用Standing-Katz图版确定天然气偏差因子。

3. 天然气的体积系数

天然气的体积系数是指天然气在地层条件下所占的体积与其在标准状态下所占的体积之比,即

$$B_g = \frac{V_g}{V_{sc}} \tag{2-38}$$

式中,B_g为天然气体积系数,m³/m³;V_{sc}为一定量天然气在标准状况下的体积,m³;V_g为一定量天然气在气藏条件下的体积,m³。

在标准状况下,气体体积可以按理想气体状态方程表述

$$V_{sc} = \frac{nRT_{sc}}{p_{sc}} \tag{2-39}$$

式中，V_{sc}、T_{sc} 和 p_{sc} 分别为标准状况下气体体积、温度和压力。

在气藏条件下，如压力为 p，温度为 T，则天然气所占的体积按真实气体状态方程表述，即

$$V_g = \frac{ZnRT}{p} \tag{2-40}$$

将式(2-39)和式(2-40)代入式(2-38)，得

$$B_g = \frac{ZTp_{sc}}{T_{sc}p} = Z\frac{273+t}{293}\frac{p_{sc}}{p} \tag{2-41}$$

式中，t 为气藏的温度，℃。

4. 天然气的压缩系数

天然气的压缩系数是指在等温条件下，天然气体积随压力变化的变化率，其表达式为

$$C_g = -\frac{1}{V_g}\left(\frac{\partial V_g}{\partial p}\right)_T \tag{2-42}$$

式中，C_g 为天然气等温压缩系数，MPa^{-1}。天然气体积随压力增加而减小，故式(2-42)右边加负号。

将式(2-40)代入式(2-42)中，整理得

$$C_g = -\frac{1}{V_g}\left(\frac{\partial V_g}{\partial p}\right)_T = -\frac{p}{ZnRT}\left[\frac{nRT}{p^2}\left(p\frac{\partial Z}{\partial p} - Z\right)\right] = \frac{1}{p} - \frac{1}{Z}\frac{\partial Z}{\partial p} \tag{2-43}$$

对于多组分天然气，需要将压力换算成拟对比压力，将式(2-40)代入式(2-43)中，则有

$$C_g = \frac{1}{p} - \frac{1}{Z}\frac{\partial Z}{\partial p} = \frac{1}{p_{pc}p_{pr}} - \frac{1}{Zp_{pc}}\frac{\partial Z}{\partial p_{pr}} = \frac{1}{p_{pc}}\left(\frac{1}{p_{pr}} - \frac{1}{Z}\frac{\partial Z}{\partial p_{pr}}\right) \tag{2-44}$$

由式(2-44)可看出，根据天然气的偏差因子图版可求出天然气的压缩系数。

5. 天然气的黏度

黏度又称黏滞系数，是流体(气体或液体)的内摩擦力产生抵抗流动的量度。气体的黏度与气体组成、压力和温度有关。在高压和低压下，气体的黏度变化规律不同。

1) 低压下气体的黏度

在接近大气压时，气体黏度几乎与压力无关，随温度增加而增大。根据气体分子动力学，气体黏度为

$$\mu_g = \frac{1}{3}\rho_g \bar{v} \bar{\lambda} \tag{2-45}$$

式中，μ_g 为气体黏度，$g/(cm \cdot s)$ 或 $mPa \cdot s$；ρ_g 为气体的密度，g/cm^3；$\bar{v}$ 为气体分子平均运动速度，cm/s；$\bar{\lambda}$ 为气体分子平均自由行程，cm。

根据式(2-45)，在接近大气压时，气体黏度与 ρ、$\bar{v}$ 和 $\bar{\lambda}$ 有关。当温度增加时，气体分子的热运动加剧，平均速度增加，分子间碰撞增多，内摩擦力增加，造成气体黏度增大。大气压下天然气黏度与温度的关系如图2-32所示。从图2-32中可看出，天然气黏度随相对分子质量增加而减少，随温度增加而增大，且非烃类气体黏度比烃类气体黏度都大。因此，当天然气中含有非烃组分时，必须对版图上所查得天然气黏度进行修正。

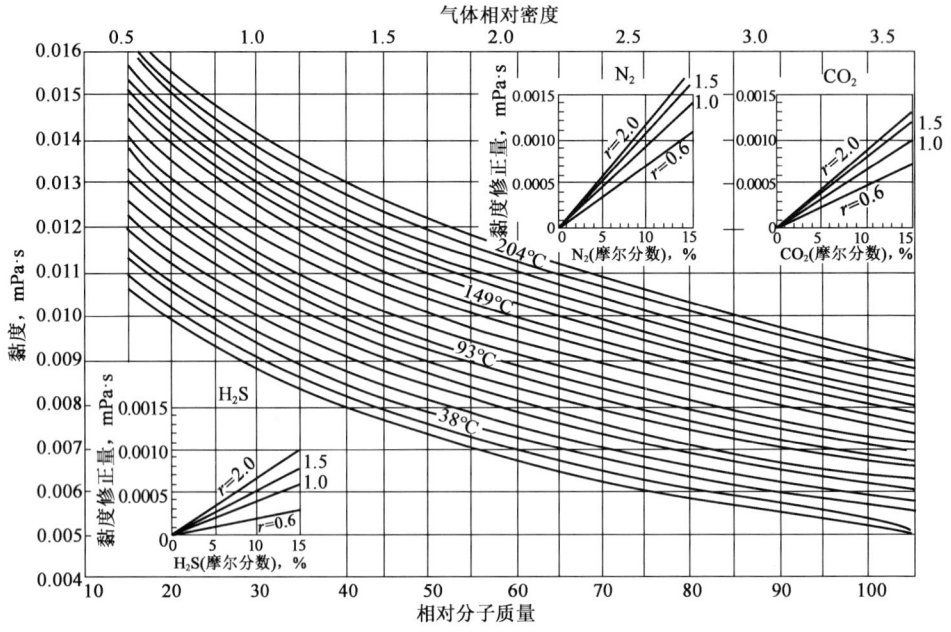

图 2-32 大气压下天然气的黏度(据 Carr,1954)

除了利用版图查得天然气黏度外,当已知天然气组成时,也可计算求得天然气黏度。在压力 0.1MPa、不同温度下,天然气黏度的计算公式为

$$\mu_g = \frac{\sum x_i \mu_{gi} M_i^{0.5}}{\sum x_i M_i^{0.5}} \quad (2-46)$$

式中,μ_{gi} 是天然气中第 i 种组分的黏度,mPa·s;M_i 是天然气中第 i 种组分的相对分子质量。

2) 高压下气体的黏度

在高压下,气体黏度随压力增加而增大,随温度增加而减小,随相对分子质量增加而增大,并具有液体黏度的特性。

在高压下天然气黏度可查图 2-33,其步骤如下:(1)根据已知天然气相对密度或视相对分子质量及温度,从图 2-32 中查出在大气压下天然气黏度 μ_{g1};(2)依据式(2-37)和式(2-36)

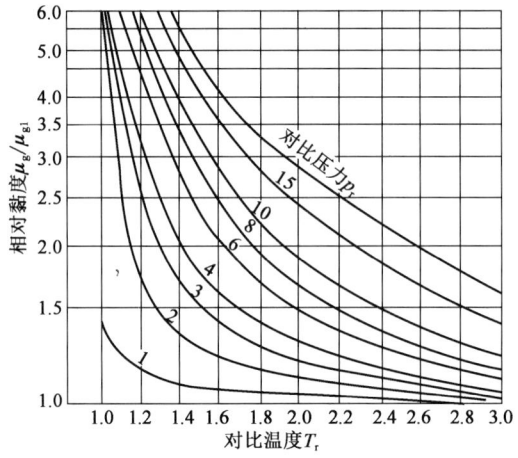

图 2-33 μ_g/μ_{g1} 与 T_r、p_r 的关系(据 Carr,1954)

分别计算出拟临界参数(p_{pc},T_{pc})和拟对比参数(p_{pr},T_{pr});(3)从图2-33中查出μ_g/μ_{gl}后,即可计算出在给定温度和压力下天然气黏度,其计算公式为

$$\mu_g = \frac{\mu_g}{\mu_{gl}}\mu_{gl} \qquad (2-47)$$

式中,μ_{gl}是大气压下气体黏度,mPa·s。

二、地层原油的物理性质

原油是石蜡族烷烃、环烷烃和芳香烃等不同烃类,以及各种氧、硫、氮的化合物所组成的复杂混合物。原油的化学组成是造成原油性质不同和产生各种变化的内因,压力和温度则是引起各种变化的外部条件。原油中的非烃类物质对原油的一些物理性质有着重大影响,因此,根据原油中某些物质含量对原油进行分类,如按胶质—沥青质含量分类、按含蜡量分类、按硫含量分类等。

1. 地层原油的密度和相对密度

地层中高压高温条件,造成地下原油溶有大量的天然气,导致地下原油密度比地面脱气原油密度低。一般来说,地下原油密度随着温度增加而下降,随着压力的变化关系比较复杂,如图2-34所示。当压力小于饱和压力时,随着压力增大,溶解的天然气增加,造成原油密度减小;当压力高于饱和压力时,天然气已全部溶解,压力继续增加,原油将受到压缩,造成原油密度增大。

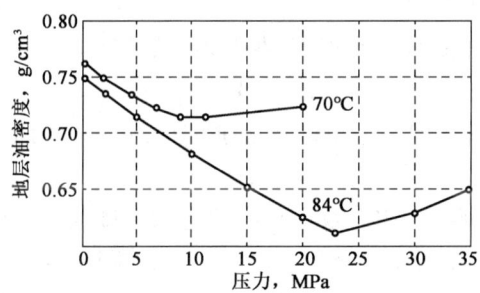

图2-34 原油密度随压力的变化(据卡佳霍夫,1956)

原油密度是指在一定条件下,单位体积原油的质量。原油相对密度定义为标准条件(0.1MPa、20℃)下原油密度与0.1MPa、4℃条件下纯水密度的比值,其表达式为

$$\gamma_o = \rho_o/\rho_w \qquad (2-48)$$

式中,ρ_o为原油密度,kg/m³;ρ_w为纯水密度,kg/m³;γ_o为原油相对密度,无因次。

根据原油相对密度大小,可对原油进行分类:$\gamma_o < 0.852$为轻质原油,$0.852 < \gamma_o < 0.930$为中质原油,$0.931 < \gamma_o < 0.998$为重质原油,$0.998 < \gamma_o$为特稠原油。

此外,原油相对密度还可用API相对密度表示,其值越大,说明原油相对密度越小。API相对密度与原油相对密度的关系为

$$\gamma_{API} = \frac{141.5}{\gamma_o} - 131.5 \qquad (2-49)$$

式中,γ_{API}为API相对密度,°API;γ_o为温度15.6℃时的相对密度。

2. 地层原油的溶解气油比

地层原油溶有大量的天然气,常用地层原油的溶解气油比来表征原油中溶解气量多少。地层原油的溶解气油比是指单位体积或单位质量地面原油在地层条件(压力、温度)下所溶有

天然气在标准状态下的体积,即

$$R_s = V_{g脱出气量}/V_{o脱气原油} \tag{2-50}$$

式中,$V_{g脱出气量}$ 为地层原油在地面脱出的气量,m^3;$V_{o脱气原油}$ 为地面脱气原油的体积,m^3;R_s 为压力 p、温度 T 下原油溶解气油比,m^3/m^3。

由式(2-50)可看出,溶解气油比给出了地层原油中溶解天然气的多少。为了便于研究,一般采用一次脱气测定的溶解气油比为基准。地层原油在一次脱气后所得的溶解气油比与压力的关系曲线可见图2-35。从图中可看出,当压力低于饱和压力时,溶解气油比随着压力增加而增大;当达到饱和压力时,溶解气油比为 R_{si};压力继续增加,溶解气油比不再变化且始终保持为饱和压力下的溶解气油比。这是因为当压力高于饱和压力时,原油中溶解气量为最大;当压力小于饱和压力时,原油中气体逸出,原油中溶解气量减少,造成溶解气油比降低。

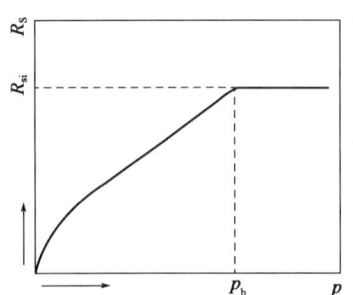

图 2-35 地层原油一次脱气溶解气油比随压力的变化

如果地层原始压力高于原油饱和压力,原始条件下溶解气油比将等于饱和压力下的溶解气油比,故将 R_{si} 称为原始溶解气油比。

3. 地层原油的体积系数

地层原油体积系数是原油在地下的体积与其地面脱气后的体积之比,即

$$B_o = V_o/V_{os} \tag{2-51}$$

式中,B_o 为原油单相体积系数,无因次;V_o 为原油体积,m^3;V_{os} 为标准条件(0.1MPa、20℃)下脱气后的原油体积,m^3。

一般情况下,由于地下溶解气和热膨胀的影响远远超过压力引起弹性压缩的影响,地层原油的体积总是大于地面脱气后原油的体积,即地层原油体积系数一般大于1。

当地层压力降低到饱和压力之后,地层原油中将有气体脱出,地层中出现油、气两相。此时,引入地层油气两相体积系数来描述地层中油气两相体积与脱气原油体积的关系。地层油气两相体积系数是指当地层压力低于饱和压力时,地层原油体积和脱出气体体积之和与地面脱气原油体积的比值,即

$$B_t = \frac{V_o + V_g}{V_{os}} = \frac{V_o + (R_{si} - R_s)V_{os}B_g}{V_{os}} = B_o + (R_{si} - R_s)B_g \tag{2-52}$$

式中,B_t 为油气两相体积系数,无因次;V_g 为某压力下原油脱出气体体积,m^3。

地层原油单相体积系数 B_o、地层油气两相体积系数 B_t 与压力关系如图2-36所示。从图2-36中可看出,当地层压力高于饱和压力 p_b 时,原油单相体积系数等于油气两相体积系数,随着压力增加而降低;当地层压力低于饱和压力时,原油单相体积系数随着压力增加而增大,而油气两相体积系数随着压力增加而减小;当地层压力降到地面大气压时,原油中溶解的气体全部脱出,

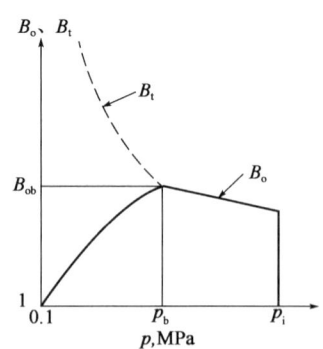

图 2-36 单相、两相体积系数随压力的变化

$B_g=1$,$B_o=1$,此时,$B_t=1+R_{si}$ 为最大值。

4. 地层原油的压缩系数

当地层压力高于饱和压力时,地层压力的改变表现为原油的弹性压缩或膨胀。原油的弹性大小常用弹性体积系数或压缩系数表示。原油压缩系数是指地层原油体积随压力变化的变化率,即

$$C_o = -\frac{1}{V_o}\left(\frac{\partial V_o}{\partial p}\right)_T \approx -\frac{1}{V_o}\frac{\Delta V_o}{\Delta p} = -\frac{1}{V_o}\frac{V_{ob}-V_o}{p_b-p} \qquad (2-53)$$

式中,C_o 为原油等温压缩系数,MPa^{-1};V_{ob}、V_o 分别为压力 p_b 和 p 下地层原油的体积,m^3。原油体积随压力增加而减小,故式(2-53)右边加负号。

用地面脱气原油体积 V_{os} 除以式(2-53)右端,则得

$$C_o = -\frac{1}{B_o}\frac{B_{ob}-B_o}{p_b-p} \qquad (2-54)$$

式中,B_{ob}、B_o 分别为压力 p_b 和 p 下地层原油体积系数,无因次。

室内实验中只要测定压力 p_b 和 p 下相应原油的体积,即可用式(2-54)计算原油的压缩系数。地层原油的压缩系数随着原油性质变化较大,原油越轻,压缩系数越大,地层原油的压缩系数一般为 $(10\sim140)\times10^{-4}MPa^{-1}$。

5. 地层原油的黏度

原油的化学组成是原油黏度高低的主要影响因素。原油中重烃含量和非烃含量,特别是胶质—沥青质含量的多少对原油黏度有重要的影响,胶质、沥青质含量多,引起原油液层分子的内摩擦力增大,造成原油黏度增大;原油溶解气油比对地层原油黏度也有重要的影响,地层原油溶解气油比越大,原油黏度越低。

压力和温度对地层原油黏度的影响如图 2-37 所示。从图中可看出,当地层压力高于饱和压力时,压力增加引起原油的弹性压缩,原油密度增大,引起原油液层间摩擦阻力增大,造成原油黏度增大;当地层压力低于饱和压力时,随着地层压力降低,原油中溶解气不断脱出,造成地层原油黏度增大。

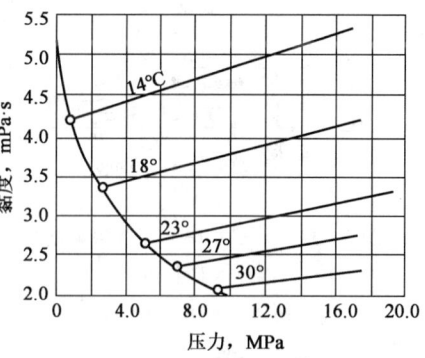

图 2-37 原油黏度与压力、温度的关系(据何更生,2011)

三、地层水的物理性质

1. 地层水的水型分类

地层水是指岩石孔隙或裂隙中的水,溶解有大量的盐类矿物,一般用矿化度来表示地层水中含盐浓度,单位为 mg/L。

地层水的水型分类常采用苏林分类法,其划分思路是:根据 Na^+(包括 K^+)和 Cl^- 的当量比,利用水中阴阳离子的结合顺序(离子亲和能力大小),以水中某种化合物出现的趋势而命名水型。

地层水划分为四种类型:当 $Na^+/Cl^->1$ 时,则水中有多余 Na^+ 将与 SO_4^{2-} 或 HCO_3^- 结合,

如果 $\dfrac{Na^+ - Cl^-}{SO_4^{2-}} < 1$，则形成硫酸钠水型；如果 $\dfrac{Na^+ - Cl^-}{SO_4^{2-}} > 1$，则形成碳酸氢钠水型。当 $Na^+/Cl^- < 1$ 时，水中多余的 Cl^- 将与 Mg^{2+} 或 Ca^{2+} 结合，如果 $\dfrac{Cl^- - Na^+}{Mg^{2+}} < 1$，则形成氯化镁水型；如果 $\dfrac{Cl^- - Na^+}{Mg^{2+}} > 1$，则形成氯化钙水型。

2. 天然气在地层水中溶解度

天然气在地层水中溶解度是指地面条件下单位体积地层水，在地层压力、温度条件下所溶解的天然气体积。天然气在水中溶解度随着压力和温度变化关系如图 2-38 所示。从图 2-38(a)中可看出，天然气溶解度随着压力增加而增加；在温度较低(低于 70~80℃)时，天然气在水中溶解度随温度增加而降低，而在温度较高(高于 70~80℃)时，天然气在水中溶解度随温度增加而增大。此外，从图 2-38(b)中可看出，天然气溶解度随地层水矿化度增加而降低，说明当地层水含盐时，天然气在地层水中溶解度需要进行校正。

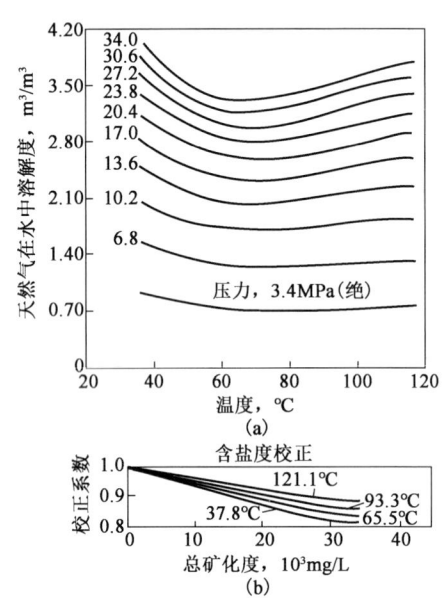

图 2-38　地层水中天然气溶解度与压力、温度及矿化度的关系（据何更生，2011，有修改）

3. 地层水的体积系数

地层水的体积系数是地层水在地下压力、温度条件下的体积与其在地面条件下的体积之比，即

$$B_w = V_w / V_{ws} \tag{2-55}$$

式中，V_w 为地层水体积，m^3；V_{ws} 为标准条件(0.1MPa、20℃)下地层水体积，m^3；B_w 为地层水的体积系数，无因次，一般而言，地层水的体积系数为 0.97~1.06。

地层岩石孔隙中不同流体（天然气、原油、地层水）间体积系数关系一般为 $B_o > B_w > B_g$。地层水的体积系数与压力、温度和溶解气量的关系如图 2-39 所示。从图 2-39 中可看出，地层水的体积系数随压力增加而减小，随温度增加而增大，且溶解有天然气的地层水体积系数要比纯水大。

4. 地层水的压缩系数

地层水的压缩系数是指单位体积地层水在单位压力改变时的体积变化值，即

$$C_w = -\dfrac{1}{V_w}\left(\dfrac{\partial V_w}{\partial p}\right)_T \tag{2-56}$$

式中，C_w 为地层水的等温压缩系数，MPa^{-1}；V_w 为地层水体积，m^3。地层水体积随压力增加而减小，故式(2-56)右边加负号。

地层水的压缩系数一般为 $(3.7~5) \times 10^{-4} MPa^{-1}$。地层岩石孔隙中不同流体（天然气、原油、地层水）间压缩系数关系一般为 $C_g > C_o > C_w$。地层水的压缩系数与压力、温度和溶解气量的关系如图 2-40 所示。已知地层压力、地层温度和地层水溶解气量，可根据图 2-40 查地层水的压缩系数。

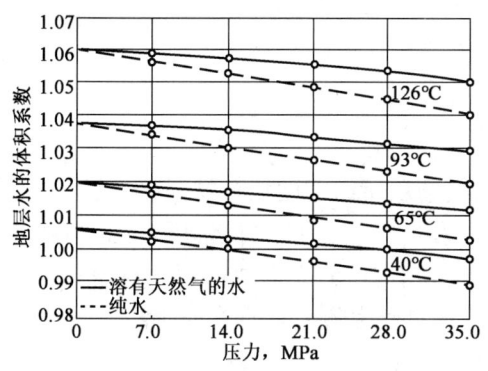

图 2-39 地层水的体积系数与温度、压力的关系
(据 Dodson, Standing, 1944)

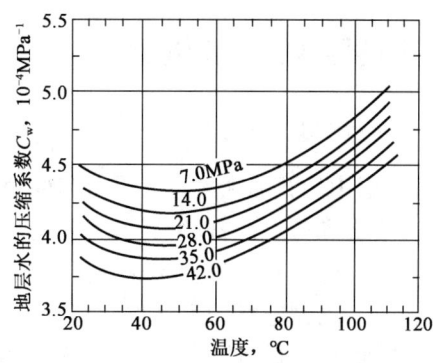

图 2-40 地层水压缩系数
(据 Dodson, Standing, 1944)

5. 地层水的黏度

地层水的黏度表示流体内摩擦阻力的大小。地层水的黏度与压力、温度和含盐量的关系如图 2-41 所示。由图中可看出,地层水的黏度随温度增加而降低,压力对地层水黏度影响较小,含盐量对地层水黏度影响也不显著。

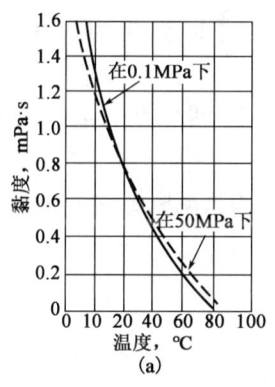
(a)

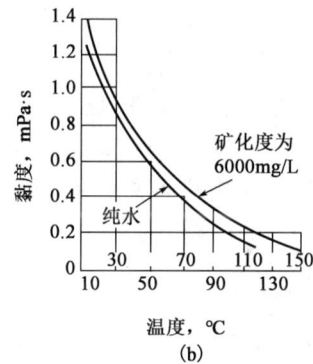
(b)

图 2-41 地层水黏度与温度的关系(据卡佳霍夫,1956)

岩石中孔隙中不同类型流体(油、气、水)的物理性质对比可见表 2-8。油、气、水等流体物理性质的差异,造成岩石孔隙中饱含不同流体时岩石将表现出不同的物理性质。

表 2-8 油、气、水的物理性质对比

流 体	油	气	水
密度	$\rho_w > \rho_o > \rho_g$		
体积系数	$B_o > B_w > B_g$		
压缩系数	$C_g > C_o > C_w$		
黏度	受压力、温度、原油组成的影响	受压力、温度、气体组成的影响	受压力、温度、含盐量的影响
溶解气油比	$p > p_b$,R_{si} 不变 $p < p_b$,R_{si} 随 p 增大而增大		

四、地层中烃类的相态

1. 烃类的化学组成

油气层中的石油和天然气是由多种烃类和非烃类物质所组成的混合物,其中烃类主要是烷烃、环烷烃和芳香烃,以烷烃最为常见,其化学通式为C_nH_{2n+2}。在常温常压下,CH_4~C_4H_{10}烷烃为气态,是天然气的主要成分;C_5H_{12}~$C_{16}H_{34}$烷烃是液态,是石油的主要成分;而$C_{16}H_{34}$以上烷烃为固态,是石蜡的主要组成部分。烃类分子的相对密度随碳原子增加而增大。

根据油气层内流体组成及相对密度,油气藏可以分为:

(1)干气气藏:以甲烷为主,含有少量乙烷、丙烷和丁烷,始终保持气相状态。

(2)湿气气藏:主要以甲烷为主,除含有少量乙烷、丙烷和丁烷外,还含有少量的戊烷、己烷等组分,在地层中保持气态,到地面后会析出部分颜色透明的凝析油(相对密度为0.6)。

(3)凝析气藏:含有甲烷到己烷以及一定量庚烷以上的重质烃类组成,在地下原始条件是气态,随着地层压力下降,在地层中或到地面后会凝析出凝析油,其颜色浅,相对密度在0.6~0.7。

(4)临界油气藏:也称挥发性油藏。其特点是含有的中间烃类和重质烃类处于一个特殊的比例范围,构造上部接近于气,下部接近于油,但油气无明显的分界面,相对密度在0.7~0.8。

(5)油藏:分为有气顶和无气顶油藏。油藏中以液相烃为主,油中溶有气体,相对密度为0.8~0.94。

(6)重质油藏:也称稠油油藏,是指地面脱气原油相对密度为0.934~1.00、地层温度条件下测得脱气原油黏度为100~10000mPa·s的油藏。

(7)沥青油砂矿:是指地面脱气原油相对密度大于1.00、地层温度条件下测得脱气原油黏度大于10000mPa·s的油藏。

2. 烃类的相态特征

在研究相态时,通常是以某一体系或系统作为研究对象,其中体系是指与周围的其他物质相分离的某一物质本身。体系中某一均质的部分称为相,如气相、液相和固相。每一个相中都可以包含多种成分,每一个成分称为一种组分。体系中所含组分以及各组分所占比例称为组成。

在一定温度和压力条件下,同一个体系的不同相之间处于一种动态的平衡状态。温度和压力改变之后,原来的相平衡被打破,并建立新的相平衡关系。相随温度和压力变化而变化的性质,称为相变。体系的相变,不仅与体系中组分有关,而且随温度T、压力p和比容V变化而变化。体系相态变化一般用状态方程描述。将状态方程以图示法表示就是相图。相图有多种形式,例如以T、p和V三个变量为坐标的相图称为三维相图;以T、p和V中任意两个变量为坐标的相图,称为二维相图;压力和温度一定时,描述体系中组成变化的情况需要采用另外形式的相图,即三角相图。

典型多组分烃类体系的p-T相图如图2-42所示,相图包括气相区、液相区和气液两相区,图中的相包络线aC_pCC_Tb把两相区和单相区分开。包络线内是两相区,其中的虚线代表液相所占的体积百分数,也称等液量线。包络线外的所有流体都以单相存在。aC_pC线称为泡点线,它是液相区和两相区的分界线,泡点线上的液相体积为100%。泡点是指温度一定情况下开始从液相中分离出的第一批气泡的压力,或压力一定情况下开始从液相中分离出第一批气泡的温度。当压力降低到泡点线上的压力值时,体系将出现第一批气泡,此压力又称为该体系的饱和压力,所以泡点线又称为饱和压力线。CC_Tb 称为露点线,它是气相区和两相区的分界线,露点线上气相体积为100%。露点是指温度一定情况下,开始从气相中凝结出第一批液滴的压力。当压力升高到露点线上的压力值时,体系会出现第一批液滴。泡点线与露点线的会合点称为系统的临界点 C(对应的温度为临界温度 T_c,对应的压力为临界压力 p_c)。此外,相包络线上的 C_p 和 C_T 点,分别为体系中两相能共存的最高压力点(临界凝析压力点)和最高温度点(临界凝析温度点)。

等温逆行区和等压逆行区如图2-42中的两个阴影区:CBC_TDC 和 CGC_pHC。具有这类反凝析区相图特征的气藏称为反凝析气藏或逆行凝析气藏,简称为凝析气藏。实际气藏开发中,地层温度可视为等温,地层压力随地层流体采出而不断下降,故研究等温反凝析区具有现实意义。假设原始气藏位于图2-42中的 A 点(气相),当压力降低时,从 A 到 B 点和从 E 到 F 点均为气相而无相态变化,而从 B 到 D 点和从 D 到 E 点是两个完全相反的过程。从 B 到 D 点,随压力降低,体系中液相含量会逐渐增加,而从 D 到 E 点,随压力降低,体系中液相含量会逐渐降低。由 D 至 E 点随压力降低而体系液相蒸发是正常现象,而由 B 到 D 点随压力降低而体系凝析量增加则为反常凝析现象。某高含凝析油凝析气相态变化过程可见视频3。

视频3

当地层温度和压力位于液相区时,则为纯油藏,或称未饱和油藏,如图2-43所示。如果位于液相区的左侧,则为中质油藏;如果位于液相区的右侧,则为轻质油藏。

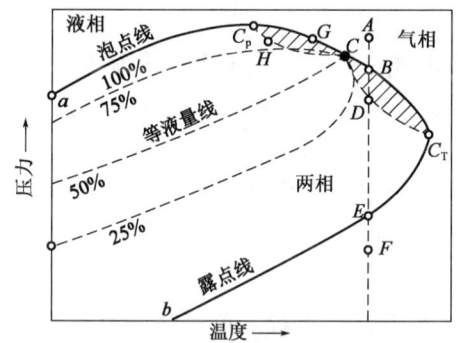

图2-42 多组分烃类体系的 p-T 相图
(据何更生,2011,有修改)

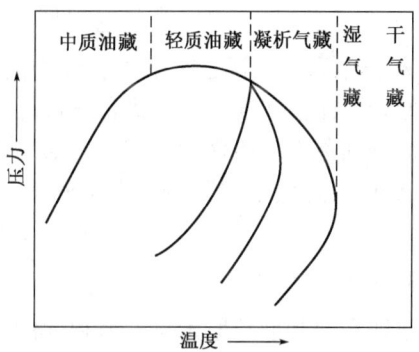

图2-43 油气体系相图的细分区

当地层温度和压力位于两相区时,则为油气藏,如图2-43所示。如果位于两相区且靠近泡点线,则为带气顶油藏;如果位于两相区且靠近露点线,则为带油环(底油)气藏。

当地层温度和压力位于气相区时,则为纯气藏,如图2-43所示。如果位于临界点和临界凝析温度点之间,则为凝析气藏;如果位于临界凝析温度点之外且靠近两相区,则为湿气藏;如果位于气相区且远离两相区,则为干气藏。

五、岩石中流体的饱和度

1. 流体饱和度的概念

油气层岩石孔隙中充满一种流体时,称为饱和了一种流体。岩石孔隙中存在多种流体

(石油、天然气和地层水)时,每种流体的相对含量可利用饱和度参数进行定量描述。某种流体的饱和度是指该种流体在岩石孔隙中所占的体积百分数。

1)含油、含气、含水饱和度

根据饱和度的定义,含油、含气、含水饱和度分别为岩石孔隙中油、气、水体积(V_o、V_g、V_w)与岩石孔隙体积(V_p)的比值,即

$$S_o = \frac{V_o}{V_p} \times 100\% \tag{2-57}$$

$$S_g = \frac{V_g}{V_p} \times 100\% \tag{2-58}$$

$$S_w = \frac{V_w}{V_p} \times 100\% \tag{2-59}$$

式中,S_o、S_g、S_w 分别为含油、含气、含水饱和度,%;V_o、V_g、V_w 分别为油、气、水在岩石孔隙中所占的体积,m³。

根据饱和度的定义,地层岩石中油、气、水三相饱和度的关系为

$$S_o + S_g + S_w = 1 \tag{2-60}$$

当地层岩石中只含油、水两相或气、水两相时,它们的饱和度关系为

$$S_o + S_w = 1 \text{ 或 } S_g + S_w = 1 \tag{2-61}$$

2)原始含油、含气、含水饱和度

油气田投入开发之前,岩石孔隙中流体处于一种相对平衡状态,岩石孔隙中流体的饱和度称为原始流体饱和度。原始状态下岩石孔隙中油、气、水体积(V_{oi}、V_{gi}、V_{wi})与岩石孔隙体积的比值分别称为原始含油、含气、含水饱和度,常用 S_{oi}、S_{gi}、S_{wi} 表示。

从不同角度,地层原始含水饱和度也被称为共生水饱和度、束缚水饱和度、原生水饱和度等。

3)束缚水饱和度

束缚水饱和度与原始含水饱和度的符号表示相同,为 S_{wi},也称不可再降低的水饱和度。岩石孔隙中的束缚水一般黏附在颗粒表面,赋存在微孔隙中或滞留在颗粒接触处,在压差作用下是不能流动的。束缚水饱和度可理解为岩石孔隙中束缚水体积与孔隙体积的比值。

4)当前含油、含气、含水饱和度

油气田开发的不同阶段,岩石孔隙中含油、含气、含水饱和度称为当前含油、含气、含水饱和度,简称为含油、含气、含水饱和度。

5)残余油(气)饱和度

在油气田开发过程中,经过某一采油方法或驱替作用后,仍然不能采出而残留于岩石孔隙中的原油(天然气)称为残余油(气),其体积在岩石孔隙中所占体积的百分数称为残余油(气)饱和度,用 $S_{or}(S_{gr})$ 表示。

2. 饱和度的影响因素

影响储层中含油(气)饱和度高低的因素很多,对原始地层,有油(气)源供给程度、排驱动

力、油(气)藏的保存条件、储层自身储集条件,以及所处构造部位等。在其他条件相同时,含油(气)饱和度主要受孔隙结构、岩石表面性质,以及油(气)自身性质等的影响。

1)岩石的孔隙结构及表面性质的影响

岩石的孔隙结构及表面性质是影响岩石的含油(气)饱和度关键因素之一。岩石颗粒较粗,则其比面小,孔隙、喉道半径大,孔隙连通性好,造成油(气)进入岩石孔隙的阻力小,导致岩石孔隙中含油(气)饱和度高,束缚水饱和度低。此外,油(气)层中亲水岩石的束缚水饱和度大于亲油岩石。

2)油(气)性质的影响

油(气)密度不同,含油(气)饱和度不同。黏度高的油,排水动力小,不易进入岩石孔隙,导致岩石孔隙中残余水饱和度高,原油饱和度低,反之亦然。

3. 流体饱和度的实验室测定

岩石流体饱和度的确定有多种方法,主要包括实验室测定法、地球物理测井方法(详见地球物理测井相关书籍)和经验统计公式或经验统计图版法,其中实验室测定包括常规岩心分析方法及专项岩心分析方法。以下主要介绍常规岩心分析方法中蒸馏抽提法。

蒸馏抽提法所用仪器如图2-44所示,仪器包括长颈烧瓶、岩心杯、冷凝管和捕水器。该方法的实质是抽提岩心中的水,通过测定含水饱和度来确定含油饱和度。测试步骤如下:(1)获取含油岩样质量后,将岩心放入测定仪的微孔隔板漏斗中;(2)向烧瓶中加入密度小于水、沸点比水高、溶解洗油能力强的溶剂,如甲苯或酒精苯等,并对烧瓶进行加热;(3)使岩样中水分蒸馏出来,经过冷凝管冷凝后聚集于捕集管中,待管中水不再增加,测量出水的体积;(4)对洗净后的岩心进行烘干并称重。按照饱和度定义可计算出含水、含油、含气饱和度:

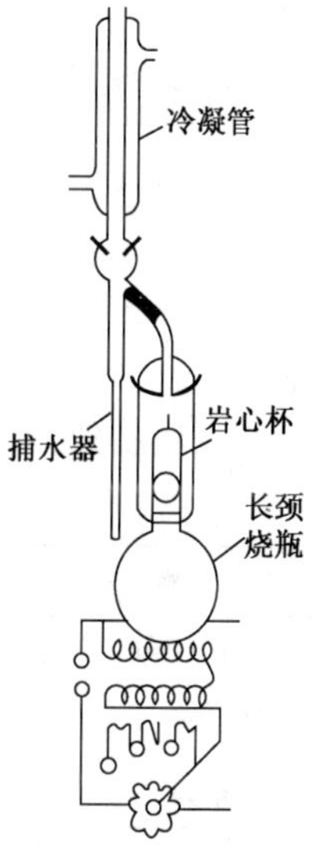

$$S_w = \frac{V_w}{V_p} \times 100\% \qquad (2-62)$$

$$S_o = \frac{V_o}{V_p} \times 100\% = \frac{w_1 - w_2 - w_w}{V_p \rho_o} \times 100\% \qquad (2-63)$$

$$S_g = 1 - (S_w + S_o) \qquad (2-64)$$

图 2-44 蒸馏抽提法示意图

式中,V_w 为捕集管中水的体积,m³;w_1 为岩心抽提前的质量,kg;w_2 是洗净和烘干后岩心的质量,kg;w_w 是根据水的体积换算水的质量,kg;ρ_o 是油的密度,kg/m³。

溶剂抽提法的优点在于:岩心清洗得干净。常用这种方法进行对岩心进行洗油、清洗并测定其饱和度。

第四节 岩石的密度

密度是岩石的一种固有性质,对地球局部的重力场及地震波的传播速度和反射系数有重要影响,同时还影响岩石的热导率和对 γ 射线的吸收与散射。地壳内不同岩(矿)体之间存在的密度差异,是开展重力勘探工作的地球物理前提条件。对岩石的密度测定以及对测定结果的研究是重力勘探工作的一个重要内容。

一、岩石密度的基本概念

岩石是由固相骨架及其孔隙流体所组成的复杂集合体。按照物质密度的定义,根据岩石的存在状态和组成等,可见以下几种类型的岩石密度,即岩石骨架密度(岩石真密度)、岩石颗粒密度、岩石体密度。一般在不特别说明的情况下,岩石密度都是指的其体密度。

1. 岩石的骨架密度

骨架密度定义为单位体积岩石固体物质(骨架)的质量,即

$$\rho_{ma} = m_{ma}/V_{ma} \qquad (2-65)$$

$$V_{ma} = V_b - V_p \qquad (2-66)$$

式中,m_{ma} 为岩石固体部分质量,kg;V_{ma} 为岩石骨架体积,m³;ρ_{ma} 为岩石骨架密度,kg/m³。

2. 岩石的颗粒密度

颗粒密度指单位体积岩石颗粒的质量,即

$$\rho_{grain} = m_{grain}/V_{grain} \qquad (2-67)$$

式中,m_{grain} 为颗粒质量,kg;V_{grain} 为颗粒体积,m³;ρ_{grain} 为颗粒密度或粒密度,kg/m³。

常见矿物的密度见表2-9。

表2-9 常见矿物的密度

名 称	密度,10³kg/m³	名 称	密度,10³kg/m³	名 称	密度,10³kg/m³
石英	2.65	角闪石	3.62~3.65	白钨矿	5.9~6.2
正长石	2.55~2.63	白云母	2.77~2.88	赤铁矿	4.5~5.2
方解石	2.72~2.94	绿高岭石	1.72~2.5	磁铁矿	4.8~5.2
白云岩	2.86~2.93	叶绿泥石	2.6~3.0	黄铁矿	4.9~5.2
重晶石	4.4~4.7	石墨	2.09~2.25	钛铁矿	4.5~5.0
刚玉	3.9~4.0	辉铜矿	5.5~5.8	磁黄铁矿	4.3~4.8
石膏	2.2~2.5	斑铜矿	4.9~5.2	铬铁矿	3.2~4.4
金刚石	2.6~2.9	锰矿	3.4~6.0	黄铜矿	4.1~4.3

3. 岩石的体密度

体密度定义为单位体积岩石的质量,即

$$\rho_b = m/V_b \qquad (2-68)$$

式中,ρ_b 为岩石体密度,kg/m³;m 为岩石质量,kg。

在实际使用中,密度的单位为 g/cm³,两者换算关系为 10^3kg/m³ = 1g/cm³。

部分岩石的密度值范围可见表2-10。

表 2-10 部分岩石的密度值范围表

名 称	密度,$10^3 kg/m^3$	名 称	密度,$10^3 kg/m^3$	名 称	密度,$10^3 kg/m^3$
橄榄岩	2.6~3.6	云母片岩	2.5~3.0	表土	1.1~2.0
玄武岩	2.6~3.3	千枚岩	2.7~2.8	辉长岩	2.85~3.05
辉长岩	2.7~3.4	蛇纹岩	2.6~3.2	泥岩	1.2~1.4
安山岩	2.5~2.8	大理岩	2.6~2.9	粉砂岩	1.8~2.8
辉绿岩	2.9~3.2	白云岩	2.4~2.9	砂质页岩	2.3~3.0
玢岩	2.6~2.9	石灰岩	2.3~3.0	泥板岩	1.7~2.9
花岗岩	2.4~3.1	页岩	2.1~2.8	角砾岩	1.6~3.0
石英岩	2.6~2.9	砂岩	1.8~2.65	泥灰岩	1.5~2.8
流纹岩	2.3~2.7	白垩	1.8~2.6	砾岩	2.1~3.0
片麻岩	2.4~2.9	干砂岩	1.4~1.7	玄武岩	2.7~3.3
铝矾土	2.4~2.5	黏土	1.5~2.2	煤	1.2~1.7

岩石体密度取决于其各种物质组成和含量,在已知岩石组成、含量及各组成密度的情况下,岩石密度可按岩石组成的体积加权获得,即

$$\rho_b = \sum_i \frac{V_i}{V_b}\rho_i \qquad (2-69)$$

式中,ρ_i 为第 i 种成分的密度,kg/m^3;V_i 为第 i 种成分的体积,m^3。

在研究岩石物理方面的问题时,常常按照其组成,把岩石简化成几个物理性质单一的部分(图 2-45),并认为岩石整体的物理性质是各单一组成部分物理性质的体积加权代数和。根据岩石体积物理模型,油气层岩石的物理性质是岩石骨架、黏土矿物、地层水、烃类(石油和天然气)的物理性质的体积加权代数和,其数学表达式为

$$W = \sum W_i V_i = W_{ma}V_{ma} + W_{sh}V_{sh} + W_w V_w + W_h V_h \qquad (2-70)$$

$$V_{ma} + V_{sh} + V_w + V_h = 1 \qquad (2-71)$$

式中,W 为岩石的物理性质;W_{ma} 为岩石骨架的物理性质;W_{sh} 为黏土矿物的物理性质;W_w 为地层水的物理性质;W_h 为烃类的物理性质;V_{ma} 为岩石骨架的体积百分数;V_{sh} 为黏土矿物的体积百分数;V_w 为地层水的体积百分数;V_h 为烃类物质的体积百分数。

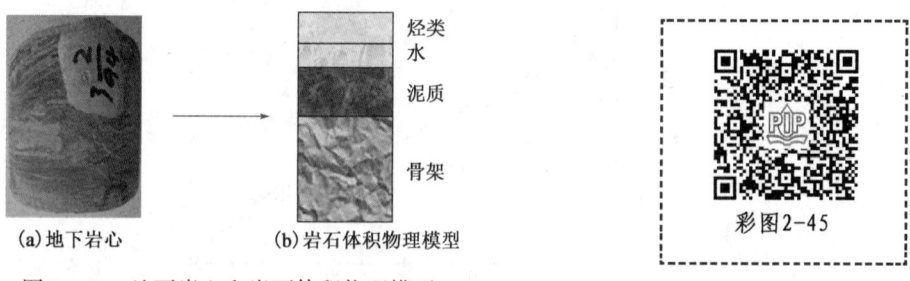

图 2-45 地下岩心和岩石体积物理模型

这个模型考虑了体积因素对岩石物理性质的影响,但仍然只能是某一物理性质的一种近似。通常也把岩石体积物理模型简称为岩石物理模型。

以某纯砂岩地层为例,该地层孔隙度为20%,其含油饱和度为60%,含水饱和度为40%,骨架密度为2.65g/cm³,原油密度为0.85g/cm³,水密度为1.0g/cm³,则该纯砂岩油层的体积密度可以表示为

$$\rho_b = \phi \rho_f + (1 - \phi) \rho_{ma} \quad (2-72)$$

式中,ρ_{ma} 为砂岩骨架密度,g/cm³;ρ_f 为孔隙流体的密度,g/cm³。

对该砂岩地层,则有

$$\rho_f = S_o \times \rho_o + S_w \times \rho_w = 0.6 \times 0.85 + 0.4 \times 1 = 0.91 (g/cm^3) \quad (2-73)$$

将上述参数代入式(2-72),可得 $\rho_b = 0.2 \times 0.91 + (1 - 0.2) \times 2.65 = 2.302 (g/cm^3)$。需要注意的是,岩样从地层中钻取或含有水分时所测的密度为岩石体密度,而岩样经过低温烘干后所测的密度为岩石干密度。

二、影响岩石密度的因素

岩石密度的大小主要与岩石中矿物组成及其含量、岩石致密程度(孔隙发育程度)、胶结物类型、孔隙流体种类及其饱和度,以及岩石所处环境的温度、压力等因素有关。

1. 岩石中矿物组成及其含量

岩石中矿物组成及含量是影响岩石密度的重要因素。岩石中高密度矿物的含量越高,岩石密度越大,如含金属矿物多的岩石密度一般要大于含非金属矿物多的岩石。因此,不同岩性的岩石具有不同的密度,即不同种类岩石具有不同的密度,如表2-9和表2-10所示。从表2-9和表2-10中可看出,不同岩性的岩石密度存在差异,特别是金属矿的密度明显大于非金属矿。

2. 岩石致密程度

分析式(2-72)可知,岩石越致密,岩石中孔隙越少,岩石密度越大。沉积岩的成岩时代早晚不同及经历地质作用不同,将造成岩石孔隙度不尽相同,则其密度会有所差异。不同岩性的岩石密度与孔隙度的关系如图2-46所示。从图2-46中可看出,不同岩性的岩石密度都随着孔隙度增加而呈下降趋势,且不同岩性的岩石密度与孔隙度之间呈显著的线性关系。

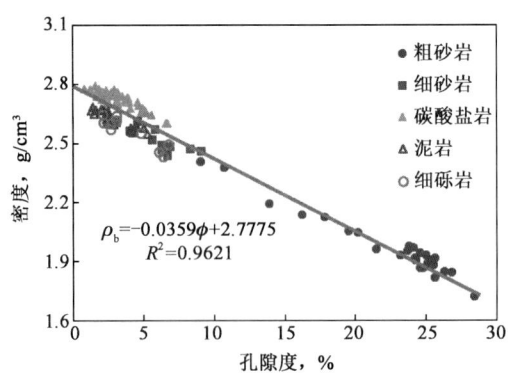

图2-46 不同岩性的岩石密度与孔隙度的关系

3. 胶结物类型

胶结作用是沉积物在成岩过程中的一种变化,在岩石内部结构中经常存在各种胶结物,如硅质、铁质、钙质和泥质等。岩石中胶结物类型不同,其密度不同。一般而言,铁质胶结岩石的密度最大,硅质和钙质胶结岩石的密度要大于泥质胶结岩石。

4. 孔隙流体种类及其饱和度

岩石是一种多孔介质,岩石孔隙中流体的种类及其饱和度对岩石密度也有一定的影响。一般而言,水、油、气三者间的密度关系为水>油>气。因此,油气层地下岩石中饱和不同流体及其饱和度不同,将造成岩石密度不同。

5. 温度和压力

根据物理学相关知识可知,具有"热胀冷缩"或者"热缩冷胀"性质的物质密度受到温度影响较明显。对于岩石而言,随着温度增加,岩石体积增大,造成岩石密度减小;随着压力增大,岩石受到压缩,其体积减小,造成岩石密度增大。储层岩石均处在不同的温度和压力环境下,储层中岩石密度将受到温度和压力的综合作用,因此,不同温度和压力环境的综合作用将使岩石密度表现出差异性。

三、岩石密度的实验室测定

岩石密度的确定有多种方法,主要分为两类:实验室测定方法和野外测定方法,其中实验室测定方法包括称重法(或蜡封法)和密度仪法,野外测定方法包括地面重力测量、井中重力测量和地球物理测井及地震等。以下主要对称重法(蜡封法)进行简要介绍。

岩石体密度是单位体积岩石的质量(包括孔隙在内)。根据岩样的含水状态,岩石体密度可分为天然含水状态密度、干密度(105~110℃烘干)、饱和密度。实验室的岩石样品形状可能是规则的,也可能是不规则的,造成岩石样品密度的获取方法不同,其中规则岩样可利用称重法,而不规则岩样需要利用静水称重法。

对于规则岩样,可利用电子天平量得岩石样品在空气中的质量 m,利用游标卡尺测量岩石样品的直径、高或边长,计算出岩石样品的体积 V,则岩石样品的密度为

$$\rho = \frac{m}{V} \tag{2-74}$$

式中,m 为岩石样品在空气中的质量,kg;V 为岩石样品的体积,m³。

对形状不规则且非渗透、对水呈"惰性"的岩样,一般可采用静水称重法。根据阿基米德原理,物体在水中减轻的质量等于它所排开同体积水的质量。若水的密度为 ρ_w,岩石样品在空气中的质量为 m,岩石样品在水中的质量为 m_2,则岩石密度为

$$\rho = \frac{mg}{(m-m_2)g/\rho_w} = \frac{m}{m-m_2}\rho_w \tag{2-75}$$

对形状不规则且渗透性较好或对水敏感的岩石(如遇水崩解、溶解和干缩湿胀性岩石或透水性岩石等),为了防止水的侵入而影响测量结果,必须给岩石样品先敷上一层石蜡,然后再进行测量。若石蜡的密度为 ρ_k,岩石样品涂上石蜡后在空气中的质量为 m_1,之后在水中的质量为 m_3,则岩石密度为

$$\rho = \frac{m}{(m_1-m_3)/\rho_w - (m-m_1)/\rho_k} \tag{2-76}$$

第五节 岩石的压缩性

一、岩石压缩系数

岩石作为一种特殊、复杂的天然多孔材料,具有可压缩性。当岩石处于原始埋藏状态时,上覆地层压力 p_v(外压)、地层孔隙流体压力 p_p(或地层压力、内压)以及岩石骨架所承受的压力 Δp(也称有效上覆压力或有效应力,其最大值为外压与内压之差,取决于岩石骨架的致密程度)处于平衡状态。随着地层中流体被采出,地层压力下降,平衡状态被打破,作用在岩石骨架上的力增大,在弹性限度范围为,岩石颗粒会挤压变形、排列更加紧密,引起岩石中孔隙缩小以及孔隙体积减小,如图 2-47 所示;当作用在骨架上的力超过弹性极限时,岩石将可能被压碎。

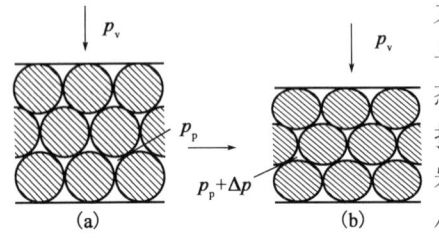

图 2-47 岩石骨架变形示意图

岩石压缩系数正是用于描述和表征弹性限度内,岩石骨架或其孔隙体积随压力变化而变化的参数,定义为地层压力每改变单位压力时,单位体积岩石中孔隙体积的变化量。根据岩石的组成及变形特征,Geertsma(1957)提出了三种具体表示方法,分别见式(2-77)、式(2-78)、式(2-79)。这三种表示方法分别以岩石外表体积 V_b、骨架体积 V_{ma} 和孔隙体积 V_p 为基准,分别表示了压力变化引起的岩石体积、骨架和孔隙体积的变化特征。

$$C_b = -\frac{1}{V_b}\frac{\Delta V_p}{\Delta p} \qquad (2-77)$$

$$C_{ma} = -\frac{1}{V_{ma}}\frac{\Delta V_p}{\Delta p} \qquad (2-78)$$

$$C_p = -\frac{1}{V_p}\frac{\Delta V_p}{\Delta p} \qquad (2-79)$$

式中,C_b 称为岩石体积压缩系数,MPa^{-1};ΔV_p 为单位压力变化时,岩石孔隙体积的变化量,m^3;Δp 为地层压力变化值,MPa,常用有效上覆压力 Δp_e 表示;C_{ma} 称为岩石骨架压缩系数,MPa^{-1};V_p 为孔隙体积,m^3;C_p 称为岩石孔隙体积压缩系数,MPa^{-1}。

岩石中孔隙体积随压力增加而减小,故上述各表达式右边加负号。在实际中,岩石孔隙体积压缩系数使用范围最广。

依据式(2-8)可看出,按以上三种不同体积为基准定义的岩石压缩系数具有以下关系:

$$C_b = \phi C_p = (1-\phi)C_{ma} \qquad (2-80)$$

尼科拉耶夫斯基等研究了实验室常压条件下测试的孔隙度 ϕ_0 与地层条件下孔隙度 ϕ 间的关系,提出了两者间的转换关系式:

$$\phi = \phi_0 e^{-C_p \Delta p_e} \qquad (2-81)$$

大量的室内实验结果表明,岩石体积压缩系数约为 $(0.1 \sim 0.2) \times 10^{-4} MPa^{-1}$,岩石骨架压缩系数约为 $(0.2 \sim 5) \times 10^{-4} MPa^{-1}$,岩石孔隙体积压缩系数约为 $(5 \sim 22) \times 10^{-4} MPa^{-1}$。

二、岩石的综合弹性压缩系数

根据前面相关小节的学习,我们已经认识了流体(油、气、水)和岩石的压缩系数。对整个油气层而言,除了考虑岩石压缩系数外,还需要考虑地层中流体压缩系数。地层压力降低时,一方面岩石的压缩系数使岩石中孔隙体积减小 ΔV_p,另一方面流体的压缩系数使岩石孔隙中流体发生膨胀 ΔV_L,这两者综合作用将使地层中流体从地层孔隙中流出。因此,对油气层,常采用地层综合弹性压缩系数(或总压缩系数)C_t 来表示整个油气层的弹性大小,它代表了岩石和流体弹性的综合影响,是考虑地层弹性能量时的一个重要参数。地层综合弹性压缩系数的物理意义在于,地层压力每产生单位压降时,单位体积岩石中孔隙及流体总的体积变化,即

$$C_t = -\frac{1}{V_b}\frac{\Delta V}{\Delta p} \tag{2-82}$$

假设地层岩石体积为 V_b,当地层压力下降 Δp 时,岩石的孔隙体积和孔隙中流体总的体积变化 ΔV 为

$$\Delta V = \Delta V_p + \Delta V_L = \Delta V_p + \Delta V_o + \Delta V_g + \Delta V_w \tag{2-83}$$

将式(2-83)代入到式(2-82)中,则有

$$C_t = \left|\frac{1}{V_b}\frac{\Delta V_p + \Delta V_o + \Delta V_g + \Delta V_w}{\Delta p}\right| \tag{2-84}$$

考虑到

$$V_p = \phi V_b \tag{2-85}$$

$$V_o = S_o V_p, \quad V_g = S_g V_p, \quad V_w = S_w V_p \tag{2-86}$$

对式(2-84)进行变形可得

$$C_t = \left|\frac{1}{V_b}\frac{\Delta V_p}{\Delta p}\right| + \phi\left(\frac{S_o}{V_o}\frac{\Delta V_o}{\Delta p} + \frac{S_g}{V_g}\frac{\Delta V_g}{\Delta p} + \frac{S_w}{V_w}\frac{\Delta V_w}{\Delta p}\right) \tag{2-87}$$

因此

$$C_t = C_b + \phi(C_o S_o + C_g S_g + C_w S_w) \tag{2-88}$$

式中,S_o、S_g、S_w 分别为含油、含气、含水饱和度。

可令 $C_L = C_o S_o + C_g S_g + C_w S_w$,则有

$$C_t = C_b + \phi C_L \tag{2-89}$$

式中,C_L 为流体压缩系数,MPa^{-1}。

根据流体压缩系数、岩石压缩系数和岩石孔隙度即可得到地层综合弹性系数,再结合油气储层体积和地层生产压差,则可估算出地层依靠弹性膨胀能量所能采出流体的总体积,其计算公式为

$$\Delta V = V_b \Delta p(C_b + \phi C_L) \tag{2-90}$$

三、岩石压缩系数的实验室测定

实验室常规实验所测的岩石压缩系数一般是岩石孔隙体积压缩系数,其测试方法可参考

行业标准SY/T 5815—2016《岩石孔隙体积压缩系数测定方法》。岩石孔隙体积压缩系数测试原理如图2-48所示。

通常,在室内一维模拟实验中,以围压模拟上覆岩层压力。岩石孔隙体积压缩系数实验的步骤包括:(1)按要求制备实验用标准岩心,将岩心低温烘干,备用;(2)采用气体膨胀法测量岩心初始孔隙体积;(3)对岩样抽真空(根据岩样的渗透性调整抽真空时间)并饱和流体;(4)将岩心装入岩心夹持器,加围压到预定值,模拟地层压力,建立围压及孔隙压力体系;(5)恒定围压,排出孔隙流体,降低孔隙压力,计量对应压力下排出孔隙流体的体积,将该记录体积按式(2-91)换算为对应压力下流体体积,即为岩石孔隙体积变化值,采用式(2-79)可计算出岩石孔隙体积压缩系数。图2-49为实验测得的某油田岩石孔隙体积压缩系数。

$$V_A = V_E/B_A \tag{2-91}$$

式中,V_E为孔隙压力降到p时排出到大气压下的流体体积,cm^3;V_A为孔隙压力p下的流体体积,cm^3;B_A为孔隙压力降到p时流体的体积系数。

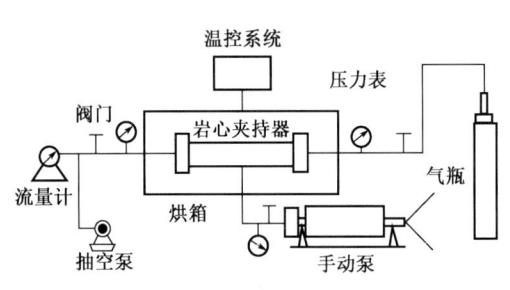
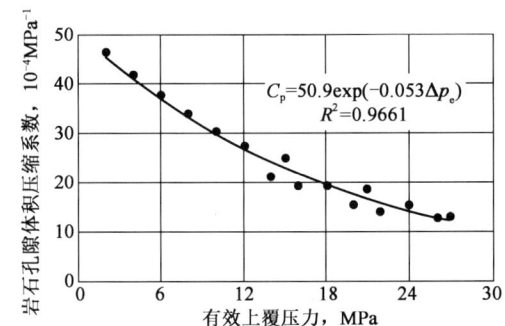

图2-48 岩石孔隙体积压缩系数测试原理示意图　　图2-49 某油田的岩石孔隙体积压缩系数

此外,通过三轴压缩岩石力学实验(详见本书第三章第二节)可获得岩石体积压缩系数、骨架压缩系数。在测试过程中,为了测量岩石骨架压缩系数,以相同速率加载来增加围压和孔隙压力(孔压),监测岩心的轴向变形、径向变形、体积变形,其计算公式为式(2-92);为了测量岩石体积压缩系数,保持孔隙压力恒定,逐渐增加围压,并在围压增加的过程中,监测岩石的轴向变形、径向变形、体积变形,其计算公式为式(2-93)。图2-50为三轴压缩加载过程中围压、孔隙压力与体积应变的关系曲线。根据图中的曲线并利用式(2-92)和式(2-93),可分别计算某应力差下的岩石骨架压缩系数和体积压缩系数。

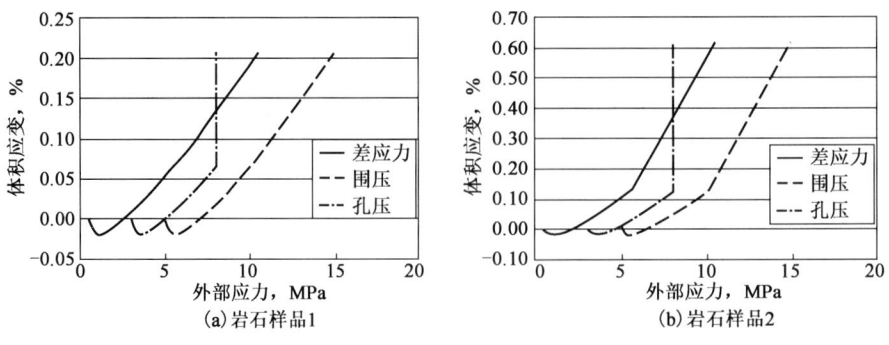

图2-50 围压、孔隙压力与体积应变的关系曲线

$$C_{ma} = \frac{\Delta \varepsilon_{vma}}{\Delta \sigma_{ma}} \tag{2-92}$$

$$C_b = \frac{\Delta \varepsilon_{vb}}{\Delta \sigma_b} \tag{2-93}$$

式中，$\Delta \varepsilon_{vma}$ 为测量岩石骨架压缩系数过程中的体积应变；$\Delta \sigma_{ma}$ 为测量岩石骨架压缩系数过程中的围压与孔隙压力之差，MPa；$\Delta \varepsilon_{vb}$ 为测量岩石体积压缩系数过程中的体积应变；$\Delta \sigma_b$ 为测量岩石体积压缩系数过程中的围压与孔隙压力之差，MPa。

第六节 岩石的渗透率

孔隙性和渗透性是岩石重要的物性参数，其中孔隙性决定了岩石的储集性能，用孔隙度表示；而渗透性是岩石在一定压差作用下，允许流体通过的性能，常用渗透率表示。

一、达西定律

图2-51为著名的达西实验的装置图。1856年，法国水文工程师亨利·达西(Henri Darcy)用相同粒径的砂子填充成一段未胶结砂柱，进行水流渗滤实验。研究发现：当水通过砂柱时，其流量和砂柱截面积、进出口端的压差成正比，与砂柱的长度成反比。采用不同流体时，流量与流体黏度成反比。采用不同粒径的砂子时，若其他条件相同，砂柱粒径不同，其流量不同。达西将这些参数和规律表示成方程的形式，就是著名的达西定律：

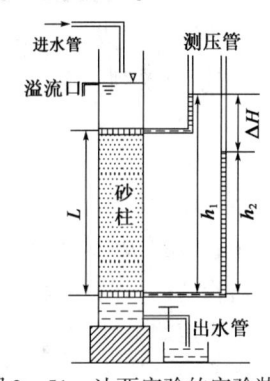

图2-51 达西实验的实验装置

$$Q = K \frac{A \Delta p}{\mu L} \tag{2-94}$$

式中，Q 为在压差 Δp 下，通过砂柱的流量，cm³/s；A 为砂柱截面积，cm²；L 为砂柱长度，cm；μ 为通过砂柱的流体黏度，mPa·s；Δp 为流体通过砂柱前后的压力差，10^{-1}MPa；K 为比例系数，又称为砂子的渗透系数或渗透率，D。

式(2-94)中采用达西单位制，渗透率的单位是达西，符号为D(相当于国际单位制SI的 μm^2)。1D的物理意义是：黏度为1cP(1mPa·s)的流体，在压差为1atm(101325Pa)作用下，通过截面积为1cm²、长度为1cm的多孔介质，其流量为1cm³/s时，该多孔介质的渗透率称为1D。由式(2-94)导出的渗透率计算公式为

$$K = \frac{Q \mu L}{A \Delta p} \tag{2-95}$$

达西定律在实际使用中采用的单位制不同，主要分为绝对单位制和混合单位制，如绝对单位制中的国际单位制SI、混合单位制中的达西单位制。达西定律常用的单位制见表2-11。

表 2-11 达西定律使用的单位制

参数	符号	因次	绝对单位制		混合单位制		
			CGS 制	SI	达西单位制	矿场单位制	
						公制	英制
长度	L	L	cm	m	cm	m	ft
质量	m	M	g	kg	g	kg	lb
时间	t,T	T	s	s	s	d	hr
面积	A,F	L^2	cm^2	m^2	cm^2	m^2	ft^2
流量	q,Q	L^3/T	cm^3/s	m^3/s	cm^3/s	地面 m^3/d	地面 bbl/d
速度	v	L/T	cm/s	m/s	cm/s	m/d	ft/d
密度	ρ	M/L^3	g/cm^3	kg/m^3	g/cm^3	kg/m^3	lb/ft^2
压力	p	$(ML/T^2)/L^2$	dyn/cm^2	$N/m^2(Pa)$	atm	atm	lbf/m^2
黏度	μ	M/LT	$g/cm \cdot s(P)$	$kg/ms(Pa \cdot s)$	cP	cP	cP
渗透率	K	L^2	cm^2	m^2	D	D	mD

自然界流体流动类型可分为层流和湍流。Reynolds(1883)最早发现管流中层流向湍流的转变,并给出了判别流动形态的雷诺数,其表达式为

$$Re = \frac{v\rho_f L}{\mu_f} \tag{2-96}$$

式中,v 为流体流动的特征速度,cm/s;L 为特征长度,cm;ρ_f 为流体密度,g/cm^3;μ_f 为流体的黏度,$mPa \cdot s$;Re 为雷诺数,无因次。

随着雷诺数的增大,流体的流动形态由层流逐渐过渡为湍流。

达西定律的使用具有一定条件,即多孔介质中流体渗流必须在层流范围内。当多孔介质中的渗流速度增大到一定值后,除产生黏滞阻力外,还会产生惯性阻力,此时流量与压差不再呈线性关系,这个流体速度就是达西定律的临界渗流速度。卡佳霍夫提出了利用雷诺数确定达西定律的临界流速。已知多孔介质和流体的物性参数,如多孔介质孔隙度、渗透率及流体密度、黏度等,卡佳霍夫提出的雷诺数表达式则为

$$Re = \frac{v_f \rho_f \sqrt{K}}{17.5 \mu_f \phi^{3/2}} \tag{2-97}$$

式中,v_f 为流体的渗透速度,cm/s;ϕ 为孔隙度。

根据临界雷诺数(0.2~0.3),即可计算出临界渗流速度。

需要注意的是,对于渗透率较低的多孔介质(如低渗透岩石),在低速渗流时,由于流体与岩石之间存在吸附作用,或在黏土矿物表面形成水化膜,当压力梯度很低时,流体不流动,而当附加一个足够大的压力梯度时,液体开始流动,这个现象称为阈压效应。同时,气体在低渗透岩石中低速渗流时,将会出现与液体低速渗流时完全不同的现象,这主要与气体的滑脱效应有关。

用岩石进一步开展实验(图 2-52),当岩石孔隙中由一种不可压缩液体 100% 饱和时,液体在岩石横切面积 A 内呈均匀分布,液体呈水平流动,液体的体积流量在岩石任意横截面上是定值[图 2-52(a)],则式(2-95)是液测渗透率计算公式。当岩石孔隙中流体是可压缩的气体时,气体体积随着压力和温度的变化十分明显。气体在岩石中沿着渗流方向,每一截面上压力均不相同,且逐渐减小[图 2-52(b)],因此,在岩石不同横截面上的体积流量不同,不能

直接利用达西公式进行计算。假设气体渗流为稳定流,则气体在岩石不同横截面上的质量流量不变。气体在整个流动过程中为等温,根据波义耳定律,有

$$Qp = Q_o p_o = 常数 \quad (2-98)$$

式中,p_o 为大气压力,10^{-1}MPa;Q_o 为大气压力下气体体积流量,cm^3/s;p 为任意横截面上的压力,10^{-1}MPa;Q 为任意横截面上的流量,cm^3/s。

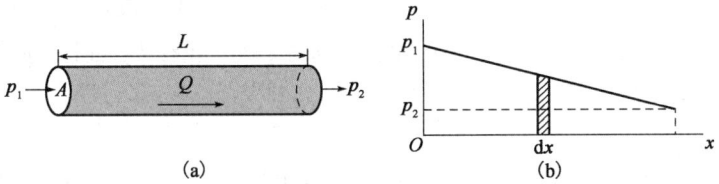

图 2-52 一维渗流的岩心中压力分布

如图 2-52(b)所示,取微小长度单元 dx,单元内流量为 Q,达西公式的微分形式为

$$K = -\frac{Q\mu}{A}\frac{dx}{dp} \quad (2-99)$$

由于 dx 和 dp 有着不同的符号,为保证渗透率为正值,在公式右边取负号。将式(2-98)代入式(2-99)中,并对两边积分,则有

$$\int_{p_1}^{p_2} Kp\,dp = -\int_0^L \frac{Q_o p_o \mu_g}{A}dx \quad (2-100)$$

$$K_g = \frac{2Q_o p_o \mu_g L}{A(p_1^2 - p_2^2)} = \frac{Q_o p_o \mu_g L}{A(p_1 - p_2)(p_1 + p_2)/2} \quad (2-101)$$

式中,K_g 为气测渗透率,D;p_1、p_2 分别为入口和出口断面上压力,10^{-1}MPa。

式(2-101)即为气测渗透率计算公式,气测渗透率与两端压力的平方差成反比。对比液测渗透率计算公式[式(2-95)]和气测渗透率计算公式[式(2-101)]发现,测试时两端的平均压力[$\bar{p} = (p_1 + p_2)/2$]对气测渗透率有显著的影响。研究气体测定岩石渗透率时发现,对于相同岩石和气体,不同平均压力下所测得渗透率不同,其中低压下所测得渗透率大,高压下所测得渗透率趋于一个常数,称为等效液体渗透率;对于相同岩石和平均压力下,不同气体(如 He、空气、CO_2 等)所测得渗透率也不相同,气体相对分子质量越小,所测得渗透率越大,如图 2-53 所示。这就是克林肯贝格(Klinkenberg)发现气体在微小毛细管中流动时的滑脱效应,也称"克氏效应"。克林肯贝格研究认为,液—固间分子作用力比液—液间分子作用力大,管壁处液体流速为零;而气—固间分子作用力远小于液—固间分子作用力,管壁处气体流速不为零,形成了"气体滑脱效应"。因此,对于相同岩石,气测岩石渗透率大于液测岩石渗透率。

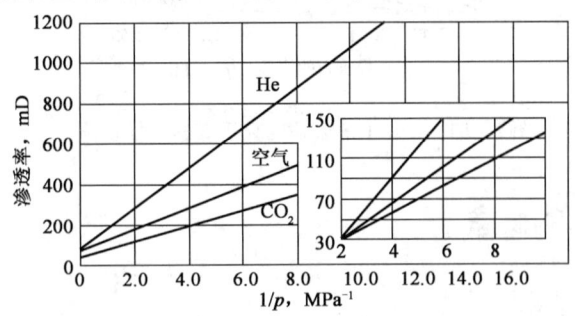

图 2-53 不同气体在不同平均压力下测定的渗透率

气体滑脱效应对气测渗透率的影响较大,特别是对于低渗透岩石,在低压下测定时影响更大。因此,通常规定:凡渗透率小于100mD的岩心,需进行克氏渗透率校正。校正克氏渗透率的方法主要分为两类:一是在实验室测定渗透率的基础上进行校正;二是利用经验公式和图版进行校正。

（1）实验测定基础上的校正:实验测定时,可改变几次平均压力$\bar{p}$,再按气测渗透率计算公式计算出K_g,并绘制出K_g与$1/\bar{p}$关系曲线,根据关系曲线可得到K_g与$1/\bar{p}$之间的关系,见式(2-102)。从式中可看出,K_g与$1/\bar{p}$间呈直线关系,该直线在K_g轴上的截距即为等效液体渗透率,也为岩石渗透率。

$$K_g = K_a(1 + b/\bar{p}) \qquad (2-102)$$

式中,K_a为等效液体渗透率,D;$\bar{p}$为岩石进出口两端平均压力,MPa;b取决于气体性质和岩石孔隙结构的常数,称为"滑脱因子"。

（2）伊弗莱(R. Iffly,1956)计算法:当接近于0.1MPa时,有

$$K_a = K_g \frac{C}{C + 0.174}, C = 7\sqrt{\bar{p}_e} \qquad (2-103)$$

式中,$\bar{p}_e$为压汞法所得出毛细管压力曲线中平缓段的平均压力,MPa;C为常数。

（3）Purcell方法:

$$K_a = \frac{C}{C + 0.174} \cdot \frac{C^2\phi/\bar{p}^2 + 2K_g - \sqrt{C^2\phi/\bar{p}^2(C^2\phi/\bar{p}^2 + 4K_g^2)}}{2} \qquad (2-104)$$

式中,$\bar{p}$为平均压力,10^{-1}MPa;C为常数,当$K_a < 10$mD时,$C = 2.26$,当$K_a = 10 \sim 100$mD时,$C = 2.42$,当$K_a > 100$mD时,$C = 2.72$。

（4）图版法:目前所用图版中各有不同,图2-54是其中可采用的一种图版。

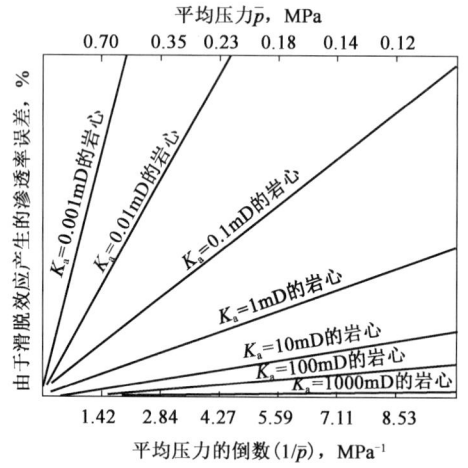

图2-54　Core Lab公司的克氏渗透率校正图版

二、岩石渗透率的概念

1. 岩石的绝对渗透率

岩石的绝对渗透率是指不与岩石发生任何物理、化学作用的不可压缩流体100%饱和岩

心,在单相、线性、稳定渗流条件下,岩石允许该流体通过的能力,其表达式为式(2-95)。测定岩石绝对渗透率必须满足:(1)岩石中全部孔隙为单相液体所饱和,液体不可压缩,且为稳定流;(2)岩石中渗流为一维直线渗流;(3)液体性质稳定,不与岩石发生物理、化学作用。利用蒸馏水测定时,因岩石中黏土矿物遇水膨胀将使岩石渗透率降低;利用酸液测定时,因酸—岩化学反应将使岩石渗透率增大;利用原油测定渗透率时,因原油的吸附将使岩石渗透率降低。因此,在实际应用中,只能选用一种与岩石反应非常少的流体单相渗透率来近似代替绝对渗透率。室内实验室一般采用空气、氮气、氩气来测定岩石渗透率,通过校正获取岩石的绝对渗透率。

【例 2-1】 假设岩样长度为 3cm、截面积为 2cm²,用黏度为 1mPa·s 的盐水 100% 饱和,在压差为 0.2MPa 下的流量为 0.5cm³/s,则该岩样的绝对渗透率为

$$K = \frac{Q\mu L}{A\Delta p} \times 10^{-1} = \frac{0.5 \times 1 \times 3}{2 \times 0.2} \times 10^{-1} = 0.375(\mu m^2) = 0.375(D) \quad (2-105)$$

如果用 3mPa·s 的油代替盐水,在相同的压差作用下,油的流量为 0.167 cm³/s,这时该岩样的绝对渗透率为

$$K = \frac{Q\mu L}{A\Delta p} \times 10^{-1} = \frac{0.167 \times 3 \times 3}{2 \times 0.2} \times 10^{-1} = 0.375(\mu m^2) = 0.375(D) \quad (2-106)$$

由此可见,岩石绝对渗透率是岩石本身具有的固有性质,只与岩石孔隙结构有关,与通过岩石的流体性质无关。

对于含有裂缝的岩石,岩石总渗透率由基质渗透率和裂缝渗透率两部分组成,其中裂缝的渗透率远大于基质的渗透率。

纯裂缝岩石的渗透率是指流体沿两块不渗透平板之间的裂缝进行流动时的渗透率,如图 2-55 所示,其表达式为

$$K_f = 8.33 \times 10^6 b\phi_f \quad (2-107)$$

式中,K_f 为裂缝渗透率,D;b 为裂缝宽度,cm。

对于裂缝—孔隙岩石的总渗透率,其等于基质渗透率和裂缝渗透率之和,即

$$K_t = K_m + K_f \quad (2-108)$$

式中,K_t 为岩石总渗透率,D;K_m 为基质渗透率,D。

若岩石中存在多组裂缝,且各组裂缝孔隙度为 ϕ_{fi},各组裂缝与流体渗流方向夹角为 α_i,如图 2-55 所示,则渗透率为

$$K_t = K_m + \sum_{i=1}^{n} K_{fi} \cos\alpha_i \quad (2-109)$$

式中,K_{fi} 为第 i 组裂缝沿渗流方向渗透率,D;α_i 为第 i 组裂缝与渗流方向的夹角,(°);n 为岩块中裂缝的组数。

大量的实验测定结果表明,不同类型岩石的渗透率差异较大,可根据空气渗透率的大小评价储层特征。行业标准 SY/T 6285—2011《油气储层评价方法》中规定:(1)对碎屑岩储层,若 $K \geq 2000$ mD,则其为特高渗储层;若 $500\text{mD} \leq K < 2000$ mD,则其为高渗储层;若 $50\text{mD} \leq K <$

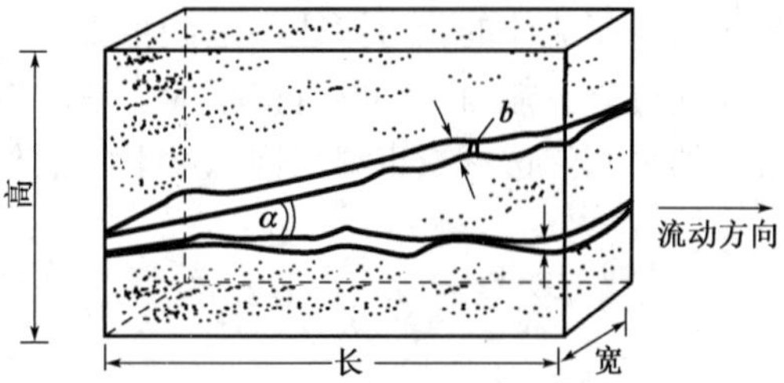

图 2-55 包含多条裂缝的岩石

500 mD,则其为中渗储层;若10mD ≤ K < 50 mD,则其为低渗储层;若1mD ≤ K < 10 mD,则其为特低渗储层;若0.1mD ≤ K < 1 mD,则其为超低渗储层。(2)对碳酸盐岩储层,若 K ≥ 100 mD,则其为高渗储层;若10mD ≤ K < 100 mD,则其为中渗储层;若1mD ≤ K < 10 mD,则其为低渗储层;若 K < 1 mD,则其为特低渗储层。国家标准 GB/T 26979—2011《天然气藏分类》中规定:对气藏储层,若 K ≥ 50 mD,则其为高渗气藏;5mD ≤ K < 50 mD,则其为中渗气藏;若0.1mD ≤ K < 5 mD,则其为低渗气藏;若 K < 0.1 mD,则其为致密气藏。

2. 岩石的有效渗透率

当岩石孔隙中存在多相流体时,为了评价岩石允许每一相流体在孔隙中流动能力,引入岩石的有效渗透率和相对渗透率概念。

岩石的有效渗透率也称相渗透率,是指当岩石中有两种或多种流体共流时,岩石允许某一相流体在孔隙中通过的能力,用 K_i (i = o,w,g)表示。当岩石为油水两相流体饱和时,油水两相流体的有效渗透率为

$$K_o = \frac{Q_o \mu_o L}{A \Delta p} \times 10^{-1} \quad (2-110)$$

$$K_w = \frac{Q_w \mu_w L}{A \Delta p} \times 10^{-1} \quad (2-111)$$

式中,Q_o、Q_w 为压差作用下,通过岩心的油、水流量,cm^3/s;μ_o、μ_w 为通过岩心的油、水黏度,$mPa·s$;K_o、K_w 为油、水的有效渗透率,D。

【例2-2】 对于例2-1中同一岩样,若其中饱和70%的盐水和30%的油,且在该饱和度条件下稳定渗流,在压差相同的条件下,测得盐水流量为0.3 cm^3/s,而油的流量为0.02 cm^3/s,则油、水的相(有效)渗透率分别为

$$K_o = \frac{Q_o \mu_o L}{A \Delta p} \times 10^{-1} = \frac{0.02 \times 3 \times 3}{2 \times 0.2} \times 10^{-1} = 0.045(\mu m^2) = 0.045(D) \quad (2-112)$$

$$K_w = \frac{Q_w \mu_w L}{A \Delta p} \times 10^{-1} = \frac{0.3 \times 1 \times 3}{2 \times 0.2} \times 10^{-1} = 0.225(\mu m^2) = 0.225(D) \quad (2-113)$$

岩石油、水两相有效渗透率之和 $K_o + K_w$ = 0.270D 小于其绝对渗透率 K = 0.375D,说明岩石各相流体的有效渗透率总是小于该岩石绝对渗透率,且各相流体的有效渗透率之和也小于该岩石绝对渗透率。这主要是因为岩石中单相流的流体只受黏滞力作用,而岩石中多相流的各流体之间相互干扰,流动阻力增大,各流体除受黏滞力外,还要克服毛细管力、附着力和各种液阻现象引起的附加阻力等。此外,岩石的有效渗透率还与流体饱和度及其在孔隙中的分布状况有关。

3. 岩石的相对渗透率

某一相流体的相对渗透率是该相流体的有效渗透率与基准渗透率的比值,是衡量某一种流体通过岩石能力大小的直接指标。基准渗透率一般可选择空气绝对渗透率或100%饱和地层水的水测渗透率或束缚水饱和度下的油相渗透率。油、水的相对渗透率则为

$$K_{ro} = K_o / K_a \quad (2-114)$$

$$K_{rw} = K_w / K_a \quad (2-115)$$

式中,K_{ro}、K_{rw} 为油、水的相对渗透率,D;K_a 为岩石的基准渗透率,D。

【例 2-3】 在例 2-2 中,油、水的相对渗透率分别为

$$K_{ro} = 0.225/0.375 = 0.6 \qquad (2-116)$$

$$K_{rw} = 0.015/0.375 = 0.12 \qquad (2-117)$$

三、影响岩石渗透率的因素

岩石渗透率是岩石性质和结构特征的综合反映,且与方向有关。岩石渗透率的影响因素主要包括沉积作用、构造作用、孔隙结构、成岩作用等。

1. 沉积作用与构造作用的影响

1) 岩石骨架构成与岩石构造的影响

岩石的颗粒粒度、颗粒分选性、胶结物和层理等特性对岩石渗透率有重要影响。不同粒度大小碎屑沉积时,小颗粒充填在大颗粒形成的孔隙中,造成孔隙和喉道变小,尤其是片状结构的云母及杂基充填在孔隙和喉道中,导致岩石渗透率降低。疏松砂岩粒度越细,分选性越差,其渗透率越低,如图 2-56 所示。同时,在正韵律沉积岩层中,粒度向上逐渐变细,造成垂向渗透率降低。此外,岩石中存在的不规则斜层理、微细层理(微细的交错层理、波状层理)等构造对岩石渗透率影响较大。砂岩中常见的团块、斑状、条带等构造也将造成岩性的非均质性显著,最终导致岩石渗透率差异明显。

2) 裂缝的影响

碎屑岩和碳酸盐岩中均有裂缝发育,裂缝对岩石渗透率影响有重要作用。如图 2-57 所示,裂缝对岩石孔隙度几乎没有实质影响,而裂缝对岩石渗透率有显著的影响。

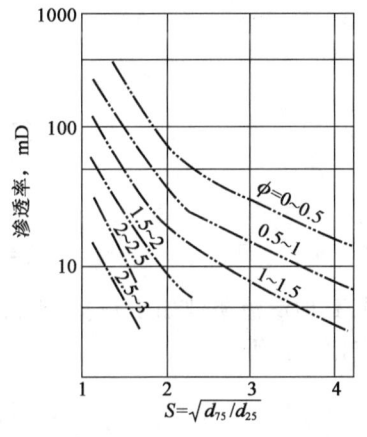

图 2-56 粒度中值 ϕ 一定时,分选系数和渗透率关系(据 Bear,Weyl,1973)

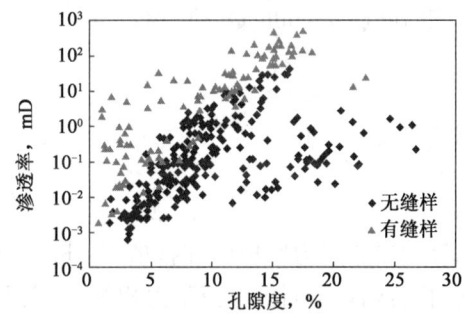

图 2-57 裂缝对碳酸盐岩的孔隙度和渗透率影响(据何伶等,2014)

3) 颗粒排列方式的影响

对砂岩地层,平行层理渗透率一般大于垂直层理渗透率;对碳酸盐岩地层,只具有原生孔隙的碳酸盐岩水平渗透率大于垂向渗透率,而具有次生裂缝的碳酸盐岩垂向渗透率可能会大于水平渗透率。

2. 孔隙结构的影响

在实际研究过程中,可考虑将真实岩石简化为由毛细管组成的假想岩石,真实岩石简化过程如图 2-58 所示。

图 2-58 毛细管束模型示意图

在图 2-58(b)中,流体通过岩石孔隙实际走过的长度与岩石外表长度相等,则有

$$S_b = \frac{n \cdot (2\pi r) \cdot L}{AL} = n \cdot (2\pi r)/A \qquad (2-118)$$

在图 2-58(c)中,假设流体通过岩石孔隙实际走过的长度为 L_e 和岩石外表长度为 L,根据迂曲度的定义,则迂曲度 τ 为

$$\tau = \frac{L_e}{L} \qquad (2-119)$$

则

$$S_b = \frac{n \cdot 2\pi r \cdot L\tau}{AL} = (n \cdot \pi r^2 \tau \cdot \frac{2}{r})/A \qquad (2-120)$$

又

$$\phi = \frac{n\pi r^2 L\tau}{AL} = n\pi r^2 \tau/A \qquad (2-121)$$

将式(2-121)代入式(2-120),则

$$S_b = \frac{2\phi}{r} \qquad (2-122)$$

$$r = \frac{2\phi}{S_b} \qquad (2-123)$$

根据泊肃叶(Poiseuille)定律,则

$$Q = \frac{n \cdot \pi r^4 \Delta p}{8\mu L\tau} \qquad (2-124)$$

根据达西公式,则

$$Q = \frac{KA\Delta p}{\mu L} \qquad (2-125)$$

根据等效渗流阻力原理(当两块岩石外部几何尺寸相同,其他渗流条件如压差、流体黏度等也相同时,若两块岩石的渗流阻力相等,则表现为流量亦应相等),则

$$\frac{KA\Delta p}{\mu L} = \frac{n \cdot \pi r^4 \Delta p}{8\mu L\tau} \qquad (2-126)$$

得

$$K = \frac{n\pi r^4}{8\tau A} = \frac{(n\pi r^2 \cdot \tau)r^2}{8\tau^2 A} \qquad (2-127)$$

将式(2-121)代入式(2-127),则可得渗透率 K 与孔隙半径 r 和孔隙度 ϕ 之间的关系:

$$K = \frac{\phi r^2}{8\tau^2} \qquad (2-128)$$

如已知岩石的渗透率、孔隙度,则可计算岩石的孔隙半径:

$$r = \sqrt{\frac{8K\tau^2}{\phi}} \qquad (2-129)$$

对比式(2-129)和式(2-123),得

$$\frac{8K\tau^2}{\phi} = \frac{4\phi^2}{S_b^2} \qquad (2-130)$$

式(2-130)变形,得

$$K = \frac{\phi^3}{2\tau^2 S_b^2} = \frac{\phi^3}{2\tau^2 S_{ma}^2 (1-\phi)^2} \qquad (2-131)$$

式(2-128)和式(2-131)称为高才尼—卡尔曼方程,从中可看出,渗透率与孔隙度成一次方关系,与岩石孔隙半径及比面成二次方关系。这说明岩石渗透率不仅与岩石孔隙度有关,还与岩石孔隙结构的特性有关,如孔隙半径、比面、迂曲度和孔隙壁面粗糙度。大量的室内实验证明了岩石渗透率与孔隙度之间存在较好的相关性,如图2-59所示。从图中可看出,粗砂岩和粉砂质泥岩的渗透率随着孔隙度增加而增大。

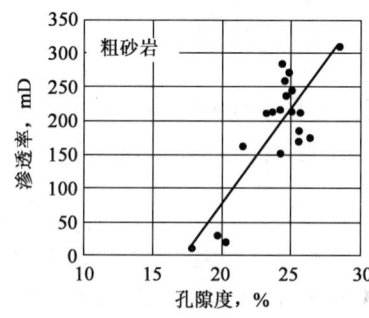
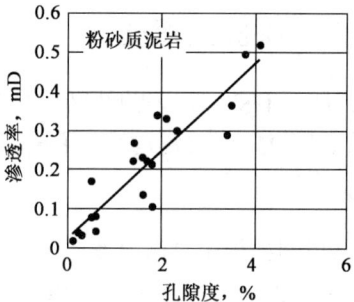

图2-59 岩石孔隙度与渗透率关系

粒度细、孔隙半径小,则岩石比面大,渗透率低。粒度及其分选性对渗透率与孔隙度关系的影响可见图2-60,从图中可看出,粒度分选性对渗透率有明显的影响。不同粒径对渗透率与孔隙度关系的影响可见图2-61,从图中可看出,在相同孔隙度下,渗透率随着粒径变小而减小;在相同粒径下,渗透率随着孔隙度增加而增大。

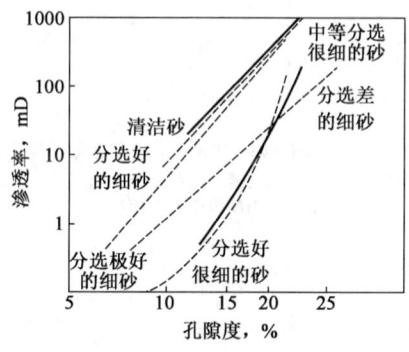
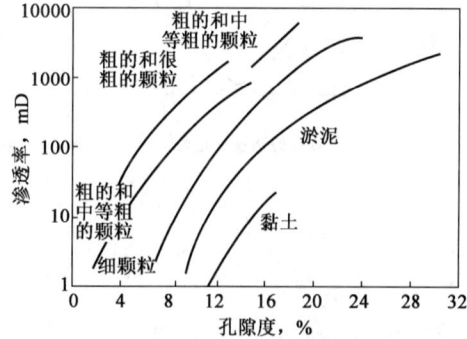

图2-60 不同分选性的孔隙度和渗透率关系(据Timmerman,1982)

图2-61 不同粒径的孔隙度和渗透率关系(据Chilingarian,Wolf,1964)

3. 成岩作用的影响

1)地层静压力的影响

大量的研究表明有效上覆压力对岩石渗透率有重要的影响,即随着有效上覆压力增大,岩

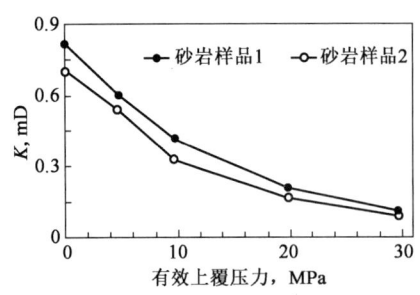

石渗透率逐渐减小。通过实验得到的有效上覆压力与砂岩岩石渗透率的关系曲线如图2-62所示,从图中可看出,有效覆压越大,岩石渗透率越小。

2)胶结作用和溶蚀作用

无论早期成岩阶段,还是晚期成岩阶段,胶结物的沉淀和胶结作用都会使孔隙通道变小,孔喉比增加,粗糙度增大,造成岩石渗透率降低;溶蚀作用会使岩石孔隙度增大,但溶蚀作用对岩石渗透率影响比较复杂,岩石渗透率可能增大或增加不显著,这是因为溶蚀作用的次生孔隙一般很不规则,孔喉比和曲折度大。

图2-62 有效覆压对砂岩岩石渗透率的影响

四、相对渗透率曲线特征

图2-63说明了有效渗透率曲线转化为相对渗透率曲线的过程。为了理解相对渗透率曲线的特征,应重点理解几个关键内容:两条曲线、三个区域、四个特征点。

1. 两条曲线

两条曲线是指润湿相相对渗透率曲线和非润湿相相对渗透率曲线,纵坐标为两相各自的相对渗透率,横坐标为润湿相饱和度。当以100%饱和地层水时的水测渗透率为基准渗透率时,获取的相对渗透率曲线称为一般相对渗透率曲线,如图2-63(b)所示。当以束缚水饱和度下的油相渗透率为基准渗透率时,获取的相对渗透率曲线称为归一化相对渗透率曲线,如图2-63(c)所示。在实际使用相对渗透率曲线时,要注意是用什么量作为基准渗透率。

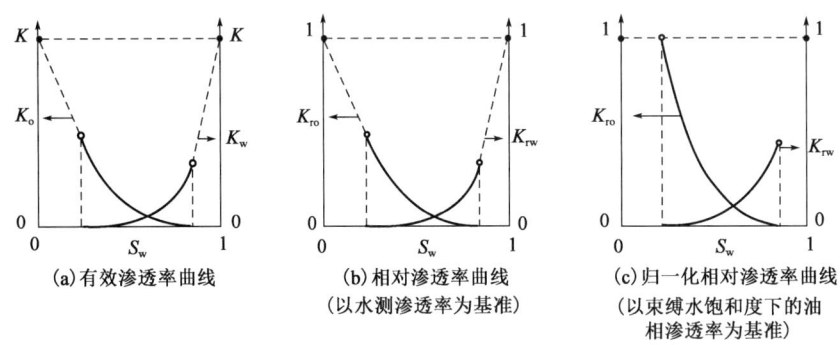

图2-63 有效渗透率曲线与相对渗透率曲线

2. 三个区域

下面以图2-64为例讨论相对渗透率曲线中三个区域特征。该曲线是水湿岩石实验所得的实际油水相对渗透率曲线。

A区为单相油流区。此区内,含水饱和度S_w很小,$K_{rw} = 0$,而含油饱和度S_o很大,这主要与岩石中油水分布和流动情况有关。因为对于亲水岩石,当含水饱和度很小(图中$S_w < S_{wi} = 20\%$)时,水分布在岩石颗粒表面及孔隙的边、角、狭窄部分,而油则处于大的流通孔隙中,且水对油的流动影响很小,所以油的相对渗透率降低很小。水由于分布在孔隙的边、角及颗

粒表面而不能流动,所以水的相对渗透率为零。S_{wi}为束缚水饱和度,小于此饱和度水不能流动。

B区为油水同流区。此区内,随含水饱和度S_w逐渐增加,水相相对渗透率K_{rw}增大,而油相相对渗透率K_{ro}下降。当润湿相超过最低润湿相饱和度S_{wi}后,润湿相开始呈连续分布状态,在外加压力作用下开始流动。随着润湿相饱和度增加,非润湿相相对渗透率K_{ro}下降,但初期非润湿相相对渗透率K_{ro}仍大于润湿相相对渗透率K_{rw},其原因在于非润湿相居于大孔道中央,流动阻力小,而润湿相占据小孔道和大孔道的四壁,流动阻力大。随着润湿相饱和度继续增加,润湿相占据主要流动孔道,故其相渗透率迅速增大,而非润湿相渗透率迅速减小。因为在压差作用下流动,水在岩石孔道中形成连通孔道,并且越来越多,故润湿相相对渗透率K_{rw}逐渐增大;非润湿相(油)饱和度减小,油的流道逐渐被水的流动渠道所取代,因此非润湿相相对渗透率K_{ro}逐渐降低。当非润湿相(油)减少到一定程度时,不仅原来的流道被水所占据,而且油在流动过程中失去连续性成为油滴,此时便会出现液阻效应(在两相渗流过程中,若一相以液滴分散在另一相中流动时,液滴变形产生附加阻力的现象)。需要注意的是该区间内油、水同流,造成油、水间互相作用、互相干扰。这说明了油水同流区是流动阻力效应最明显的区域,且油水两相渗透率之和在两条曲线的交点处出现最小值。

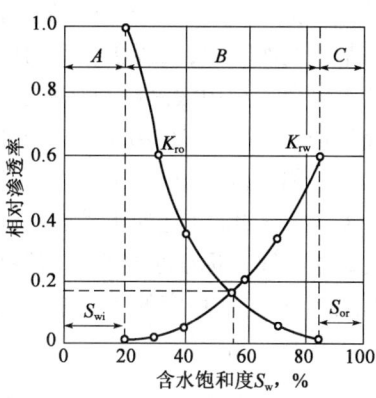

图 2-64 典型油水相对渗透率曲线

C区为纯水流动区。此区内,非润湿相油饱和度小于残余油饱和度S_{or},油相相对渗透率$K_{ro}=0$。与此同时,润湿相水占据了几乎所有的主要通道,非润湿相油已失去连续性而分散成油滴分布于润湿相水中并滞留于孔隙内,且这些油滴将对水流造成较大的阻力。

此外,需要注意的是润湿相最低饱和度大于非润湿相最低饱和度,这是因为处于死孔隙、极微细孔隙中以及滞留在岩石颗粒表面的润湿相流体要多于处于孔隙中央而被分散切割的非润湿相流体。

3. 四个特征点

四个特征点分别是束缚水饱和度S_{wi}点、残余油饱和度S_{or}点、残余油饱和度下水相相对渗透率K_{rw}点、两条曲线交点(称为等渗点)。这些特征点体现了曲线许多其他特性,例如根据相对渗透率曲线特征点值的大小来定性判断岩石润湿性。利用相对渗透率曲线定性判断岩石润湿性采用克雷格法则,见表2-12。

表 2-12 确定岩石润湿性的克雷格法则

特 征 点	水 湿	油 湿
束缚水饱和度S_{wi}	20%~25%	<15%
油水相对渗透率曲线的等渗点饱和度S_i	>50%	<50%
残余油饱和度下的水相相对渗透率K_{rw}	<30%(普遍情况)	>30%
束缚水饱和度下的油相相对渗透率K_{ro}	接近100%	>50%

五、岩石渗透率的实验室测定

岩石渗透率的确定有多种方法,可分为直接法(实验室直接测定)和间接法两类。直接法是在实验室对标准小岩心和全直径岩心进行渗透率测试,包括液测法和气测法,其基本的原理均基于达西定律;间接法包括利用测井资料估算渗透率、毛细管压力计算法和经验公式法。本节主要介绍利用液测法和气测法。测定岩石渗透率需要对岩心进行抽提、洗净和烘干,并预制成直径2.5cm、长4~6cm的岩心圆柱体。

液测法包括稳态法和非稳态法,实验室常规实验一般采用稳态法测试岩石渗透率。该方法需要测试介质(地层水、酒精、煤油等)在岩石孔隙中的渗流达到稳定状态,即测试条件需满足达西定律。标准小岩心的液测渗透率的装置简图如图2-65所示。在一定温度下,在岩样的上、下端施加稳定的压力差 Δp,待流动稳定后,测量流经样品的流量 Q,按式(2-95)计算出岩石的液测渗透率。

图2-65 液测渗透率的装置简图

气测法简单、测量速度快,是目前应用广泛的方法。标准小岩心的气测渗透率的实验流程图如图2-66所示。在一定温度和压力下,让气体通过岩心,待其流动状态稳定后,记录岩心两端的进口压力 p_1、出口压力 p_2 和流量 Q,再用实测或经验法得到气体黏度,按式(2-101)计算出岩石的气测渗透率。气测渗透率时需要检验渗流是否满足线性渗流条件,同时平均压力的改变应保持两端压差恒定(保持流态不变,同时改变进出口压力)。

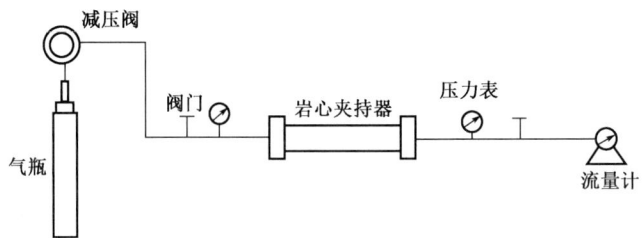

图2-66 气测渗透率的实验流程图

利用气测法获取的某岩石渗透率与不同平均压力间的关系如图2-67所示,从图中可看出气体渗透率与平均压力倒数呈正相关性,这说明气测渗透率受到气体滑脱效应的影响。按照克氏渗透率室内实验校正方法对实验数据进行处理,可发现气体渗透率与平均压力倒数呈近似线性关系,按照式(2-102)进行非线性拟合可获取等效液体渗透率,即为岩石的渗透率。

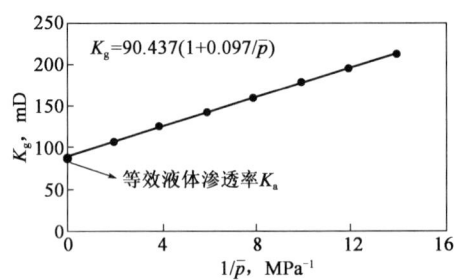

图2-67 在不同平均压力下测定的气体渗透率

第七节 岩石的毛细管压力曲线

岩石的毛细管压力与润湿相流体或非润湿相流体饱和度间关系称为毛细管压力曲线,它反映了在一定压力下流体(如水银)可能进入的孔隙喉道大小及其孔隙容积。应用毛细管压力曲线可对岩石孔隙结构进行研究。

一、毛细管压力的概念

将毛细管插入润湿相液体中,则管内气—液界面为凹形,液体受到一个向上的附加压力,使润湿相液面上升到一定高度,如图2-68(a)所示;把毛细管插入非润湿相液体中,则管内气—液界面成凸形,液体受到一个向下的附加压力,使非润湿相液面下降到一定高度,如图2-68(b)所示。毛细管中产生的液面上升或下降的曲面附加压力,称为毛细管压力或毛细管力。不同直径毛细管的毛细管现象(毛细管中液体上升或下降的现象)见视频4。

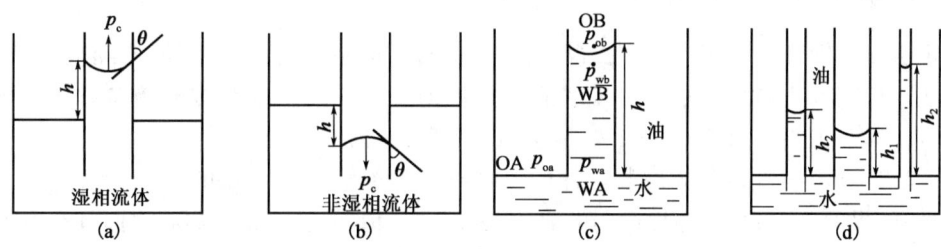

图2-68 毛细管中液面上升或下降现象

如图2-68(c)所示,毛细管插入在装有油、水两相的容器中,润湿相水沿着毛细管上升高度h,则毛细管中水柱受到的附着张力和重力达到力的平衡关系为

$$A \cdot 2\pi r = \pi r^2 h (\rho_w - \rho_o) g \quad (2-132)$$

则

$$h = \frac{2\sigma \cos\theta}{r(\rho_w - \rho_o)g} \quad (2-133)$$

式中,A为附着张力,$A = \sigma\cos\theta$;r为毛细管半径,m;h为水在毛细管中上升高度,m;σ为油水界面张力,mN/m;g为重力加速度,m/s^2。

假设毛细管中,紧靠油水界面附近,油相中OB点的压力为p_{ob},水相中WB点的压力为p_{wb};在大容器中,紧靠油水界面附近,油相中OA点和水相中WA点的压力分别为p_{oa}和p_{wa},则有

油相中
$$p_{ob} = p_{oa} - \rho_o g h \quad (2-134)$$

水相中
$$p_{wb} = p_{wa} - \rho_w g h \quad (2-135)$$

连通管中同一水平高度上的压力相等,且认为烧杯容器足够大,OA点所处油水界面为水平,则

$$p_{oa} = p_{wa} \quad (2-136)$$

毛细管压力还可定义为两相界面上压力差,其数值等于界面两侧非润湿相压力减去润湿相压力。毛细管压力只存在于两相界面上,并可形成压力突变。根据上述定义,则得

$$p_c = p_{ob} - p_{wb} = (\rho_w - \rho_o)gh = \Delta\rho gh \tag{2-137}$$

式中,p_c 为毛细管压力,Pa;$\Delta\rho$ 为两相流体密度差,kg/m³。

式(2-137)表明毛细管压力越大,液柱上升越高。将式(2-133)和式(2-137)结合,可得

$$p_c = \frac{2\sigma\cos\theta}{r} \tag{2-138}$$

由式(2-138)可看出,毛细管压力与毛细管半径成反比,即毛细管半径越小,毛细管力越大,毛细管中润湿相液面上升越高。如图2-68(d)所示,当毛细管半径变化时,润湿相流体上升的高度不一致,其中毛细管半径越小,流体上升越高。

此外,当岩石亲水时($\theta < 90°$),毛细管压力为正,此时其为动力,岩石将自发吸水(即自吸),接触角越小,岩石自吸能力越强;当 $\theta > 90°$ 时,毛细管压力为负,此时其为阻力,岩石不能自发吸水,必须施加一个外力克服毛细管压力,才能使水进入岩石孔隙中。

二、岩石毛细管压力曲线的实验室测定

测定岩石毛细管压力曲线的方法很多,目前最常用的主要有三种:半渗透隔板法、压汞法和离心法。这些方法的测试原理相同,只是实验时所使用的流体介质、加压方式和测定时间长短不同等。本节主要介绍利用压汞法测定岩石毛细管压力曲线。

压汞法是以水银(汞)作为驱替流体的一种测量毛细管压力曲线的方法。水银是一种化学稳定性好、界面张力大、压缩性微弱的流体,因而计量精确,且水银对岩石表面具有不可润湿性,不会发生毛细管渗透现象。只有对水银施加一定的压力,克服毛细孔的阻力,水银才能进入岩石孔隙中,孔径越小,所需的压力越大。图2-69是美国产 PoreMaster 60 型全自动压汞仪。主要实验步骤如下:(1)把已清洗、烘干的岩样放入岩心室,并用抽空泵对岩心室系统进行抽空;(2)对岩心室系统进行充汞,记录进汞体积 V,已知岩心室系统的体积为 V_t,则岩样外部体积 $V_b = V_t - V$,并关闭真空系统;(3)按实验设定压力 p_c,利用高压计量泵逐级进泵,在压力作用下汞将被压入岩样的孔隙中,稳定后记录压力及进汞体积 V_{Hg},直至达到实验设定的最高压力;(4)根据岩样孔隙度 ϕ 和岩样外表体积 V_b,便可算出岩样中汞饱和度 $S_{Hg} = V_{Hg}/(\phi V_b)$;(5)根据不断进泵得到的 p_c 和 S_{Hg},便可绘出毛细管压力曲线(压汞曲线),如图2-70所示。同样,在压汞进程达到终点最高压力后,再逐级降压,使压入岩样中的汞退出,便可得到一条退汞曲线,如图2-70所示。

利用压汞法测定岩石毛细管压力曲线的测试条件与实际储层条件不完全相同,因此,在使用毛细管压力曲线资料时,需要把实验室测定结果换算到储层条件。

若采用同一岩样进行实验,则在实验室条件下,

$$p_{cL} = \frac{2\sigma_L\cos\theta_L}{r}, 即\ r = \frac{2\sigma_L\cos\theta_L}{p_{cL}} \tag{2-139}$$

在储层条件下,

$$p_{cR} = \frac{2\sigma_R\cos\theta_R}{r}, 即\ r = \frac{2\sigma_R\cos\theta_R}{p_{cR}} \tag{2-140}$$

式中,p_{cL} 为实验室条件下毛细管压力,Pa;p_{cR} 为储层条件下曲面的附加压力,Pa;σ_R 为储层条件下两相间界面张力,mN/m;σ_L 为实验室条件下两相间界面张力,mN/m;θ_L 为实验室条件下接触角,(°);θ_R 为储层条件下接触角,(°)。

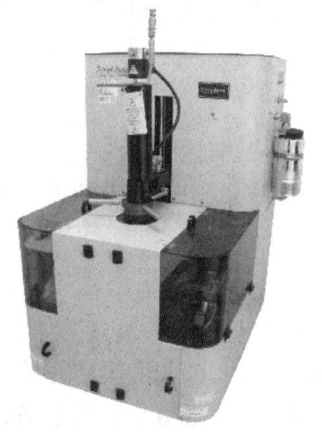

彩图2-69

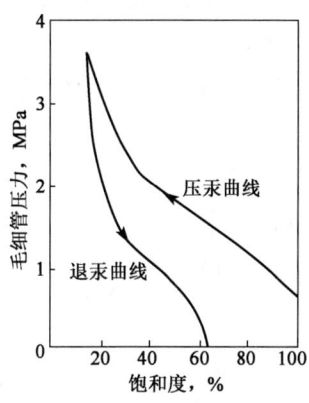

图 2-69 PoreMaster 60 型全自动压汞仪 　　　　　　　　图 2-70 毛细管压力曲线

对相同岩样,式(2-139)和式(2-140)中 r 应相等,由此可得

$$p_{cR} = \frac{\sigma_R \cos\theta_R}{\sigma_L \cos\theta_L} p_{cL} \tag{2-141}$$

利用式(2-141),可将压汞法测定的毛细管压力换算到储层条件下毛细管压力,即压汞法所测毛细管压力 p_{Hg} 可换算为储层条件下油水毛细管压力 p_{ow}。已知汞表面张力 $\sigma_{Hg} = 480\text{mN/m}$,$\theta_{Hg} = 140°$,油水界面张力 $\sigma_{ow} = 25\text{mN/m}$,$\theta_{ow} = 0°$,则

$$p_{ow} = \left|\frac{\sigma_{ow}\cos\theta_{ow}}{\sigma_{Hg}\cos\theta_{Hg}}\right| p_{Hg} = \left|\frac{25 \times \cos0°}{480 \times \cos140°}\right| p_{Hg} \approx \frac{1}{15} p_{Hg} \tag{2-142}$$

式(2-142)说明,实际储层中油水毛细管压力 p_{ow} 仅为压汞法所得毛细管压力的 1/15。

三、岩石毛细管压力曲线的基本特征

1. 毛细管压力曲线的定性特征

图 2-71 为典型的毛细管压力曲线,该曲线一般具有两头陡、中间缓的特点,可将其分为三段:初始段、中间平缓段和末端上翘段。

初始段说明随着毛细管压力增加,润湿相饱和度缓慢降低,非润湿相饱和度缓慢增加。非润湿相饱和度增加可能是因为岩样表面凹凸不平或切开较大孔隙引起的,需要注意的是这并不代表非润湿相已真正进入岩石孔隙中。

中间平缓段是主要的进液段,大部分非润湿相在该阶段进入岩石孔隙中,并且逐渐进入到小孔隙中,非润湿相饱和度增加很快,而相应的毛细管压力变化则不太大。中间平缓段的长短、位置的高低对分析岩石的孔隙结构有重要作用:中间

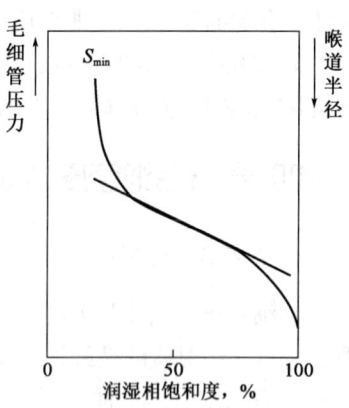

图 2-71 典型的毛细管压力曲线

平缓段越长,说明岩石喉道分布越集中,分选性越好;中间平缓段位置越靠下,说明岩石喉道半径越大。

末端上翘段说明,随着毛细管压力急剧升高,非润湿相进入岩石孔隙的量越来越小,直至非润湿相完全不能再进入岩心为止。如果该阶段与纵轴相平行,说明压力继续增加,非润湿相饱和度已不再增加。

2. 毛细管压力曲线的定量特征

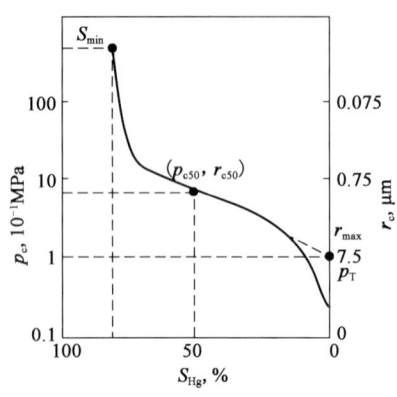

图2-72 毛细管压力曲线的定量特征

如图2-72所示,描述岩石毛细管压力曲线的定量指标主要包括排驱压力或阈压、饱和度中值压力和最小润湿相饱和度。

1)排驱压力(阈压)p_T

排驱压力,也称入口压力、门槛压力或阈压,是指非润湿相开始进入岩样最大喉道的压力,即非润湿相开始进入岩样时的最小压力,对应于岩样最大喉道半径的毛细管压力。将毛细管压力曲线中间平缓段延长至非润湿相饱和度为零时与纵坐标相交,其交点所对应的压力就是排驱压力。

排驱压力是评价岩石储集性能好坏的主要参数之一,根据排驱压力大小,可评价岩石物性的好坏。岩石渗透性好,孔隙半径大,排驱压力p_T较低,说明岩石物性好;反之,p_T越大,岩石物性越差。利用p_T值,还可确定岩石最大喉道半径以及判断岩石润湿性。

2)饱和度中值压力p_{c50}

饱和度中值压力p_{c50}是指在毛细管压力曲线上饱和度为50%时对应的毛细管压力值。p_{c50}对应的喉道半径是饱和度中值喉道半径r_{50},简称中值半径。p_{c50}值越小,r_{50}越大,说明岩石孔渗特性越好;p_{c50}值越大,则说明岩石孔渗特性越差。如果岩石孔隙大小分布接近于正态分布,r_{50}可粗略地视为岩石平均喉道半径大小。

3)最小润湿相饱和度S_{min}

最小润湿相饱和度表示驱替压力达到最高时,未被非润湿相浸入的孔隙体积百分数。S_{min}代表了仪器最高压力下所对应的孔喉半径(包括比它更小的孔喉)及其所连通的孔隙体积占整个岩样孔隙体积的百分数。该数值越大,说明岩样小孔喉越多。此外,S_{min}实际上是反映岩石孔隙结构的一个指标,岩石物性越好,S_{min}值越低。

四、岩石毛细管压力曲线特征的影响因素

1. 岩石孔隙结构

毛细管压力曲线是毛细管压力和饱和度的关系曲线。由式(2-138)可知,根据不同的毛细管压力可求出对应的毛细管半径,因此,通过毛细管压力曲线可反映岩样孔隙喉道的分布规律。

岩石毛细管压力曲线形态主要受到岩石孔隙结构的影响,如孔隙喉道的分选性和大小。孔道大小分布越集中,分选越好,毛细管压力曲线的中间平缓段就越长且越接近水平线。孔隙

半径越大,则中间平缓段越接近横轴,毛细管压力越小。孔隙喉道大小及集中程度主要影响着曲线的歪度,是毛细管压力曲线形态倾向于粗孔道或细孔道的量度。大孔道越多,则毛细管压力曲线越靠近左下方,称为粗歪度;反之,曲线靠右上方,称为细歪度。因此,根据毛细管压力曲线形态,可以评估岩石储集性能好坏,如图2-73所示,从图中可看出(a)代表的岩石具有极好的物性,而(f)代表的岩石具有极差的物性。

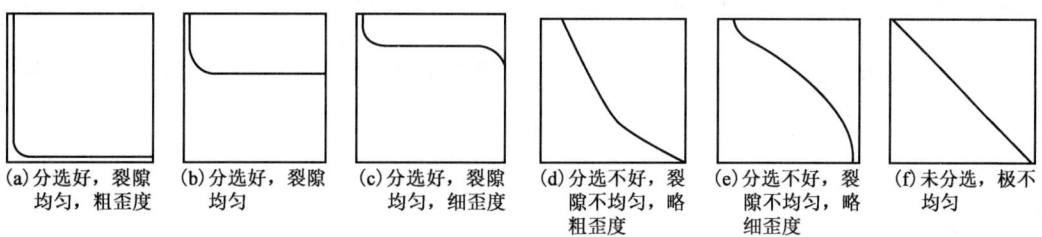

图2-73 几种类型岩石的毛细管压力曲线

2. 非润湿相饱和度变化方向

非润湿相饱和度变化方向对毛细管压力曲线特征的影响如图2-74所示。从图2-74中可看出,在相同饱和度条件下,非润湿相驱替润湿相的驱替过程的毛细管压力总大于润湿相自吸的吸吮过程的毛细管压力。

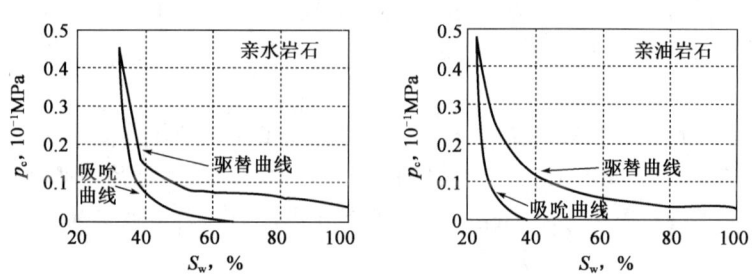

图2-74 饱和度变化方向的影响(据何更生,2011)

3. 岩石的润湿性

离心法测得的毛细管压力曲线如图2-75所示,图中虚线Ⅰ是岩样完全饱和水后,用油驱水所得的毛细管压力曲线;曲线Ⅱ是在上述油驱水后,接着用水驱油所得的毛细管压力曲线;

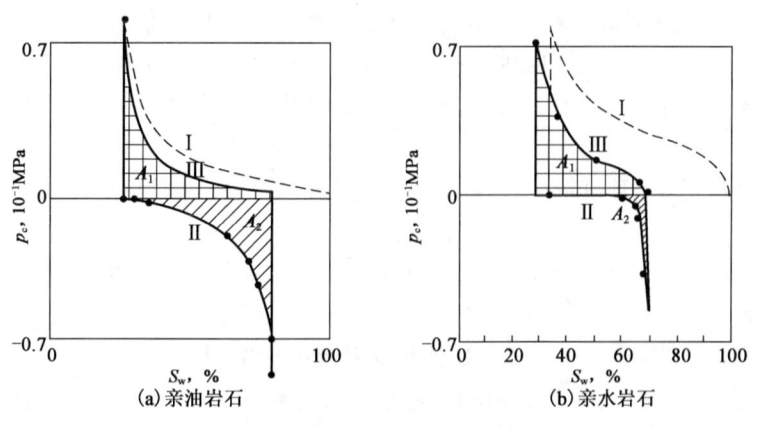

图2-75 毛细管力曲线的下包面积比(据Donaldson,1969)

曲线Ⅲ是紧接着再用油驱水所得毛细管压力曲线。A_1为曲线Ⅲ的下包面积，A_2为曲线Ⅱ的下包面积。针对油—水—岩石体系，若$A_1 > A_2$，即用油驱水所做的功大于用水驱油所做的功，说明岩石亲水；若$A_1 < A_2$，说明岩石亲油；若$A_1 = A_2$，说明岩石为中性润湿。

为了定量描述岩石润湿性，通常以$\lg \frac{A_1}{A_2}$作为毛细管压力曲线确定岩石润湿性的定量指标。根据行业标准SY/T 5153—2017《油藏岩石润湿性测定方法》中规定，对于油—水—岩石体系，若$\lg \frac{A_1}{A_2} > 0$，则岩石亲水；若$\lg \frac{A_1}{A_2} < 0$，则岩石亲油；若$\lg \frac{A_1}{A_2} = 0$，则岩石为中性润湿。

习　题

(1) 请简述岩石粒度组成的表示方法以及粒度参数的概念。

(2) 查阅资料，请简述岩石比面在油气工业中的应用。

(3) 岩石比面有三种不同的表示方法，请写出它们的定义式，并推导它们之间的相互关系式。

(4) 什么是岩石的压缩系数？写出它的推导过程。

(5) 简述不透水的不规则岩样密度测试的实验步骤，并讨论岩石密度实验结果的影响因素。

(6) 已知干岩样的质量为31.3823g，饱和煤油的岩样在空气中称得质量为32.4888g，饱和煤油后在煤油中称得质量为21.5612g，求该岩样的真密度和体密度（煤油的密度为0.8045g/cm³）。

(7) 什么是润湿性？影响岩石润湿性的因素有哪些？岩石润湿性对油水在岩石孔道中分布有什么影响？

(8) 接触角是怎样规定的？如何根据它来判断油气层岩石的润湿性（亲油、亲水或中性润湿）？

(9) 不同类型储层岩石的孔隙度一般变化范围是多少？总孔隙度、连通孔隙度、有效孔隙度、流动孔隙度的概念是什么及其关系怎样？

(10) 常用测定岩石孔隙度方法有哪些？影响岩石孔隙度的因素有哪些？

(11) 描述岩石孔隙结构特征常用的参数有哪些？解释这些参数的含义。

(12) 已知干岩样的质量为31.3823g，饱和煤油的岩样在空气中称得质量为32.4888g，饱和煤油后在煤油中称得质量为21.5612g，求该岩样的孔隙体积和孔隙度（煤油的密度为0.8045g/cm³）。

(13) 构思怎样用液体（酒精、地层水等）测试岩石孔隙度，并写出所需的实验设备和仪器以及实验步骤。

(14) 什么是原油的溶解气油比、原油的体积系数、原油的压缩系数、原油的黏度？简述这些参数随压力的变化规律。

(15) 查阅资料，请简述我国主要油田的原油黏度分布范围。

(16) 某岩样含油水时质量为7.8169g，经抽提后得到0.3cm³的水。该岩样烘干后质量为7.0221g，饱和煤油后在空气中称得质量为7.8535g，饱和煤油的岩样在煤油中称得质量为

5.5561g,求该岩样的含水饱和度和含油饱和度(油密度为 0.8760g/cm³,水密度取 1.0 g/cm³,煤油密度为 0.8045 g/cm³)。

(17)画出典型的多组分烃类体系的相态示意图,在图中标注泡点线、露点线、液量线以及三个临界点,并阐述它们的含义。

(18)已知某油气储层面积为 100km²,厚度为 10m,孔隙度为 0.25,含油饱和度为 0.4,原油压缩系数约为 80×10^{-4}MPa^{-1},含水饱和度为 0.6,地层水压缩系数约为 5×10^{-4}MPa^{-1},岩石体积压缩系数约为 0.1×10^{-4}MPa^{-1},计算地层综合弹性压缩系数。若地层产生的压差为 15MPa,则地层依靠弹性能量所采出的流体大概总体积为多少?

(19)简述岩石的绝对渗透率、有效渗透率、相对渗透率的区别。测定岩石绝对渗透率的条件是什么?简述影响岩石渗透率的因素。

(20)构思怎样用液体(酒精、地层水等)测试岩石渗透率,并写出所需的实验设备和仪器以及实验步骤。

(21)某岩样长 4.5cm,直径为 2.5cm,在 20℃ 时用盐水 100% 饱和并通过它,盐水黏度为 1mPa·s,岩样的入口压力为 0.9MPa,出口压力为 1 个大气压,其流量为 0.02cm³/s,求岩样的盐水渗透率。若改用黏度为 0.0175 mPa·s 的气体 100% 饱和并通过该岩样,在岩样两端压差为 0.1MPa,出口压力为 1 个大气压时,得气体流量为 0.4 cm³/s。求岩样的气体渗透率,并简述液测和气测渗透率的差异。

(22)某岩样长 8.0cm,直径为 3.5cm,在保持含水 40% 和含油 60% 条件下,若岩样两端压差为 1MPa,测得油的流量为 0.04cm³/s,水的流量为 0.04cm³/s,并已知油黏度为 2.5mPa·s,水黏度为 1.0mPa·s,岩样绝对渗透率为 100mD,试求:①该条件下,油、水的有效渗透率;②该条件下,油、水的相对渗透率;③从计算结果分析,可得出什么结论?

(23)请画出典型的油水相对渗透率曲线,据图简述相对渗透率曲线的特征,试论述油水相对渗透率曲线的应用。

(24)对比水湿岩石与油湿岩石的相对渗透率曲线,有何区别?

(25)将玻璃毛细管插入装有水的烧杯中,已知水的表面张力为 72.5mN/m,毛细管中水面与管壁的润湿角为 30°,水的密度为 1.0g/cm³,若毛细管直径分别为 10.0mm,1.0mm,0.1mm,0.01mm,求不同半径的毛细管时液面上升高度,并画出毛细管半径与液面高度的关系图。

(26)请画出典型的毛细管压力曲线,据图简述毛细管力曲线的特征,试论述毛细管压力曲线的应用。

(27)用同一块岩心测定岩石含油、水、气饱和度,岩石孔隙度,岩石油水相对渗透率曲线,岩石密度,岩石的比面和岩石的毛细管压力曲线,这些实验的先后顺序应如何安排?讨论这些实验获取参数之间的关系。

第三章 岩石力学基础

岩石在受到外力作用时所表现出的弹性、塑性、变形、破坏等机械力学特性对声波在岩石中的传播、衰减等性质具有重要的影响和决定性作用,同时对岩石力学特性的认识和表征也是能源矿产工业、岩土工程、地质灾害预测、大型水利工程、路桥交通等工程技术活动中必须开展的基础性、关键性工作。因此,作为岩石声学性质等研究分析的重要基础,同时也为了更好地利用岩石声学等物理性质实现对岩石力学特性的预测,本章将对岩石在压、拉、剪作用下的变形、破坏特征及破坏判定准则、实验方法,岩石抗压强度、弹性模量、泊松比、抗剪强度、抗张强度等基本力学特性表征参量,以及地应力等进行简要介绍。

第一节 岩石的受压力学特性

一、应力与应变

1. 应力

应力是在外力作用下,物体内部各截面之间产生的附加内力,其值等于单位面积上所受的外力,单位为 Pa 或 N/m²。如图 3-1 所示,在岩石的表面向其施加均匀外力 F 时,在内部产生抵抗外力的力——内力,则应力大小等于单位截面积上外力,即

$$p_m = \frac{F}{A} \tag{3-1}$$

式中,p_m 为应力,Pa 或 N/m²;F 为所受外力,N;A 为截面积,m²。

若作用于岩石表面的外力是不均匀分布,则需要利用微积分的方法来计算应力,则

$$p_m = \lim_{\Delta A \to 0} \frac{\Delta F}{\Delta A} = \frac{dF}{dA} \tag{3-2}$$

应力是张量,有大小和方向,同一个作用点的应力组分可根据平行四边形法则对其进行分解和合成。通常将应力沿着垂直和平行于作用面方向分解为正应力 σ 和剪应力 τ。在图 3-1 中,外力垂直于分析截面积,此时应力为正应力或法向应力。此外,需要注意的是岩石力学中规定压应力为正,拉应力为负。

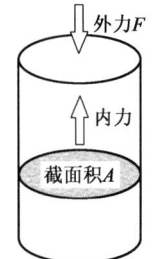

图 3-1 岩石受力示意图

2. 应变

应力作用下，岩石内部各质点间的相对位置发生改变，称为变形。变形可以是形状改变，也可以是体积改变，或二者均有改变。为了描述岩石的变形程度，采用应变概念，即在应力作用下，岩石形状和大小的改变量，以其相对变形来量度。应变是表征物理受力时，内部各质点之间的相对位移，没有量纲，其有三种基本的应变类型：拉伸应变、压缩应变和剪切应变，如图 3-2 所示。

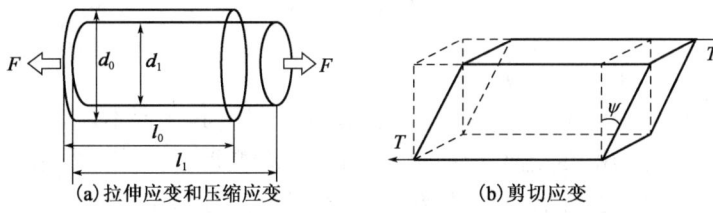

图 3-2 应变类型的示意图

拉伸应变是指岩石受力发生变形后，所增加长度与变形前长度的比值，如图 3-2(a)所示。岩石的长度为 l_0，在拉伸作用下，长度变为 l_1，则其拉伸应变 $\varepsilon_{拉}$ 为

$$\varepsilon_{拉} = \frac{\Delta l}{l_0} = \frac{l_0 - l_1}{l_0} \tag{3-3}$$

式中，Δl 为岩石长度的变形量，m；l_0 为初始长度，m；l_1 为外力作用后长度，m；$\varepsilon_{拉}$ 为拉伸应变，并规定压应力产生的应变为正，拉应力产生的应变为负。

实验证明，岩石在单纯拉伸中，不仅沿着受力方向有纵向拉伸应变，而且在与受力垂直方向上也有横向压缩应变，即当岩石在纵向上被压缩或拉伸时，在横向上就会出现拉伸或压缩。如图 3-2(a)所示，圆柱形岩石处于拉伸状态，变长的同时也会变细，则岩石的压缩应变 $\varepsilon_{压}$ 的计算式为

$$\varepsilon_{压} = \frac{\Delta d}{d_0} = \frac{d_0 - d_1}{d_0} \tag{3-4}$$

式中，Δd 为直径的变形量，m；d_0 为原直径，m；d_1 为外力作用后直径，m；$\varepsilon_{压}$ 为压缩应变。

可见，与外力同方向的伸长(或压缩)方向上应变称为轴向应变，而与外力成垂直方向上应变称为横向应变，并规定压缩为正，拉伸为负。在单向受拉或受压时，横向正应变与轴向正应变的绝对值比值称为泊松比，记为 ν。设长为 l、直径为 d 的圆柱形岩石，在受到力作用时，其长度变化 Δl，直径变化 Δd，则岩石的泊松比 ν 表示为

$$\nu = \left|\frac{\Delta d/d}{\Delta l/l}\right| \tag{3-5}$$

剪切应变是指在剪应力作用下，岩石内部原来相互垂直的两条微小线段所夹直角的改变量。如图 3-2(b)所示，在外力作用下，岩石发生偏斜，则该偏斜角的正切值定义为剪切应变 γ，即

$$\gamma = \tan\psi \tag{3-6}$$

式中，ψ 为偏斜角，(°)；γ 为剪切应变。

3. 荷载作用下岩石的变形特性

在荷载作用下的岩石变形通常可分为弹性变形、塑性变形和黏性变形等。

弹性是指在一定的应力范围内，岩石在受到外力作用之后发生变形，而除去作用力之后，岩石能够恢复原来形状和大小的特性。一般把具有弹性性质的材料称为弹性介质，按照材料

的应力—应变关系可分为:线弹性体(或称理想弹性体),其应力—应变呈线性关系;非线性弹性体,其应力—应变呈非线性关系。如图3-3(a)所示,应力—应变关系呈线性,则该材料为线弹性材料,也为胡克型材料。当应力达到某一值时,材料将不会自行恢复原状,此应力值称为弹性限度或弹性极限。根据胡克定律,在应力低于弹性极限的情况下,应力与应变的比值为常数,称为材料的弹性模量或杨氏模量。设长为 l、截面积为 A 的材料,在纵向上受到力 F 作用时伸长或压缩 Δl,则材料的弹性模量表示为

$$E = \frac{F/A}{\Delta l/l} \tag{3-7}$$

式中,E 为弹性模量或杨氏模量,Pa。

塑性是指材料受力后产生变形,在外力去除(卸载)后,其变形不能完全恢复的特性。不能恢复的那部分变形称为塑性变形,或称永久变形、残余变形。在外力作用下,只发生塑性变形的物体,或在一定的应力范围内只发生塑性变形的物体,称为塑性介质。在图3-3(b)中,当应力低于屈服应力 σ_y 时,材料变形为弹性变形;而当应力达到屈服应力 σ_y 后,材料变形为塑性变形。

黏性是指材料受力后,其变形不能瞬时完成,且应变速率随着应力大小而改变的特性,如图3-3(c)所示。

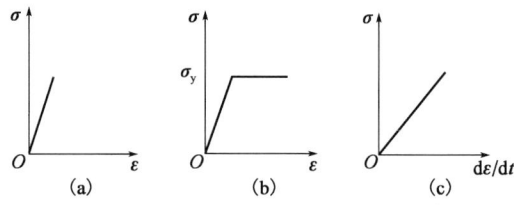

图3-3 材料的应力—应变—时间关系

岩石组分和结构比较复杂,因此其力学属性也比较复杂。岩石的力学特性除了受到岩石组分和结构的影响外,也会受到岩石赋存环境(温度、湿度、流体饱和度、地应力等)和受力条件(荷载的大小及其组合情况、加载方式及速率、应力路径等)的影响。岩石作为一种特殊的材料,其应力—应变关系不会简单地表现为理想弹性、塑性或黏性,即岩石既不是理想的弹性体,也不是理想的塑性体和黏性体,而往往表现出弹—塑性、塑—弹性、弹—黏—塑或黏—弹性等复合性质。下面通过室内岩石压缩力学实验对岩石的力学性质进行概要介绍。

二、岩石单轴压缩实验及单轴抗压强度

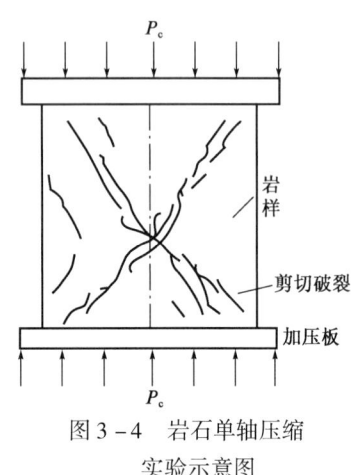

图3-4 岩石单轴压缩实验示意图

根据实验过程中是否给岩样施加围压,岩石受压力学实验又分为单轴压缩实验和三轴压缩实验。国际岩石力学学会(ISRM)建议,岩石单轴压缩实验的岩样通常要求标准圆柱体,直径为25.4mm或38.1mm,高径比宜为2.0~2.5,且圆柱体端面彼此平行并垂直于圆柱体的轴线。岩石单轴压缩实验的示意图如图3-4所示。在室内压缩实验中,岩样所受围压为零,轴向上进行加载,加载方式有连续加载和循环加载。通过测量轴向应力及轴向和径向的变形,可研究岩石的力学特性。

1. 应力—应变曲线特征

在连续加载条件下,可以获取岩石单轴压缩的应力—应变曲线,如图3-5所示。岩石单轴压缩实验过程可见视频5。从图中可看出,该应力—应变曲线的全过程大致可分为以下五个阶段:

(1) OA 段,称为空隙压密阶段。在这一阶段,岩石中原有张开性结构面或微裂隙逐渐闭合,岩石被压密,形成早期的非线性变形,岩石的应力—轴向应变($\sigma-\varepsilon_a$)曲线微呈上凹形,岩石体积随压力增加而减少,即岩石受到压缩。本阶段裂隙化岩石变形较明显,坚硬无裂隙岩石变形不明显,甚至不显现。

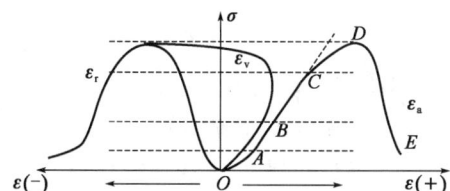

图3-5 岩石单轴压缩应力—应变全过程曲线
σ—应力;ε_a—轴向应变;ε_r—径向应变;ε_v—体积应变

视频5

(2) AB 段,称为弹性变形阶段。在这个阶段,岩石的应力—应变曲线近似呈直线型,其中 B 点的应力值称为比例极限或弹性极限。

(3) BC 段,称为微裂隙稳定发展阶段。在这个阶段,岩石应力—应变曲线由 B 点开始偏离直线,特别是应力—体积应变($\sigma-\varepsilon_v$)曲线,其斜率随应力的增大而变陡直至相反,岩石的体积由压缩转为膨胀,其中 C 点的应力值称为屈服极限或屈服强度。

(4) CD 段,称为非稳定破裂发展阶段。在这个阶段,岩石中微破裂的发展出现了质的变化,破裂不断发展,直至岩石完全破坏。同时,岩石应力—体积应变($\sigma-\varepsilon_a$)曲线的斜率减小,岩石体积膨胀加速,体积变形随应力迅速增长,其中 D 点的应力达最大值,该点的应力值称为峰值强度或单轴抗压强度。

(5) D 点以后,称为破裂后阶段。岩块承载力达到峰值强度后,其内部结构遭到破坏,但岩石基本保持整体状。在这个阶段,裂隙快速发展,交叉并相互联合形成宏观断裂面。此后,岩块主要表现为沿宏观断裂面破裂,岩石单轴压缩时破坏形式的类型如图3-6所示。此外,岩石的承载力随变形增大迅速下降,但并不降到零。这说明岩石在破裂点 D 之后,并不是完全失去承载能力,而是保持较小应力,即为残余强度。

由上可见,通过对岩石应力—应变关系阶段的划分,可得到四个特征应力值,即弹性极限、屈服极限、峰值强度及残余强度。此外,岩石的组成、结构不同,其应力—应变关系也不尽相同。米勒(Miller)采用28种岩石进行大量的单轴压缩实验后,将岩石的峰值前应力—应变曲线分为6种类型,如图3-7所示。

(1) 类型 A 的岩石应力—应变关系是一直线或近似直线,其特点是:应力—轴向应变曲线不具有压密段,曲线斜率一般较陡,比例极限和屈服极限十分靠近,且很快达到峰值,没有明显的塑性阶段,直至破坏。具有这种变形性质的岩石主要是坚硬、极坚硬岩石,如石英、玄武岩、硅质灰岩等,这些岩石可称为弹性体。这类岩石的变形主要是由岩石内部物质所组成的空间格架受力发生的压密和歪斜所造成的。

(2) 类型 B 的岩石应力—应变曲线呈下凹形,其特点是:在应力较低时,岩石应力—应变曲线近似于直线;当应力增加到一定值后向下弯曲,且曲线斜率随着应力增加而逐渐降低,直至破坏。具有这种变形性质的岩石主要是较坚硬而少裂隙的岩石,如较弱的石灰岩、泥岩等,这类岩石可称为弹—塑性体。这类岩石的变形主要是由矿物晶格之间、黏土矿物晶片体之间的滑移所造成的。

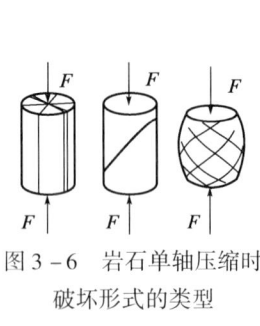

图 3-6 岩石单轴压缩时破坏形式的类型

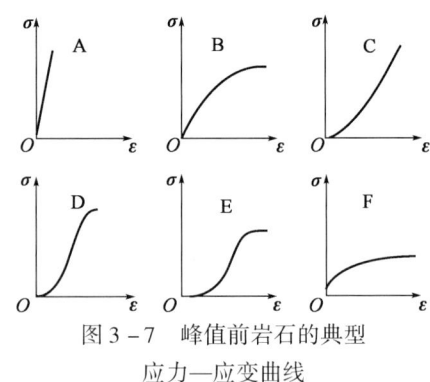

图 3-7 峰值前岩石的典型应力—应变曲线

(3)类型 C 的岩石应力—应变曲线呈上凹形,其特点是:在应力较低时,岩石应力—应变曲线略向上弯曲;当应力增加到一定值后,逐渐变为直线,直至破坏。具有这种变形性质的岩石主要是坚硬有裂隙发育岩石,如砂岩、花岗岩等,这类岩石可被称为塑—弹性体。

(4)类型 D 的岩石应力—应变曲线呈 S 形,其特点是:在应力较低时,岩石应力—应变曲线略向上弯曲;当应力增加到一定值后,曲线变为直线,最后又向下弯曲,直至破坏。具有这种变形性质的岩石主要是变质岩,如大理岩、片麻岩等,这类岩石可称为塑—弹—塑性体。

(5)类型 E 的岩石应力—应变曲线基本上与类型 D 相同,也呈 S 形,不过曲线的斜率较平缓。具有这种变形性质的岩石主要是压缩性较高的岩石,如片理发育的片岩等,这类岩石也称为塑—弹—塑性体。

(6)类型 F 的岩石应力—应变曲线开始先有很小一段直线部分,随后出现不断增长的塑性变形和蠕变变形。具有这种变形性质的岩石主要有盐岩等蒸发岩、极软岩等,这类岩石可称为弹—黏性体。

上面描述的是连续加载作用下的岩石变形特性,而在岩石工程中,常常会遇到循环荷载作用。对不同类型的岩石,循环加载/卸载作用对其应力—应变关系曲线影响不同,其中对线弹性岩石,加载路径与卸载路径完全重合,多次反复加载、卸载时,其应力—应变路径是相同的;对完全弹性岩石,其加载、卸载路径也完全重合,但应力—应变关系是曲线,反复多次加载与卸载,其应力—应变路径仍服从此曲线关系;对弹性岩石,虽然加载曲线与卸载曲线不重合,但是反复加载与卸载时,应力—应变关系曲线总是服从此环路的规律;对非弹性岩石,加载曲线与卸载曲线不重合,多次反复加载、卸载时,其应力—应变曲线比较复杂,下面将对其规律进行描述。

如图 3-8 所示,对非弹性岩石,例如弹—塑性岩石,如果卸载点 P 超过屈服点,则卸载曲线不与加载曲线重合,形成塑性滞回环。根据经验,卸载曲线的平均斜率一般与加载曲线直线段的斜率相同,或者和原点切线斜率相同。如果多次反复加载与卸载,且每次施加的最大荷载与第一次施加的最大荷载一样,则每次加载、卸载曲线都形成一个塑性滞回环。这些塑性滞回环随着加载、卸载的次数增加而越来越狭窄,并且彼此越来越近,岩石越来越接近弹性变形,一直到某次循环后无塑性变形为止,如图 3-8 中的 HH' 环。当循环应力峰值小于某一数值时,循环次数即使很多,也不会导致岩样破坏;当循环应力超过这一数值,岩石将在某次循环中发生破坏(疲劳破坏),这一临界应力称为疲劳强度。当循环应力峰值超过临界应力时,反复加载、卸载的应力—应变曲线将最终和岩石全应力—应变曲线的峰后段相交,并导致岩石破坏。

如果多次反复加载、卸载循环,每次施加最大荷载比前一次循环最大荷载大,则获得曲线如图3-9所示。随着循环次数增加,塑性滞回环的面积也有所扩大,卸载曲线的斜率(代表着岩石的弹性模量)也逐次略有增加,表明卸载应力下的岩石材料弹性有所增强。此外,每次卸载后再加载,在荷载超过上一次循环的最大荷载以后,变形曲线仍沿着原来的单调加载曲线上升(图3-9中的 OC 线),似乎不曾受到反复加载的影响,这种现象称为岩石的变形记忆。

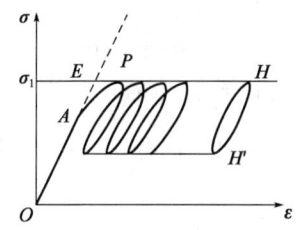

图3-8 等荷载循环加载、卸载时的应力—应变曲线

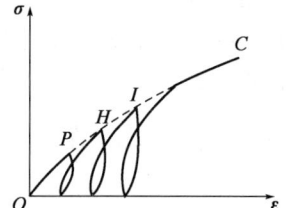

图3-9 不断增大荷载循环加载、卸载时的应力—应变曲线

2. 岩石的单轴抗压强度

岩石的单轴抗压强度是岩石样品在单轴压力下发生破坏的极限强度,其数值等于破坏时的最大轴向应力。表3-1列出了常见岩石抗压强度的经验值。如图3-4所示,将岩石样品置于压力机承压板之间轴向施加荷载,岩样破坏时的轴向载荷为 P_c,则岩石单轴抗压强度的计算为

$$\sigma_c = C_0 = P_c/A_s \qquad (3-8)$$

式中,σ_c 或 C_0 为岩石的单轴抗压强度,Pa;P_c 为岩石样品破坏时的轴向载荷,N;A_s 为岩石样品与承压板的接触面积,m^2。

实验过程中,岩石的单轴抗压强度主要受到岩石的形状效应、尺寸效应、加载速率、温度、湿度等因素的影响。

表3-1 部分常见岩石的单轴抗压强度和抗拉强度

岩石名称	抗压强度,MPa	抗拉强度,MPa	岩石名称	抗压强度,MPa	抗拉强度,MPa
花岗岩	100~250	7~25	石灰岩	30~250	5~25
闪长岩	180~300	15~30	白云岩	80~250	15~25
粗玄岩	200~350	15~35	煤	5~50	2~5
辉长岩	180~300	15~30	石英岩	150~300	10~30
玄武岩	150~300	10~30	片麻岩	50~200	5~20
砂岩	20~170	4~25	大理岩	100~250	7~20
页岩	10~100	2~10	板岩	100~200	7~20

3. 岩石的弹性参数

由单轴压缩实验的结果,可以获取岩石的弹性参数。岩石的弹性参数是描述和表征岩石变形难易的重要参数,包括弹性模量、泊松比、体积模量、剪切模量等。

弹性模量是表征在弹性限度内岩石抵抗拉或压能力的物理量,是岩石的轴向应力和应变的增量的比值。根据岩石弹性变形阶段内的应力—轴向应变($\sigma - \varepsilon_a$)曲线的轴向应力增量($\Delta\sigma$)、轴向应变增量($\Delta\varepsilon$),由式(3-7)可计算获取岩石弹性模量:

$$E = \frac{\Delta\sigma}{\Delta\varepsilon} \qquad (3-9)$$

泊松比 ν 又称横向变形系数,是岩石径向应变和轴向应变的绝对值比值。根据岩石弹性变形阶段内径向应变 ε_r(横向应变)、轴向应变 ε_a(纵向应变),由式(3-5)可计算获取岩石泊松比:

$$\nu = \left| \frac{\varepsilon_r}{\varepsilon_a} \right| \tag{3-10}$$

考虑到当岩石轴向缩短时,环向是伸长的,故式(3-10)的右边加入绝对值符号,这样定义的泊松比为一个正值。

根据全自动伺服材料实验机所记录的全应力—应变曲线可以计算 E、ν。如图3-10所示,应力—应变曲线的直线段斜率分别为 E[图3-10(a)]、ν[图3-10(b)]。在单轴压缩实验中,大多数岩石的应力—应变曲线通常呈非线性,因此,E、ν 会随轴向应力值不同而不同。在实际工作中,通常在 $\frac{1}{2}\sigma_c$ 处取值,计算 E、ν。表3-2列出了部分岩石弹性模量和泊松比的经验值。

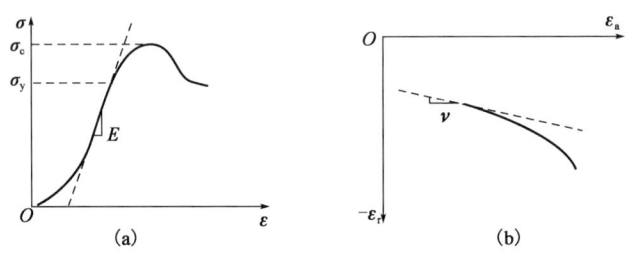

图3-10　利用应力—应变曲线计算 E、ν

表3-2　部分岩石的弹性模量和泊松比的值

岩石名称	弹性模量,GPa	泊松比	岩石名称	弹性模量,GPa	泊松比
花岗岩	50~100	0.2~0.3	片麻岩	10~100	0.22~0.35
流纹岩	50~100	0.1~0.25	千枚岩、片岩	10~80	0.2~0.4
闪长岩	70~150	0.1~0.3	板岩	20~80	0.2~0.3
辉长岩	70~150	0.12~0.2	页岩	20~80	0.2~0.4
辉绿岩	80~150	0.1~0.3	砂岩	10~100	0.2~0.3
玄武岩	60~120	0.1~0.35	砾岩	20~80	0.2~0.35
石英岩	60~200	0.1~0.25	石灰岩	50~190	0.2~0.35
大理岩	10~90	0.2~0.35	白云岩	40~80	0.2~0.35

岩石的剪切模量(切变模量)是表征岩石抵抗切应变能力的物理量,是切应力与切应变之比。岩石剪切变形示意图如图3-11所示,设剪切力 F 平行作用于岩石表面后产生的切变角为 ψ,则剪切模量 G 就等于剪切应力(F/A)与切变角 ψ 之比:

$$G = \frac{F/A}{\psi} = \frac{F_t}{\frac{\Delta l}{d}} \tag{3-11}$$

如图3-12所示,体积模量 K_b 指岩石在各个方向都受到力 F 作用时,应力与体积应变的比值,即

$$K_b = \frac{\frac{F}{A}}{\frac{\Delta V}{V}} \tag{3-12}$$

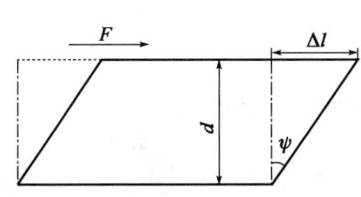
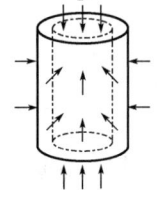

图3-11 岩石剪切变形示意图　图3-12 体积模量示意图

弹性模量、泊松比是岩石的基本弹性参数,体积模量和剪切模量可以由弹性模量、泊松比计算得到。剪切模量、体积模量与弹性模量、泊松比的关系为

$$G = \frac{E}{2(1+\nu)} \quad (3-13)$$

$$K_b = \frac{E}{3(1-2\nu)} \quad (3-14)$$

岩石的体积模量与岩石的体积压缩系数互为倒数。

根据测量原理的不同,岩石的弹性参数分为动态弹性参数和静态弹性参数。根据岩样在施加载荷条件下的应力—应变曲线获得的各参数统称为岩石的静态弹性参数。根据经典弹性波波动理论,对均质和近似均质各向同性线弹性地层,动态弹性参数可以根据岩石纵横波时差或纵横波波速和岩石的体积密度计算得到:

动态泊松比:
$$\nu_d = \frac{\Delta t_s^2 - 2\Delta t_c^2}{2(\Delta t_s^2 - \Delta t_c^2)} \quad (3-15)$$

动态弹性模量:
$$E_d = \frac{\rho_b}{\Delta t_s^2} \frac{3\Delta t_s^2 - 4\Delta t_c^2}{\Delta t_s^2 - \Delta t_c^2} \times a_c \quad (3-16)$$

动态剪切模量:
$$G_d = \frac{\rho_b}{\Delta t_s^2} \times a_c \quad (3-17)$$

动态体积模量:
$$K_{bd} = \rho_b \frac{3\Delta t_s^2 - 4\Delta t_c^2}{3\Delta t_s^2 \Delta t_c^2} \times a_c \quad (3-18)$$

式中,Δt_s、Δt_c 分别为岩石的横波时差、纵波时差;ρ_b 为岩石的体积密度;a_c 为单位转换系数;各弹性参数的右下标"d"指示为"动态"参数。

动静态弹性模量由于获取方式、测量原理的不同,在数值上存在较大差异,不同岩性、不同压实程度、不同孔隙结构岩石,差异不同。一般动态参数大于静态参数。比如坚硬完整岩体 E_d/E 约为 1.2~2.0;风化、裂隙发育的岩体和软弱岩体 E_d/E 约为 1.5~10.0 左右,大者可超过 20.0。

三、岩石三轴压缩实验及三轴抗压强度

与岩石单轴压缩实验相比,岩石三轴压缩实验是给岩石样品施加围压,实质就是研究围压对岩石的力学特性影响。目前室内岩石三轴压缩实验一般为拟(常规)三轴压缩实验,三轴压缩实验仪器如图3-13所示,与地下岩石的真实受力环境有一定区别。随着人们对岩石力学特性认识准确性要求的提高,真三轴压缩实验必将被越来越多地开展。真三轴抗压强度实验采用长方体或立方体岩样,并根据实验目的的不同,选择不同的尺寸。通常真三轴岩石样品的

边长不小于50mm。常规三轴实验中岩石样品受到三个应力(σ_1、σ_2、σ_3)作用,且三个应力中有两个相等($\sigma_2 = \sigma_3$);真三轴实验是岩石样品在三个彼此正交方向上受不同的力,且三个应力中都不相同($\sigma_1 > \sigma_2 > \sigma_3$)。

彩图3-13

图3-13 岩石三轴流变仪

在常规三轴压缩实验中,需要先给岩石样品施加围压,即岩石样品的轴向应力σ_a和侧向围压σ_r等值增加到规定围压值,然后保持侧向围压不变,继续增加轴向应力直至岩石样品破坏。

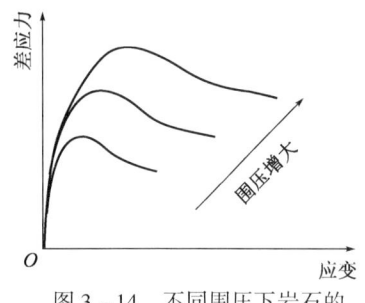

图3-14 不同围压下岩石的差应力—轴向应变曲线

根据不同围压的常规三轴压缩实验结果,可以得到一组差应力($\sigma_a - \sigma_r$)—应变ε的关系,其中差应力($\sigma_a - \sigma_r$)—轴向应变ε_a关系曲线如图3-14所示,在此基础上,可以得到不同围压下岩石的三轴抗压强度和弹性参数以及岩石的破坏类型,讨论围压对岩石的力学性质的影响。从图3-14中可以看出,随着围压增大,差应力—轴向应变曲线的峰值强度增大,即岩石的抗压强度不断增大;随着围压增大,岩石的弹性极限不断增大,岩石的弹性模量增大,其中软岩增大明显,致密的硬岩增大不明显;随着围压增大,

塑性不断增强(破坏前的应变加大),围压增大到一定值,岩石由弹脆性转变为塑性;随着围压增大,岩块从脆性劈裂破坏逐渐向塑性剪切或塑性流动破坏方式过渡。

图3-15至图3-19为不同岩性岩石的三轴压缩差应力—应变曲线和实验前后照片,图中A点为峰值强度。已知一定围压下三轴压缩实验过程中获取的差应力—应变曲线,则该围压下岩样的抗压强度数值上等于峰值强度加上围压值(图3-15至图3-19),如图3-15中岩样在围压25MPa下的抗压强度约为220MPa。此外,从图3-15至图3-19中还可看出,不同岩性的岩心三轴压缩破坏形式的类型不同,主要分为剪切破坏和劈裂破坏。

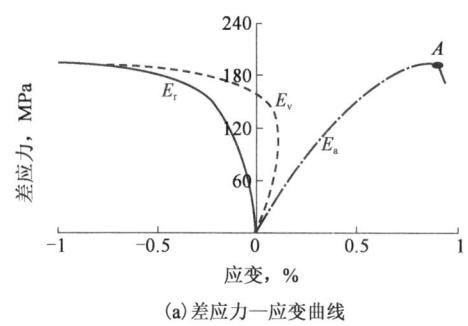

(a)差应力—应变曲线

(b)原岩照片

(c)破坏照片

图3-15 沙河街组砂岩岩心的三轴压缩差应力—应变曲线及实验前后照片(围压25MPa)

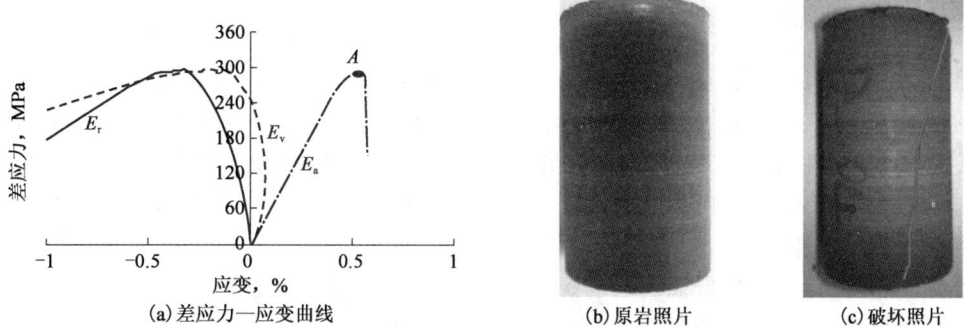

图 3-16　龙马溪组硬脆性页岩岩心的三轴压缩差应力—应变曲线及实验前后照片(围压 45MPa)

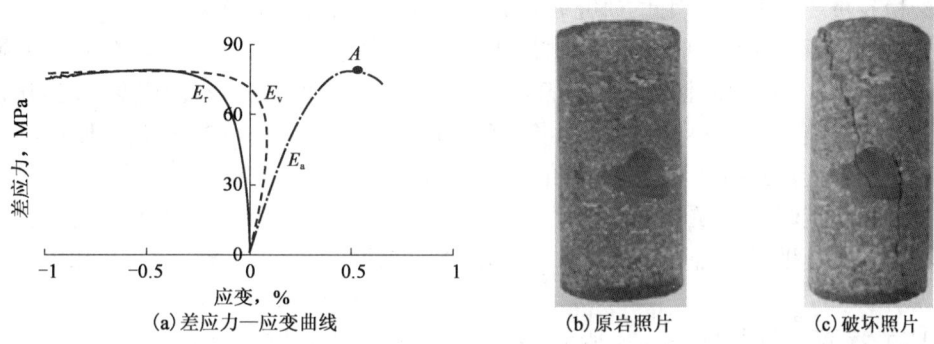

图 3-17　百口泉组砂砾岩岩心的三轴压缩差应力—应变曲线及实验前后照片(围压 22MPa)

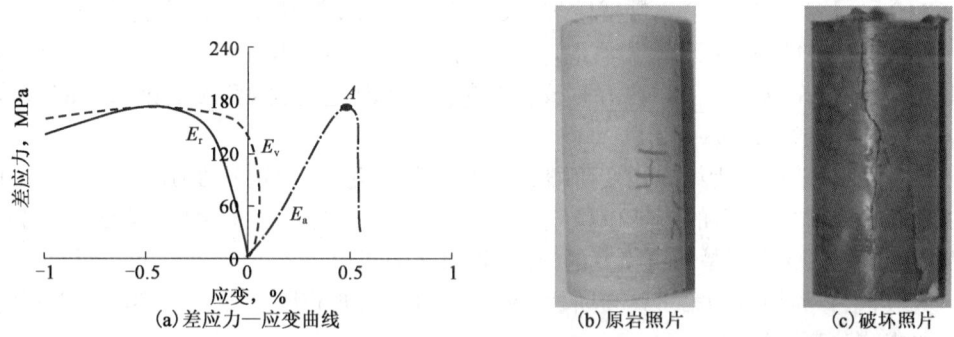

图 3-18　鹰山组碳酸盐岩岩心的三轴压缩差应力—应变曲线及实验前后照片(围压 65MPa)

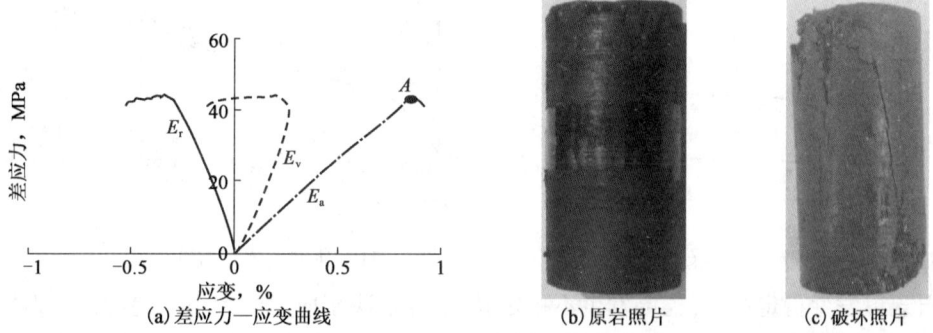

图 3-19　煤岩岩心的三轴压缩差应力—应变曲线及实验前后照片(围压 12MPa)

四、岩石的蠕变

在构造应力作用下，岩石的变形经常是与时间有关，即岩石变形过程具有时间效应，这种现象称为流变。流变性质是指材料的应力—应变关系与时间因素有关的性质。岩石的流变包括蠕变、松弛和弹性后效。其中，蠕变是在恒定应力条件下，变形随着时间增长而增大的现象；松弛是在应变一定条件下，应力随时间增加而减小的现象；弹性后效是加载或卸载时，弹性应变滞后于应力的现象。

在地壳上部，因温度较低而岩石的蠕变可以忽略不计，脆性破裂和摩擦滑动是地壳上部岩石变形的主要机制；而对于地壳下部的地幔，随着温度增加，蠕变成为地壳下部岩石变形的主要机制。同时，地层中的盐膏等软岩层也具有较强的蠕变性。在油气钻井过程中，盐膏层蠕变对井壁失稳有重要的影响。因此，研究岩石的蠕变行为具有重要的意义。

岩石的蠕变通常用恒定应力条件下岩石的应变—时间曲线来描述。当将恒定应力施加于岩石上时，岩石发生弹—塑性变形，应变随时间逐渐增加，从而得到岩石的应变与时间的关系。岩石蠕变曲线的类型如图3-20所示。当岩石在较低的恒定应力条件下，其变形量虽然随时间增长有所增加，但蠕变变形的速率则随时间增长而减少，最后变形趋于一个稳定的极限值，这种蠕变称为稳定蠕变，如图3-20中的曲线 a 所示。当作用于岩石上的恒定应力较大时，蠕变不能稳定于某一极限值，而是无限增长直到破坏，这种蠕变称为不稳定蠕变，如图3-20中的曲线 b 所示。

典型的岩石蠕变曲线如图3-21所示。在加载的瞬间，岩石的蠕变曲线中一般都有弹—塑性应变阶段（图3-21中 OA 段）。根据应变速率不同，岩石的蠕变过程可分为三个阶段（图3-21）：

（1）AB 段，该阶段称为第一蠕变阶段，又称为减速蠕变阶段或初始蠕变阶段。在到达 t_1 之前的时间里，该阶段曲线下凹，岩石的应变最初随时间增大较快，但应变率随时间迅速递减；在 t_1 时刻，其应变率达最小值。在 t_1 时刻，如果去掉外加应力，蠕变应变则随时间慢慢地恢复，其恢复的速率越来越慢。

（2）BC 段，该阶段称为第二蠕变阶段，又称为等速蠕变或稳定蠕变阶段。当 $t > t_1$ 时，该阶段曲线近似为直线，岩石的应变以稳定速度增长。在 t_1 至 t_2 时刻之间，蠕变速率为常数。稳态蠕变阶段岩石的变形是不可恢复的，是一种永久的变形。

（3）CD 段，该阶段称为第三蠕变阶段，又称为加速蠕变阶段。当 $t > t_2$ 以后，岩石的蠕变应变会加速，直至岩石破裂。

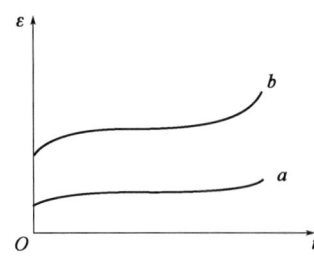

图3-20 岩石的蠕变曲线

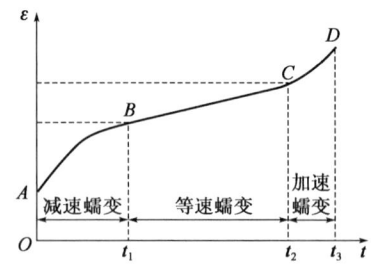

图3-21 典型的岩石蠕变曲线

岩石既可发生稳定蠕变，也可发生不稳定蠕变，这取决于应力的大小。超过某一临界应力时，蠕变向不稳定蠕变的发展，而小于此临界应力时，蠕变按稳定蠕变发展，通常称此临界应力为岩石的长期强度。

第二节 岩石的抗拉强度特性

岩石的抗拉强度又称抗张强度,指单轴拉力作用下,岩石能承受的最大拉应力。部分岩石的抗拉强度可见表3-1,从表中可以看到,岩石的抗拉强度要比抗压强度小得多。岩石抗拉强度实验可分为直接法和间接法两种,其中间接法包括劈裂实验和点荷载强度实验。

直接法抗拉实验的岩石样品制作和要求基本上与单轴抗压实验相同。直接法抗拉强度实验示意如图3-22所示。将圆柱形岩石样品的两端用黏合剂使之与压机帽套黏合以传递拉力。需要注意的是,黏合剂的抗拉伸强度要高于岩石样品的抗拉伸强度,并且加力设备与帽套、岩石样品等的中心线保持在一条直线上,这样就保证了岩石样品不被施加弯矩和扭矩,从而保证了纯拉伸实验的进行。设岩石样品的截面积 A_s,则岩石的抗拉强度可用下式求得:

$$\sigma_t = P_t/A_s \quad (3-19)$$

式中,σ_t 为岩石的抗拉强度,Pa;P_t 为岩石样品破坏时的最大拉伸载荷,N。

该方法的缺点是岩石样品制备困难,不易与拉力机固定,而且在岩石样品固定处附近往往有应力集中现象,同时难免在岩石样品两端面有弯曲力矩。因此,这个方法在室内实验中应用不多。

目前,实验室一般采用巴西劈裂法(简称巴西法)这种间接法测定岩石的抗拉强度。如图3-23所示,沿着圆柱体直径方向施加集中载荷,岩石样品受力后会沿着受力的直径方向裂开。巴西法实验的岩样通常建议为直径为48~54mm、厚度为0.5~1.0倍直径的圆盘岩样。

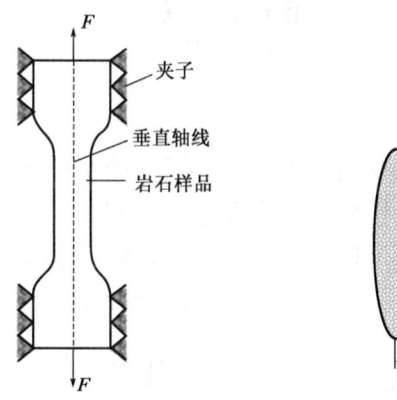

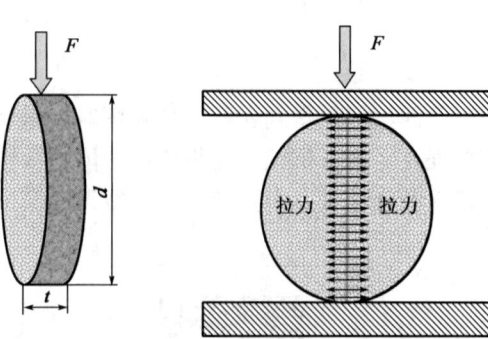

图3-22 岩石的直接抗拉实验示意图　　图3-23 巴西法实验示意图

对圆柱体岩石样品,岩石抗拉强度的计算公式为

$$\sigma_t = \frac{2P_{max}}{\pi dt} \quad (3-20)$$

式中,P_{max}为岩石样品破坏时的最大载荷,N;d为岩石样品的直径,m;t为岩石样品的厚度,m。

巴西法测试如图3-24所示,巴西法测试过程可见视频6,岩心劈裂后的照片可见图3-25。

图3-24 巴西法测试图

 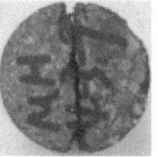 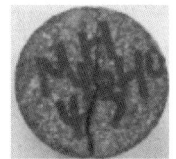

(a)砂砾岩岩样

(b)碳酸盐岩岩样

(c)泥岩岩样

图3-25 巴西法测试后岩样破坏图

彩图3-24   彩图3-25

通过巴西法测试得到岩石样品破坏时的最大载荷(图3-26),由式(3-20)计算岩石样品的抗拉强度。岩石抗拉强度是衡量岩体力学性质的重要指标和建立岩石强度判据、确定强度包络线以及油气工业中开展水力压裂设计与分析不可或缺的重要基础参数。

视频6

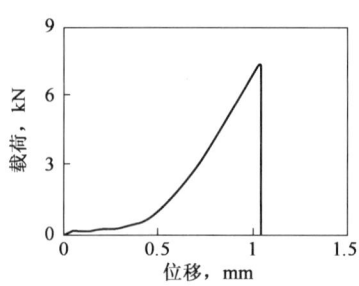

图3-26 岩石的载荷—位移曲线

第三节 岩石的抗剪强度特性

岩石的抗剪强度指在剪切荷载作用下,岩石能够抵抗的最大剪应力,是反映岩石抵抗剪切破坏能力的重要指标。内聚力 C、内摩擦角 φ 是表征岩石抗剪强度特性的两个基本参数。

如图 3-27 所示,内摩擦角指岩石破坏时极限平衡剪切面上的正应力 σ_n 和内摩擦力 F(与剪应力 τ 方向相反)形成的合力 R,与正应力 σ_n 之间的夹角。内摩擦角反映岩石内摩擦力的大小,内摩擦角越大,内摩擦力越大。一般坚硬岩石的内摩擦角比软岩石大。内聚力宏观上表现为剪切面上无内摩擦力时岩石能够抵抗的最大剪应力。不同岩石的内聚力差别很大。表 3-3 列出了部分常见岩石的内聚力和内摩擦角的经验值。

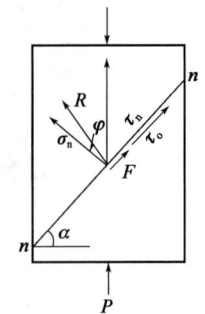

图 3-27 岩石破坏面上受力及内聚力、内摩擦角示意图

表 3-3 常见岩石的内聚力和内摩擦角

岩石种类	内聚力,MPa	内摩擦角,(°)	岩石种类	内聚力,MPa	内摩擦角,(°)
花岗岩	14~50	45~60	页岩	3~30	5~30
粗玄岩	25~60	55~60	石灰岩	10~50	35~50
玄武岩	20~60	50~55	石英岩	20~60	50~80
砂岩	8~40	35~50	大理岩	15~30	35~50

岩石剪切强度实验分为非限制性剪切强度实验和限制性剪切强度实验。非限制性剪切实验在剪切面上只有剪应力存在,没有正应力存在;限制性剪切实验在剪切面上除了存在的剪应力外,还存在正应力。岩石抗剪强度的测定方法主要有直剪法、三轴压缩实验法和变角板测试法三种。下面主要对直剪法和三轴压缩实验法进行介绍。

一、直剪法

直剪法(直接剪切实验,见图 3-28)采用直剪仪(直接剪切仪)进行。直剪仪主要由上、下两个刚性岩心盒所组成,如图 3-29 所示。在直剪法中,对于测定软弱结构面的岩石样品,一般规定为 15cm×15cm~30cm×30cm,并规定结构面上下岩石的厚度分别约为断面尺寸的 1/2 左右;而对于测定岩石本身抗剪强度的样品,没有明确的规定,一般可用 5cm×5cm,也可选用直径为 25.4mm 的圆柱体。在制备样品时,可以将岩石直接切成方形或圆柱体,如图 3-30(a)所示;当岩石不是规则形状时,可用砂浆将它浇制一起进行剪切实验,如图 3-30(b)所示,岩样的水泥浇注过程可见图 3-31。将制备好的岩石样品放入剪切仪的上、下岩心盒内,一般是固定上岩心盒,而下岩心盒可沿水平方向滑动。首先施加垂直压力,然后对剪切仪的下岩心盒逐级施加水平力,直至岩样被剪坏。上、下岩心盒的错动面就是

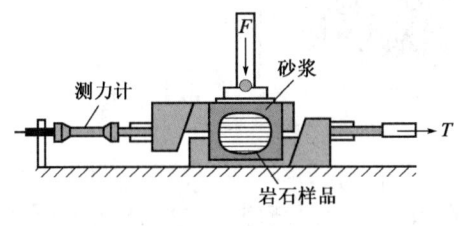

图 3-28 直接剪切实验

岩石的剪切面,直接剪切实验可用将岩石样品在所选定的平面内进行剪切。

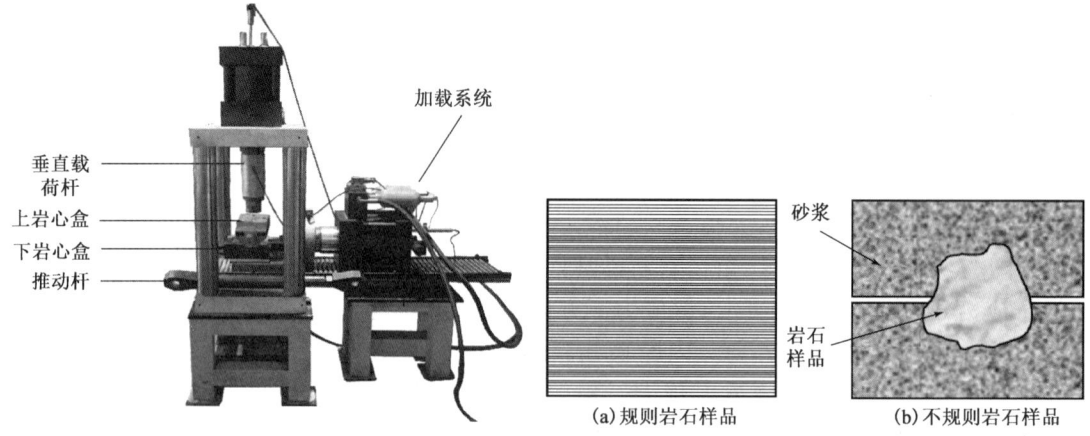

图 3-29　岩石直剪仪　　　　　图 3-30　剪切实验的岩石样品

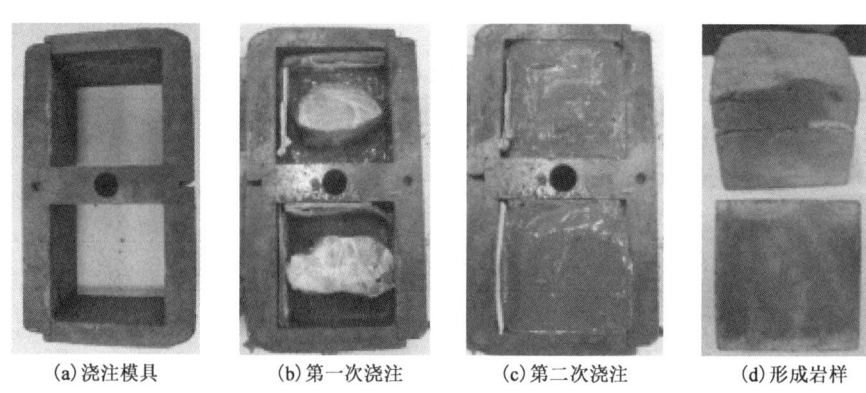

图 3-31　岩样水泥浇注过程图

每次实验时,先在岩石样品上施加垂向力 F,然后在水平方向逐渐施加水平剪切力 T,直至达到最大值 T_{max} 发生破坏为止。剪切面上的正应力 σ 和剪应力 τ 按下列公式计算:

$$\sigma = \frac{F}{A_s} \tag{3-21}$$

$$\tau = \frac{T}{A_s} \tag{3-22}$$

式中,τ 为剪应力,Pa;F 为垂向力,N;T 为水平剪切力,N。

在逐渐施加水平剪切力 T 时,可以获得岩石的剪应力—水平剪切位移($\tau-\delta_h$)的关系曲线,如图 3-32 所示。图中的最大剪应力就是给定正应力下的峰值剪切强度,即抗剪强度 τ_f,同时图中三条曲线分别描述了不同类型岩石的剪应力—水平位移($\tau-\delta_h$)的关系,说明了不同类型岩石的抗剪破坏能力差异较明显。

当剪切面上的剪应力超过了峰值剪切强度后,剪切破坏发生,然后在较小的剪切力作用下就可使岩石沿剪切面滑动。能使破坏面保持滑动所需的较小应力就是破坏面的残余剪切强度 τ_0。在直接剪切实验中,为了获得剪切时的残余剪切强度,实验应当一直延续到较大的位移值,如图 3-33 所示。从图中可以看出,正应力越大($\sigma_a>\sigma_b>\sigma_c$),残余剪切强度越大,说明只要有正应力存在,岩石剪切破坏面仍具有抗剪切的能力。

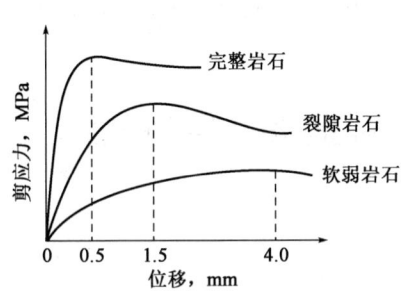

图 3-32 不同类型岩石的剪应力—水平剪切位移的关系(垂向应力一定)

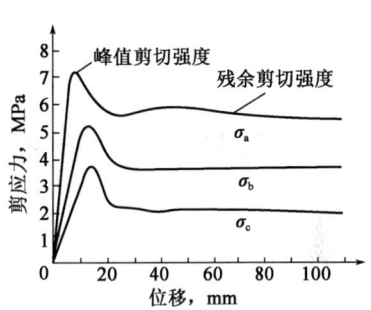

图 3-33 剪切面正应力和残余剪切强度关系

从图 3-33 中可以看出,剪切面上所受的正应力越大,岩石样品被剪切破坏前剪切面上所能承受的剪应力也越大,即岩石抗剪强度越大。这主要是因为剪切破坏发生前,一是要克服内聚力,二是要克服剪切面上的摩擦力。正应力越大,摩擦力也越大。根据直接剪切实验得到岩石的剪切强度、残余剪切强度和正应力分别标注到剪应力—正应力($\tau-\sigma$)平面上,如图 3-34 所示。将图中的点进行连接就能分别获得峰值剪切强度线和残余剪切强度线,从图中可以看出,两条强度线可近似看作直线,其方程分别为

$$\tau_f = C + \sigma\tan\varphi \tag{3-23}$$
$$\tau_r = \sigma\tan\varphi_0 \tag{3-24}$$

式中,τ_f 为峰值剪切强度,MPa;τ_r 为残余剪切强度,MPa;φ 为内摩擦角,(°);φ_0 为残余内摩擦角,(°)。

图 3-34 中的峰值剪切强度线就是莫尔强度包络线,式(3-23)就是著名的库仑方程。根据直线在纵轴上的截距求得岩石的内聚力 C,根据该线的斜率,可就得岩石的内摩擦角 φ。

二、三轴压缩实验法

在进行三轴压缩实验时,岩石样品施加的侧向压力,即最小主应力 σ'_3,逐渐增加轴向应力直至岩石破坏,得到破坏时的最大主应力 σ'_1,从而得到一个破坏时的应力圆。采用相同的岩样,改变侧向压力为 σ''_3,施加轴向压力直至岩石破坏,得到 σ''_1,从而又得到一个破坏应力圆。在这些应力圆的基础上,绘制应力圆的包络线,即可求得岩石的抗剪强度曲线,如图 3-35 所示。如果把它近似看作是一根近似直线,可得到著名的库仑方程。这样可根据该线在纵轴上的截距和该线的斜率,求得岩石的内聚力 C 和内摩擦角 φ。

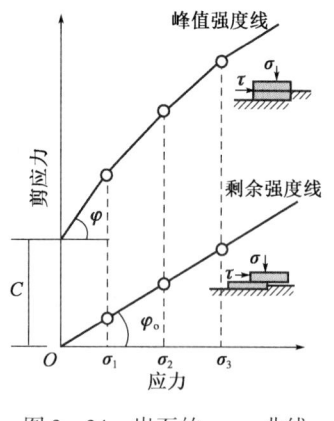
图 3-34　岩石的 τ-σ 曲线

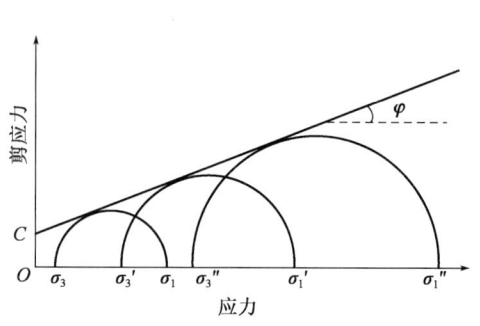
图 3-35　三轴压缩实验破坏时的应力圆

第四节　岩石的其他重要力学特性

一、硬度

岩石硬度是岩石抵抗外部更硬物质(体)压入(侵入)其表面的能力，是比较不同类型岩石软硬的指标。岩石的硬度和岩石的抗压强度的区别在于：(1)岩石的硬度只是岩石表面的局部对另一物体压入或侵入时的阻力，而岩石的抗压强度是岩石抵抗其整体破坏时的阻力；(2)岩石的硬度反映了岩石颗粒的硬度，而岩石的抗压强度反映了岩石的组合硬度。

针对材料硬度，国内外研究学者采用了多种测试方法，并提出了多种硬度标准。不同硬度标准的表征参数差异较大，其数值的可比性很差，不能相互直接换算，但是岩石的硬度作为岩石的一种客观能力存在，测试条件只能影响这种能力，可通过实验测试进行对比分析。目前，硬度主要分为：

(1)划痕硬度，主要用于比较不同矿物的软硬程度。测试方法是选一根一端硬一端软的棒，将被测材料沿棒划过，根据出现划痕的位置确定被测材料的软硬。定性地说，硬物体划出的划痕长，软物体划出的划痕短。莫斯(1822)以十种矿物的划痕硬度作为标准，定出十个硬度等级，称为莫氏硬度。十种矿物的莫氏硬度级依次为：金刚石(10级)、刚玉(9级)、黄玉(8级)、石英(7级)、长石(6级)、磷灰石(5级)、萤石(4级)、方解石(3级)、石膏(2级)、滑石(1级)，其中金刚石最硬，滑石最软。莫氏硬度标准不能精确地确定矿物硬度值，但这种分级在矿物学工作者野外考察时应用较广泛。

(2)压入硬度，主要用于金属材料。测试方法是用一定的载荷将规定的压头压入被测材料，以材料表面局部塑性变形的大小比较被测材料的软硬，材料越硬，塑性变形越小。由于压头、载荷以及载荷持续时间的不同，压入硬度有多种，主要是布氏硬度、洛氏硬度、维氏硬度和显微硬度等几种。在石油工业中，岩石硬度的测试一般都采用压入的方式，由苏联的史立涅尔提出，也称史式硬度。

(3)回跳硬度，主要用于金属材料。测试方法是使一特制的小锤从一定高度自由下落冲击被测材料的试样，并以试样在冲击过程中储存(继而释放)应变能的多少(通过小锤的回跳高度测定)确定材料的硬度,该测试方法也称冲击回弹法。

按照硬度大小的分类,岩石总共分为六类共 12 级,如表 3 – 4 所示。

表 3 – 4　岩石按硬度的分类

类别	软		中软		中硬		硬		坚硬		极硬	
级别	1	2	3	4	5	6	7	8	9	10	11	12
压入硬度 100MPa	≤1	1~2.5	2.5~5	5~10	10~15	15~20	20~30	30~40	40~50	50~60	60~70	>70

岩石硬度测试的方法很多,室内多采用压入方式测定岩石的硬度值。通过岩石硬度的压入实验可以获取岩石的应力—位移关系曲线,如图 3 – 36 所示。图中三条曲线分别描述了不同类型岩石的应力—位移的关系,说明了不同类型岩石的硬度差异较明显,其中脆性岩石应力—位移曲线中的 OC 段为弹性变形阶段,达到 C 点后即发生脆性破碎;塑脆性岩石应力—位移曲线中的 OA 段为弹性变形阶段,AB 段为塑性变形阶段,到达 B 点时产生脆性破碎;对于塑性岩石,施加不大的载荷即产生塑性变形,其后变形随变形时间的延长而增加,无明显的脆性破坏现象。

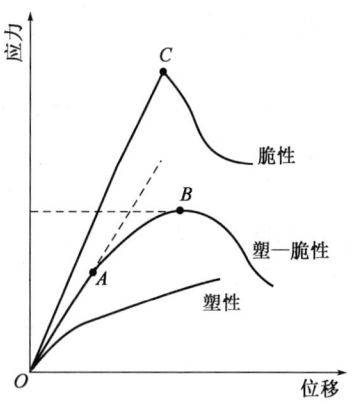

图 3 – 36　不同类型岩石的应力—位移的关系曲线

根据压入方式测试可得到岩石的硬度值,其计算式为

$$H_y = P_{max}/A_s \quad (3-25)$$

式中,H_y 为岩石的压入硬度,MPa;P_{max} 为压入作用下岩石产生局部脆性破碎时的载荷,N;A_s 为压头底面积,mm²。

测定岩石硬度采用的实验机型号是 MTS 伺服刚性控制实验机,采用恒定位移控制对岩样加载,利用实验机配套的伺服系统软件自动采集不同时间点的载荷、变形等数据,压入硬度仪如图 3 – 37 所示,其中压头底面积为 4.83mm²。将岩样放入硬度仪,将压头压入岩石并破碎岩石,用载荷除以压头表面积可得到岩样的硬度值。硬度实验岩样为 25mm × (10~20)mm 小圆柱体或厚度大于 20mm 的方块岩样。岩样两端必须光滑、平行(平行度小于 0.01mm)且与中轴垂直(角度偏差不大于 0.05°)。

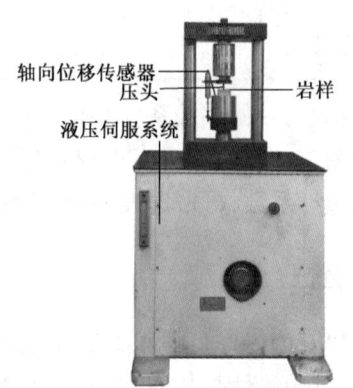

彩图3-37

图 3 – 37　岩石压入硬度仪

通过岩石压入硬度计测试,可以获得岩样的载荷—位移关系,如图 3 – 38 所示。

通过岩石压入硬度计测试得到岩样破坏时的最大载荷,由式(3 – 25)计算岩样的硬度,再根据表3-4就可判断岩石的类别。由图3-38可知,该岩石具有明显的脆性特征。

岩石硬度与岩石单轴抗压强度间一般具有良好相关性。某地区的岩石硬度和岩石的单轴抗压强度经验关系式为

$$C_o = 4.2278 H_y^{0.4523} \tag{3-26}$$

二、塑性系数

岩石在外力作用下产生变形,撤消外力后,变形随之消失,岩石恢复到原来的形状和体积的性质称为弹性;而外力撤消后,岩石变形不能消失的性质称为塑性。一般利用岩石的塑性系数来定量地表征岩石塑性及脆性强弱。岩石的塑性系数测量来源于岩石的压入硬度实验。如图3-39所示,岩石塑性系数 K_p 表示为岩石破碎前耗费的总功 A_F 与岩石破碎前的弹性破碎功 A_E 之比,即

$$K_p = A_F/A_E = OABC \text{ 的面积}/ODE \text{ 的面积} \tag{3-27}$$

在图3-39中,对弹脆性岩石,岩石破碎前耗费的总功 A_F 与弹性破碎功 A_E 相等,$K_p = 1$;对高塑性岩石,很明显 $K_p \to \infty$。

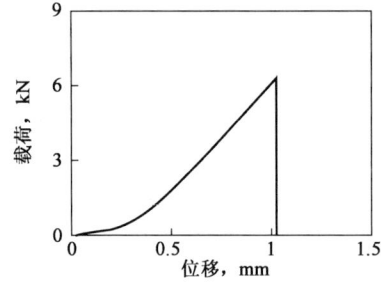
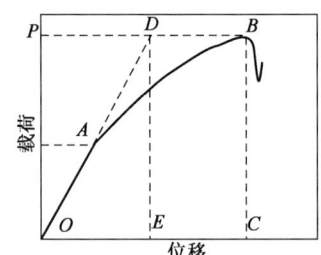

图3-38 岩石的载荷—位移曲线　　图3-39 岩石的塑性系数计算示意图

按塑性系数的大小,岩石可分成三类,如表3-5所示。

表3-5 岩石按塑性系数的分级

岩石类别	弹—脆性	弹—塑性				高塑性
		低塑性→高塑性				
级别	1	2	3	4	5	6
塑性系数	1	>1~2	2~3	3~4	4~5	>6~∞

通过岩石压入硬度计测试可以获得岩样的载荷—位移关系,如图3-40所示。

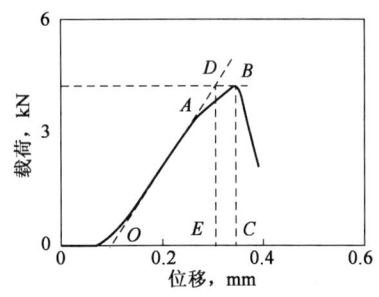

根据图3-40中相应面积,利用公式(3-27)可计算该岩石的塑性系数,再根据表3-5就可判断岩石的类别。

三、脆性

根据岩石的变形与破坏关系,可将岩石性质划分为脆性和延性,其中脆性是指物体受力后,变形很小时就发生破裂的性质;而延性是指物体能承受较大变形而不丧失其承载力的性质。岩石的延性与脆性是根据其受力破坏前,总应变及全应力—应变曲线上负坡的坡降大小来划分的。

图3-40 岩石的载荷—位移曲线

破坏前总应变小、负坡较陡者为脆性,反之为延性。Heard(1963)以3%和5%为界限,将岩石划分三类:总应变小于3%者为脆性岩石;总应变在3%~5%者为半脆性岩石;总应变大于5%者为延性岩石。按以上标准,大部分地表岩石在低围压条件下都是脆性或半脆性的。当然岩石的延性与脆性是相对的,在一定条件下可以相互转化,如在高温高压条件下,常温常压下的脆性岩石可表现出很高的延性。

脆性是岩石的一种固有力学特性,常用脆性指数 B 进行评价,受结构、尺寸以及围压、温度等因素的显著影响。目前尚未形成统一、标准的岩石脆性实验测试及评价方法,评价方法、指标主要有如下几类:

1. 岩石脆性的室内评价方法

1)基于岩石强度参数的评价

该类方法主要基于岩石的单轴抗压强度、抗张强度、峰值强度和残余强度等参数建立,国内外研究学者提出多种计算公式:

$$B_1 = \sigma_c/\sigma_t \tag{3-28}$$

$$B_2 = (\sigma_c - \sigma_t)/(\sigma_c + \sigma_t) \tag{3-29}$$

$$B_3 = \sigma_c \sigma_t/2 \tag{3-30}$$

$$B_4 = \sqrt{\sigma_c \sigma_t}/2 \tag{3-31}$$

$$B_5 = (\tau_f - \tau_r)/\tau_f \tag{3-32}$$

$$B_6 = \sin\varphi \tag{3-33}$$

$$B_7 = 45° + \varphi/2 \tag{3-34}$$

研究表明,岩石抗压强度与抗张强度的差异越大,脆性越强,且岩石越容易发生劈裂破坏,岩石应力达到峰值强度后,应力跌落越快;岩石残余强度越小,脆性越强;内摩擦角越大,脆性越强。在岩石脆性评价中,该类方法由于模型参数易于获取而得到广泛应用,尤其是基于岩石单轴抗压强度和抗张强度的方法。国外学者针对 B_1 和 B_4 分别提出了岩石脆性等级分类方案,其中 B_1 的等级分类标准可见表3-6,B_4 的等级分类标准可见表3-7。

表3-6　B_1 的岩石脆性等级分类(据 Hucka,Das,1974)

等　　级	脆性指数 B_1	脆性描述
1	>25	高脆性
2	15~25	脆性
3	10~15	中度脆性
4	0~10	低脆性

表3-7　B_4 的岩石脆性等级分类(据 Altindag,2008)

等　　级	脆性指数 B_4	脆性等级
1	>25	极高脆性
2	20~25	高脆性
3	15~20	脆性
4	10~15	中度脆性
5	0~10	低脆性

2) 基于岩石应变能的脆性评价

岩石在变形破坏过程中能量分为可恢复应变能 W_r 和不可恢复应变能。可恢复应变能主要由岩石弹性引起;不可恢复应变能主要是岩石发生损伤而储存或消耗的应变能。岩石破坏时产生的可恢复弹性应变能越大,脆性越大;岩石在破坏时耗散的能量越大,岩石破裂面越多,脆性越大。

基于岩石应变能的脆性指数定义为

$$B_8 = W_r/W_t \tag{3-35}$$

式中,W_r 为可恢复应变能;W_t 为总能量。

该方法从能量角度定义了岩石的脆性特征,考虑了岩石物性及外部加载条件对岩石破坏的影响。但由于岩石破坏的可恢复应变能和不可恢复应变能不好界定,该方法在实际应用中受到限制。

3) 基于岩石应变特征的脆性评价

岩石破坏前非弹性变形或不可恢复的变形越小或可恢复的弹性应变越大,脆性越强;岩石破坏时的峰值应变越小,岩石越容易产生脆性破坏;岩石破坏后,产生的残余应变越小,脆性越强。

基于岩石应变特征的脆性指数有

$$B_9 = \varepsilon_{li} \tag{3-36}$$

$$B_{10} = \varepsilon_r/\varepsilon_t \tag{3-37}$$

$$B_{11} = (\varepsilon_f^p - \varepsilon_c^p)/\varepsilon_c^p \tag{3-38}$$

式中,ε_{li} 为破坏时不可恢复的轴向应变,%;ε_r 为可恢复应变;ε_t 为总应变;ε_c^p、ε_f^p 分别为摩擦强度、内聚力达到最终极限时的塑性应变。

4) 基于峰后应力脆性跌落的脆性评价

岩石的脆性越明显,峰值后区的变形越小,应力脆性跌落越快,峰值前、后区应变(ε_M、ε_B)的比值越大,如图 3-41 所示。因此,峰值前后的应变之比来描述岩石的脆性,称为脆性比,也称应力脆性跌落系数:

$$B_{12} = \frac{\varepsilon_B - \varepsilon_P}{\varepsilon_P - \varepsilon_M} \tag{3-39}$$

式中,ε_M、ε_B、ε_P 分别为峰值前、峰后区以及峰值强度应变。

式(3-39)表明,B_{12} 越小,岩石的脆性破坏特征越强烈。

在常规三轴压缩实验中,岩石的脆性随围压的升高而逐渐向延性转化,故在相同的应力路径时,岩石的应力脆性跌落是围压的函数,即

$$B_{12}(\bar{\sigma}) = \frac{\varepsilon_B(\bar{\sigma}) - \varepsilon_P(\bar{\sigma})}{\varepsilon_P(\bar{\sigma}) - \dfrac{\sigma_r(\bar{\sigma})}{E}} \tag{3-40}$$

式中,$\bar{\sigma}$ 为平均围压,且有 $\bar{\sigma} = (\sigma_2 + \sigma_3)/2$,在常规三轴实验中有 $\bar{\sigma} = \sigma_2 = \sigma_3$;$\sigma_r(\bar{\sigma})$ 为残余强度;E 为弹性阶段的弹性模量。

基于峰前峰后的应变特征(图 3-42),刘恩龙等(2005)提出了一种能反映应力环境对岩石脆性的影响的评价指标,其计算公式为

$$B_{13} = 1 - \exp(M/E) \tag{3-41}$$

式中,M 为软化模量,MPa。

基于该方法的脆性等级分类标准可见表 3-8。

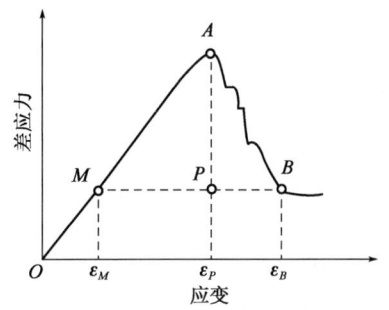

图 3-41 脆性岩石的典型
应力—应变全过程曲线

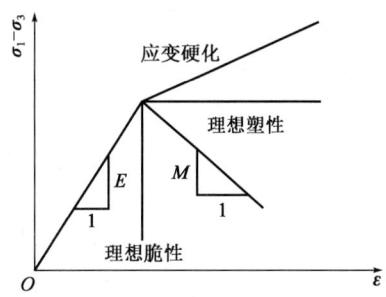

图 3-42 不同脆性岩石应力应变
曲线特征(据刘恩龙,2005)

表 3-8 B_{13} 脆性等级分类标准(据刘恩龙,2005)

等　　级	脆性指数 B_{13}	脆 性 描 述
1	1	理想脆性
2	0.6321~1	脆性很大
3	0~0.6321	脆性很小
4	0	理想塑性
5	<0	应变硬化

对岩石进行三轴压缩测试,基于全过程应力—应变曲线的形态特征量化评价岩石的脆性强弱,是目前广为推崇的岩石脆性实验评价方法。依据全过程应力—应变曲线,如果破坏后的残余强度很低,峰后应力降低速率很大,则表明岩石脆性很强;反之,若峰后应力降低缓慢,甚至无明显降低,则表明脆性很小。

2. 基于岩石矿物组成评价岩石脆性

矿物组分是影响岩石力学性质的重要因素,国内外学者通过分析不同矿物组成岩石的力学性质差异,建立了多种基于岩石矿物成分的岩石脆性预测模型。Jarvie 等(2007)根据页岩矿物组分中脆性矿物的差异,提出了基于脆性矿物含量的脆性指数评价方法:

$$B_{14} = \frac{C_{\text{quartz}}}{C_{\text{quartz}} + C_{\text{clay}} + C_{\text{carbonate}}} \times 100\% \qquad (3-42)$$

式中,C_{quartz} 为岩石中石英含量,%;$C_{\text{carbonate}}$ 为岩石中碳酸盐矿物含量,%;C_{clay} 为岩石中黏土矿物含量,%。

国内外很多学者都认为矿物组分能够在一定程度上表征岩石脆性,但主要的争议是哪一种或哪几种矿物作为脆性矿物,以及每种矿物对岩石脆性贡献的权值。Rickman 通过全岩分析得到了组成页岩的三类矿物,即石英类、碳酸盐岩类和黏土矿物类。其中石英类包括石英、长石、黄铁矿,碳酸盐岩类包括方解石、白云石、菱铁矿,黏土矿物类包括常见的黏土矿物。Rickman 认为,岩石脆性程度随黏土矿物类含量增加而降低;随石英类矿物含量增加而增大;随碳酸盐岩类矿物含量增加,脆性程度将趋于中等。

3. 基于岩石弹性模量和泊松比评价岩石的脆性

弹性模量和泊松比作为岩石力学特性表征的两个非常重要参数,是岩石物质组成、结构、孔隙和流体在一定温度压力环境下的综合响应,国内外研究学者提出了用弹性模量和泊松比来表征岩石脆性的多种方法。2008 年,Rickman 提出了基于弹性模量和泊松比计算页岩脆性指数的方法:

$$B_{15} = \frac{E_{BI} + \nu_{BI}}{2} \tag{3-43}$$

$$E_{BI} = \frac{E - E_{\min}}{E_{\max} - E_{\min}} \times 100 \tag{3-44}$$

$$\nu_{BI} = \frac{\nu_c - \nu_{\max}}{\nu_{\min} - \nu_{\max}} \times 100 \tag{3-45}$$

式中,E_{BI} 为归一化的弹性模量,%;$E_{\max}$ 和 $E_{\min}$ 为目标区块最大和最小弹性模量值,10GPa;ν_{BI} 为归一化的泊松比,%;$\nu_{\max}$ 和 $\nu_{\min}$ 为目标区块最大和最小泊松比值,无因次。

Rickman 方法的最大特点在于需获得研究区块的最大、最小弹性模量值,以及最大、最小泊松比值,以及不同区块的脆性评价临界值。

2013 年,Guo 也提出以弹性模量与泊松比的比值来表示岩石的脆性:

$$B_{16} = \frac{E}{\nu} \tag{3-46}$$

该方法与 Rickman 的观点一致,都认为具有高弹性模量、低泊松比的岩石脆性强。

四、断裂韧性

岩石抵抗裂纹扩展的能力称为断裂韧性。断裂韧性作为裂缝起裂和延伸的判断标准,是油气工业尤其水力压裂设计中的一个重要参数。目前用于测试岩样断裂韧性的方法主要有三点弯曲法、圆盘法、短棒法、水压致裂法等。由于岩样中不易预制尖端裂纹,裂纹长度也难以测量,因此,不能直接套用比较成熟的用于金属材料的测试规范,而必须发展特殊的试件和方法。为此,国际岩石力学专家共同提出了用 V 形切口岩样进行 I 型断裂实验。它的优点在于岩样不需要预裂,也不需要测定裂纹长度。1988 年,ISRM 推荐了用 V 形切口的三点弯曲圆棒岩样(CB)和短棒岩样(SR)来测试岩石的断裂韧性。1995 年,人字形切槽巴西圆盘岩样(CCNBD)成为最新的 ISRM 推荐采用的用于测试岩石断裂韧性的岩样。巴西圆盘岩样在很多方面优于 1988 年建议方法中的 CB 岩样和 SR 岩样:它体积小,有较高的临界载荷,试样加载方便,对实验设备要求不高,允许较大的加工误差,实验程序及过程简单。

室内断裂韧性测试多采用巴西圆盘法,岩样为易于加工和测试的人字形切槽巴西圆盘岩样。人字形切口可以确保裂纹从尖端部位开裂引发 I 型裂纹,且有利于裂纹的稳定扩展,可用于较精确地测试岩石的断裂韧性。岩样的直径与厚度比例为 5:2,按照 ISRM 建议的岩石断裂韧性测试方法的尺寸要求加工,如图 3-43 所示。

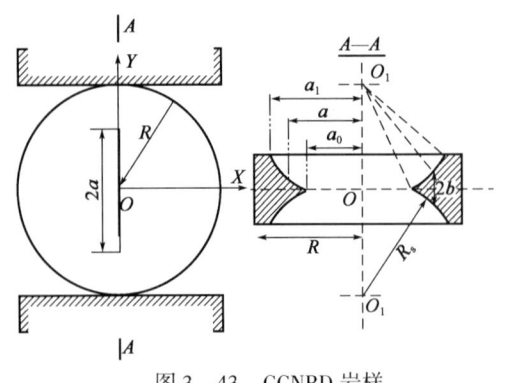

图 3-43 CCNBD 岩样

将岩样图中所有的几何参数转化为关于岩样半径和直径的无因次参数。换算关系如下:

$$\begin{cases} \alpha_0 = a_0/R \\ \alpha_1 = a_1/R \\ \alpha_B = B/R \\ \alpha_s = D_s/D \end{cases} \quad (3-47)$$

式中，R 为 CCNBD 岩样半径，mm；D 为 CCNBD 岩样直径，mm；α_0 为无因次初始裂纹长度；α_1 为无因次最大切槽长度；α_B 为无因次岩样厚度；α_s 为无因次切割刀具半径；a_0 为 CCNBD 岩样初始裂纹长度，mm；a_1 为 CCNBD 岩样最大切槽长度，mm；B 为 CCNBD 岩样厚度，mm；D_s 为切割刀具直径，mm。

为了保证测试结果有效，所选参数必须满足下列限制：

$$\begin{cases} \alpha_1 \geqslant 0.4 \\ \alpha_1 \geqslant \alpha_B/2 \\ \alpha_B \leqslant 1.04 \\ \alpha_1 \leqslant 0.8 \\ \alpha_B \geqslant 1.1729 \cdot \alpha_1^{1.6666} \\ \alpha_B \geqslant 0.04 \end{cases} \quad (3-48)$$

实验采用的实验机型号是 MTS 伺服刚性控制实验机，其刚度满足岩石断裂韧性要求。岩样的加载方式是沿平行于人字形切槽方向在两端施加集中载荷（图 3-44），采用恒定位移控制对岩样加载，利用实验机配套的伺服系统软件自动采集不同时间点的载荷、变形等数据。实验中采用较低的加载速率，既有利于裂纹沿预制裂纹面稳定扩展，又有利于裂纹尖端非线性断裂过程区的充分发展，且有利于测得更有效的断裂韧性值。

彩图 3-44

图 3-44　CCNBD 岩样加载示意图

根据 ISRM 建议测试方法，CCNBD 岩样断裂韧性计算公式为

$$K_{IC} = \frac{P_{max}}{B \cdot \sqrt{D}} Y_{min}^* \quad (3-49)$$

式中，K_{IC} 为 I 型断裂韧性值，MPa·$\sqrt{m}$；P_{max} 为岩样破坏时的最大载荷，kN；D 为岩样直径，cm；B 为岩样厚度，cm；Y_{min}^* 为岩样的无因次临界应力强度因子，仅由岩样的几何参数 α_0、α_1 和 α_B 决定。

ISRM 也给出了 $Y_{\min}^*$ 的计算表达式,为

$$Y_{\min}^* = u \cdot e^{v\alpha_1} \tag{3-50}$$

式中,u 和 v 分别由 α_B 和 α_0 决定的常数,可参考文献(ISRM Testing Commission,1995)。

实验采用的是沿平行于切槽方向在岩样两端加载,以恒定速率压缩岩样,轴向压缩变形会产生相应的横向拉伸变形,在韧带区逐渐积聚弹性应变能,进而转化为横向拉张应力作用,该张应力即是韧带区局部应力分布中的最大主应力。由于尖端应力集中,最大主应力并非均匀分布,而是在人字形裂纹尖端部位达到最大的拉张应力,尖端部的应力强度因子也将达到最大值。当人字形裂纹端部的应力强度因子达到岩石断裂韧性时,裂纹将起裂。裂纹起裂后弹性应变能迅速释放,造成裂纹面急剧扩展,导致岩石破裂。通过巴西圆盘法测试可以获得岩石的载荷—位移关系,如图 3-45 所示。

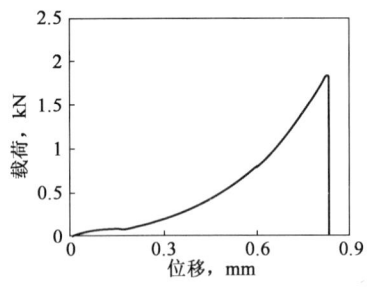

图 3-45 岩石的载荷—位移曲线

通过巴西圆盘法测试得到岩样破坏时的最大载荷,结合岩样形状参数,由式(3-49)计算岩样的断裂韧性。

第五节 地应力及其室内测试方法

随着人类对地下能源矿产资源需求的高速增长、对地下空间利用需求的急剧增加,地应力大小及方向对油气、煤炭等能源矿产资源勘探开发、地震活动、水利大坝修建,以及开挖隧道等地下工程活动各个领域的重要影响越来越受到工业界的高度关注。地应力预测已成为国内外多个工程科学领域重要的前缘和热点研究课题。

一、地应力基本概念

地应力是指天然状态下岩体内部存在的应力。地应力通常用三个主应力描述,即垂向主应力 σ_v 和水平向两个主应力 σ_H、σ_h,如图 3-46 所示。一般认为,垂向主应力由上覆岩层的重量引起,水平向两个主应力主要受现代构造应力场的控制,同时还受到岩体自重、侵蚀所导致的天然卸荷、现代断裂运动的应力释放和应力调整作用,以及岩体力学特性等因素的影响。

岩石的变形和破坏取决于其所受到的有效应力。根据有效应力的基本原理,有效应力 σ_e 等于地层受到的总的应力 σ 减去孔隙压力 p_p 的作用,即

$$\sigma_e = \sigma - \alpha p_p \tag{3-51}$$

彩图3-46

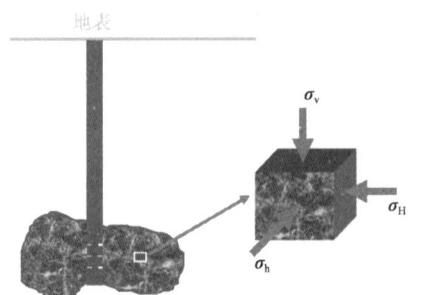

图 3-46 地下某一点的三维应力状态示意

式中，α 称为孔弹性系数或 Biots 系数，可以通过岩石力学的相关实验获得，其值变化范围为 0~1。随着岩石胶结程度变强、岩石致密化程度加大，孔隙流体压力在抵抗岩石变形破坏中的作用减弱，该值逐渐变小并逐渐趋于零。地层孔隙压力指的是地层孔隙中所含流体的压力，即流体压力，分为正常压力和异常压力。正常压力等于地层水静液柱压力，压力变化范围为 $1.0~1.07 g/cm^3$，决定于地层水矿化度。凡是低于地层水静液柱压力的称异常低压，高于地层水静液柱压力的称异常高压。从形成时间看，有原始孔隙压力和后天形成的压力。原始孔隙压力是地层沉积和构造形成过程中由地质作用形成的压力；后天形成的压力指的是原始孔隙压力受到人类大规模生产活动所引起变化后的压力，如注水开发后期引起的原有压力降低或升高等。地层孔隙压力参数一般通过矿场实测或预测得到，由于原始孔隙压力和后天形成压力的成因不同，其预测方法也有显著差异（本书作为岩石物理书籍对此不详述，有兴趣的读者可进一步阅读《油气工程测井理论与应用》中相关内容，科学出版社，2015 年）。

地层孔隙压力一直是地应力研究的重要内容，也是模拟地层条件，开展岩石的孔隙度、渗透率、三轴岩石强度，以及声波、电阻率等等各类物理性质研究所必需的重要基础参数。现阶段，模拟地层条件的岩石物理实验中所涉及的"有效围压"或"有效上覆岩层压力"，一般都是指已在上覆岩层压力中扣除了孔隙流体压力后的量。

二、岩心地应力大小室内测试

获取地应力大小及方向的室内测量方法较多，如古地磁岩心定向、非弹性应变恢复、差应变分析、凯塞尔（Kaiser）地应力室内测试等方法。其中，基于岩心声发射凯塞尔效应地应力室内测试方法目前应用较广泛。

声发射产生于材料的受力和变形过程中，是材料内部应变能迅速释放而产生瞬态弹性波的一种物理现象。凯塞尔效应是岩石声发射与其经历应力水平相关的现象。利用凯塞尔效应测定地应力是利用了岩石具有记忆的特性。岩石的记忆特性是指岩石材料对过去所有应力状态都具有记忆性，或者说，现时的应力状态取决于变形的整个以往历史或路径。国内外已有的众多研究表明，许多岩石材料都具有凯塞尔效应。

1950 年，德国学者凯塞尔做金属材料的单向拉伸实验时发现，材料受力未达到它受过的先期应力值时，没有明显的声发射作用发生，但当其达到或超过先期应力值时，就会产生声发射。这种岩石的声发射活动能够"记忆"岩石所受过的最大应力的效应被称为凯塞尔效应，产生声发射作用的应力点被称为 Kaiser 效应点。1963 年，古德曼（Goodman）通过实验证实岩石也具有凯塞尔效应，从而为应用这一技术测定岩体应力奠定了基础。20 世纪 70 年代末以来，日本、美国和中国学者对这一问题开展了广泛的理论与实验研究，使得在岩石力学及工程地质领域利用凯塞尔效应进行地应力测量基本具备了实用可行性。岩石产生声发射现象的实质是其内部显微缺陷的受力扩张，而岩石的每一次受力都会使其内部组织结构产生与受力大小及方向相适应的显微破裂系统，在构造力学上把这种显微裂纹称为格里菲斯裂纹。当岩体受力时，如果受力小于先期产生裂纹的力，则先期形成的裂纹或缺陷不会进一步破裂，因此也就无声发射现象产生；一旦受力达到或超过先期应力，则先期产生的裂纹或缺陷将进一步扩展，声发射作用随之产生，这就是岩石的凯塞尔效应。

声发射凯塞尔效应实验可测量岩石曾经承受过的最大压应力。在轴向加载过程中声发射率突然增大点对应着的轴向应力是沿该岩样钻取方向曾经受过的最大压应力。目前的实验方法一般采用与钻井岩心轴线垂直的水平面内，进行 45°间隔取样并钻取三块岩样（0°、45°、90°

方向)测出三个方向的正应力,而后求出水平最大、最小主应力。

在分析获取各方向测试应力的基础上,根据应力分量空间关系,可由三个方向的应力向量,通过相应转换计算得到测试点的水平主应力大小及方向。水平最大主应力、水平最小主应力大小的计算公式为

$$\begin{cases} \sigma_H = \dfrac{\sigma_x + \sigma_y}{2} + \dfrac{\sigma_x - \sigma_y}{2}(1 + \tan^2 2\beta)^{\frac{1}{2}} \\ \sigma_h = \dfrac{\sigma_x + \sigma_y}{2} - \dfrac{\sigma_x - \sigma_y}{2}(1 + \tan^2 2\beta)^{\frac{1}{2}} \\ \tan 2\beta = \dfrac{\sigma_x + \sigma_y - 2\tau_{xy}}{\sigma_x - \sigma_y} \end{cases} \quad (3-52)$$

式中,σ_H、σ_h 分别为水平最大主应力和水平最小主应力,MPa;σ_x、σ_y、τ_{xy} 分别为沿 0°、90°、45° 方向取样的岩心声发射测试正应力及剪应力,MPa。

王连俊等人通过大量实验建立了岩石的三轴凯塞尔效应特征点应力值 σ_{TKE} 与单轴凯塞尔效应特征点应力值 σ_{UKE} 的比值($\sigma_{TKE}/\sigma_{UKE}$)与测试围压 σ 之间的关系:

$$\left(\dfrac{\sigma_{TKE}}{\sigma_{UKE}}\right)^2 = \dfrac{\sigma + \sigma_t}{\sigma_t} \quad (3-53)$$

式中,σ_t 为岩石抗拉强度,MPa。

式(3-53)体现了岩石的本质特征及外部围压因素对岩石三轴凯塞尔效应的影响,利用该式可对凯塞尔效应特征点应力大小进行围压校正。

实验过程中,岩样端面不平行度控制在 0.2mm 以内,以避免岩样在加载过程中偏压造成应力集中。同时,为消除岩样端部与压力实验机上、下压头之间摩擦产生的噪声与岩样端部应力集中,岩样两端浇铸环氧树脂或采用胶皮进行端部处理。

岩石声发射测试系统由加载测试系统与声发射检测系统组成。实验系统的结构如图 3-47 所示。

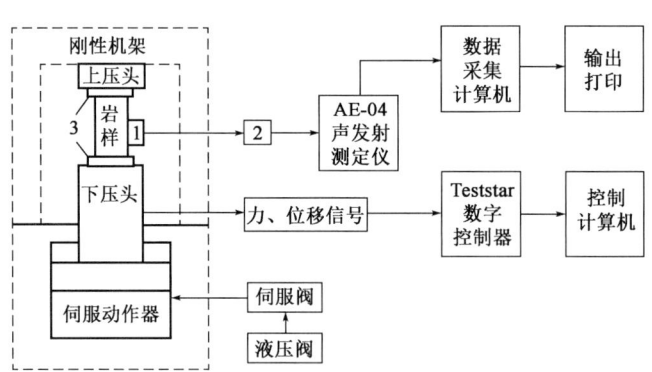

图 3-47 岩石声发射凯塞尔效应测试系统框图
1—AE 换能器;2—前置放大器;3—垫片

声发射累计能量是表征岩石的声发射强度最常用的特征指标。对某地层层组岩心进行声发射凯塞尔效应测试,测试样品均从同一块大岩样上钻取,且从水平向间隔45°取三组岩心,岩心声发射的测试结果如图 3-48 至图 3-50 所示,表 3-9 为该地层基于声发射得到的地应力大小。

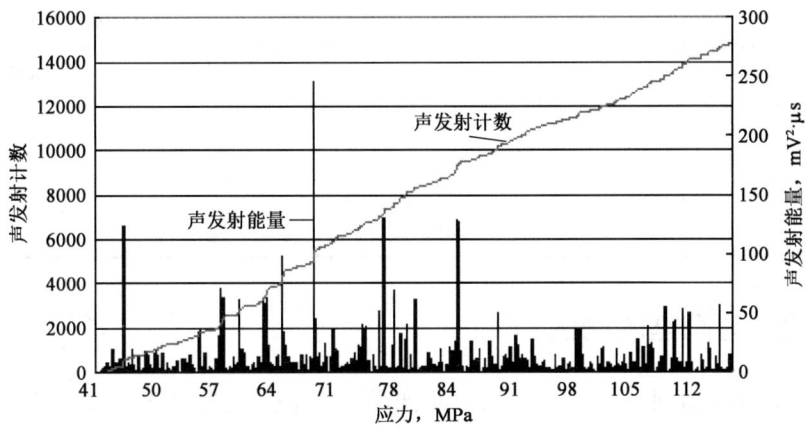

图 3-48　1 号岩样声发射特征参数与应力的关系曲线

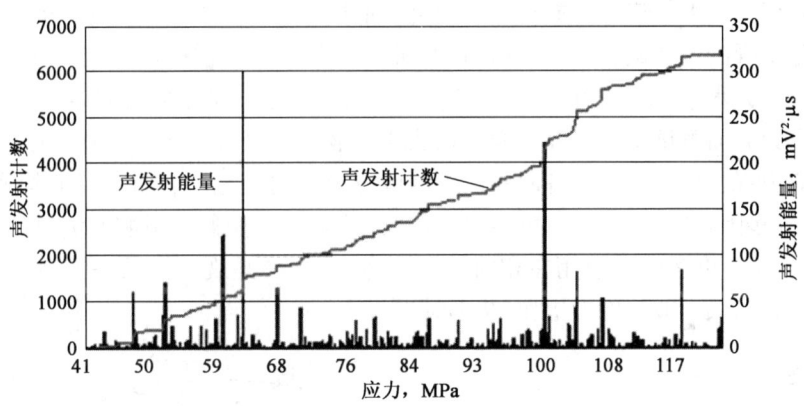

图 3-49　2 号岩样声发射特征参数与应力的关系曲线

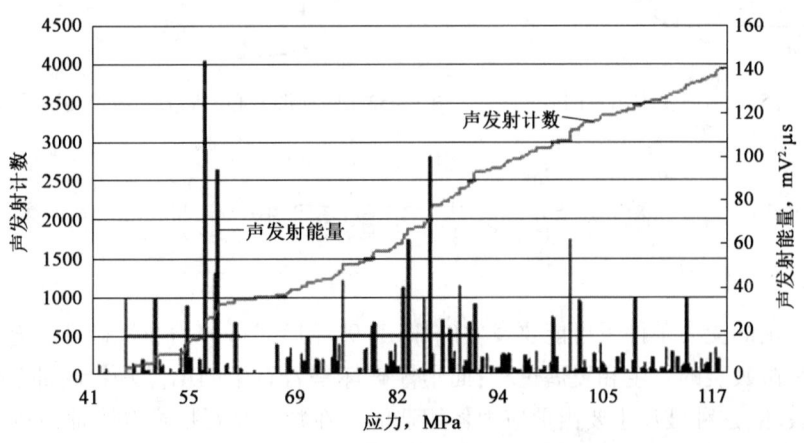

图 3-50　3 号岩样声发射特征参数与应力的关系曲线

表 3-9 岩石声发射凯塞尔效应地应力测试结果

岩样编号	取样深度,m	声发射指示应力,MPa	地应力分析结果,MPa	
			水平最大主应力	水平最小主应力
1	1786.0~1786.2	47.3	58.25	45.20
2		49.74		
3		56.15		

三、地应力方向室内测试

如图 3-51 所示,沿水平最大主应力方向,地层的受压程度将高于沿水平最小主应力方向地层的受压程度,因此,在理论上,沿水平最大主应力方向,岩石的受压程度最高,声波在该方向地层中传播的速度也应最大。但当地下地层岩心在不保压、自由状态被取自地面后,岩心将会出现不同程度的应力释放现象。与沿水平最小主应力方向的地层相比,沿水平最大主应力方向的地层将产生更大的应力释放和变形恢复。地层越硬,应力释放产生的微裂缝将会越明显。岩心内部出现的这些微裂缝,将对岩心不同方向的声波传播速度产生显著影响,甚至使最小波速出现在最大水平主应力方向,最大波速则出现在最小水平主应力方向。

岩心地应力方向测试要求实验用岩心在从地下地层中取出时方位是确定的。利用应力非均质和岩心应力释放导致的波速各向异性指示地应力方向受地层岩石自身非均质、内部微结构、围压状态等多因素的综合影响,可能误差较大,甚至出现假象。用波速测量研究应力方向的方法(图 3-52),更多的是应用在相对应力测量上,主要是观测沿某一测量方向的波速变化,且波速升高、降低一般与应力增加、减小对应。

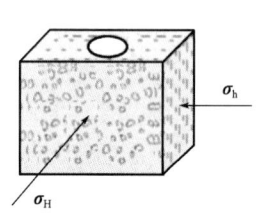 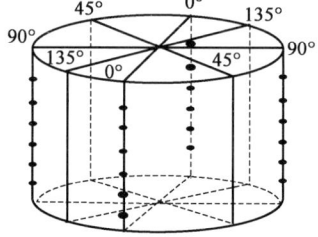

图 3-51　岩石受力示意图　　图 3-52　圆柱形岩心不同方向波速测试示意图

第六节　岩石的强度准则

岩石在一定的受力条件下可能要发生破坏,其破坏形式可分为脆性破坏和塑性破坏。其中脆性破坏是微破裂的发生和发展过程;而塑性破坏是岩石中的结晶颗粒内部晶格间或颗粒之间的滑移破坏,这种破坏主要由剪应力作用造成。在判断岩石是否破坏时,需要应用到岩石强度理论。岩石强度理论是研究岩石在各种应力状态下强度准则的理论。强度准则又称强度判据或破坏准则,它表征岩石在极限应力状态下(破坏条件)的应力状态和岩石强度参数之间

的关系,一般可以表示为极限应力状态下的主应力间的关系方程,即

$$\sigma_1 = f(\sigma_2, \sigma_3) \tag{3-54}$$

岩石破坏准则的建立与选用,主要依据实际岩石的破坏机制。基于对岩石破坏机制的认识不同,人们提出了各种不同的破坏准则。目前,岩石力学研究中,破坏判断较多,如最大正(拉/张)应力强度理论、最大剪应力准则、莫尔—库仑(Mohr-Coulomb)准则、Drucker-Prager 准则、Griffith 准则、Griffith 准则的 Murrel 推广、断裂准则等。下面对最大正应力强度理论和莫尔—库仑准则进行简要介绍。

一、最大正应力强度理论

最大正应力强度理论也称为朗肯理论,它假设材料的破坏只取决于绝对值最大的正应力。据此,只要岩石单元体内的三个主应力中有一个达到岩石断裂时的单轴抗压强度或单轴抗拉强度,单元就达到破坏状态,强度条件或破坏条件表示为

$$\sigma_1 \geqslant \sigma_c \tag{3-55}$$

$$\sigma_3 \leqslant -\sigma_t \tag{3-56}$$

该强度理论只适用于岩石单向受力及脆性岩石在二维应力条件下的受拉状态(岩石拉破坏或脆性破坏),处于复杂应力状态中或没有受到拉应力的状态(如三轴压缩等)的岩石不能采用该强度理论。该强度理论在石油工业水力压裂设计中应用较多。

二、莫尔—库仑准则

莫尔强度理论假设,材料内某一点的破坏主要决定于它的最大主应力 σ_1 和最小主应力 σ_3,而与中间主应力 σ_2 无关。根据不同的最大主应力、最小主应力比例求得的材料的危险状态,例如单轴压缩、单轴拉伸、纯剪、三轴压缩实验等。在 $\tau - \sigma$ 平面上,绘制一系列的莫尔应力圆,如图 3-53 所示。每一个莫尔圆都反映了一种达到破坏极限(危险状态)的应力状态,这种应力圆称为极限应力圆。然后作出这一系列极限应力圆的包络线,称为莫尔包络线,如图 3-53 所示。在包络线上的所有各点都反映出材料破坏时的剪应力(抗剪强度) τ_f 与正应力 σ 之间的关系,这根包络线代表了材料的破坏条件或强度条件,即

$$\tau_f = f(\sigma) \tag{3-57}$$

根据莫尔强度理论,利用莫尔包络线可判断岩石内部某点处于复杂应力状态下是否破坏。如果所作应力圆在莫尔包络线以内(如图 3-54 中的应力圆 Ⅰ),则通过该点任何面上的剪应力都小于相应面上的极限抗剪强度,说明岩石没有破坏,处于弹性状态;如果所绘应力圆刚好与莫尔包络线相切(图 3-54 中的应力圆 Ⅱ),则通过该点有一对平面上的剪应力刚好达到相应面上的极限抗剪强度,说明该点开始破坏,或者称为处于极限平衡状态或塑性平衡状态;如果所绘应力圆与莫尔包络线相割(图 3-54 中的应力圆 Ⅲ),岩石已经破坏而实质上它是不存在的,因为当应力达到这一状态之前岩石已经破坏。

目前,已提出的莫尔包络线有多种形式有直线型、二次抛物线型、双曲线型等,其中直线型与库仑准则基本一致,库仑方程式为

$$\tau_f = C + \sigma \tan\varphi \tag{3-58}$$

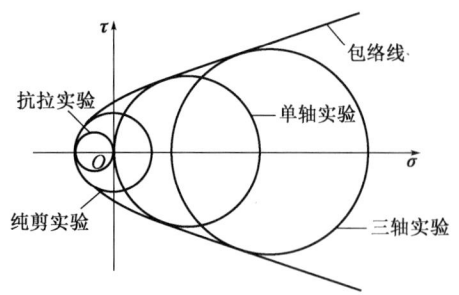
图3-53 莫尔包络线

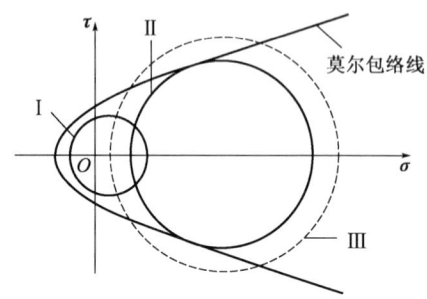
图3-54 用莫尔包络线判断岩石是否破坏

式(3-58)常称为莫尔—库仑方程式或莫尔—库仑强度条件,主要适用于坚硬、较坚硬的岩石产生剪切破坏(塑性破坏)的情况,不适用于岩石的拉破坏,也是目前应用较多的强度准则。按照上述理论列出莫尔—库仑准则如下:

$$\tau \geq \tau_f = C + \sigma \tan\varphi \tag{3-59}$$

式中,τ为岩石内任一平面上的剪应力,某一剪切面的受力分析如图3-55所示。如图3-56所示,莫尔—库仑准则所代表的莫尔包络线(破坏直线)与莫尔圆相切,图中的角2α给出了莫尔圆与莫尔包络线(破坏直线)的切点方向。由图3-56可知,滑动面或剪切面上的正应力σ和剪切力τ可分别表示为

$$\sigma = \frac{\sigma_1 + \sigma_3}{2} + \frac{\sigma_1 - \sigma_3}{2}\cos 2\alpha \tag{3-60}$$

$$\tau = \frac{\sigma_1 - \sigma_3}{2}\sin 2\alpha \tag{3-61}$$

式中,α为最大主应力方向与剪切面法线间的夹角(称为岩石的破坏角),(°)。

根据图3-56的几何关系可知,破坏面法线与最大主应力方向间的夹角为

$$\alpha = \frac{\pi}{4} + \frac{\varphi}{2} \tag{3-62}$$

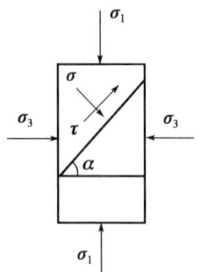
图3-55 岩石中某一滑动面或剪切面的受力分析

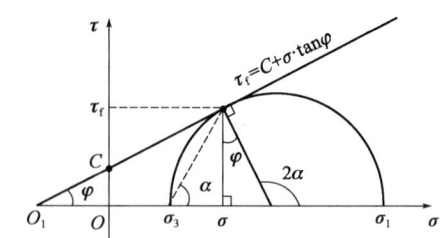
图3-56 莫尔—库仑准则

将式(3-60)、式(3-61)代入式(3-59)($\tau = \tau_f$)中,得到

$$\sigma_1 = \frac{2C + \sigma_3[\sin 2\alpha + \tan\varphi(1 - \cos 2\alpha)]}{\sin 2\alpha - \tan\varphi(1 + \cos 2\alpha)} \tag{3-63}$$

对于图3-56中破坏面的α与φ的关系,通过三角函数关系,式(3-63)可以写成

$$\sigma_1 = 2C\frac{\cos\varphi}{1-\sin\varphi} + \sigma_3\frac{1+\sin\varphi}{1-\sin\varphi} \tag{3-64}$$

当 $\sigma_3 = 0$ 时,代入式(3-64)中,可得到单轴抗压强度为

$$\sigma_c = \frac{2C\cos\varphi}{1-\sin\varphi} \tag{3-65}$$

需要注意的是,式(3-65)只有在单轴压力下产生剪切破坏时才成立。

习　题

(1) 简述应力和应变的概念以及应变的基本类型。
(2) 材料的弹性、塑性和黏性分别指什么?试论述它们之间的差异。
(3) 简述连续加载条件下岩石的应力—应变曲线的特征。
(4) 岩石的静态弹性参数包括哪些以及它们的定义是什么?
(5) 图3-57为岩石单轴压缩实验得到的差应力—应变曲线,根据曲线计算出该岩石的泊松比 μ、弹性模量 E、单轴抗压强度 σ_c。

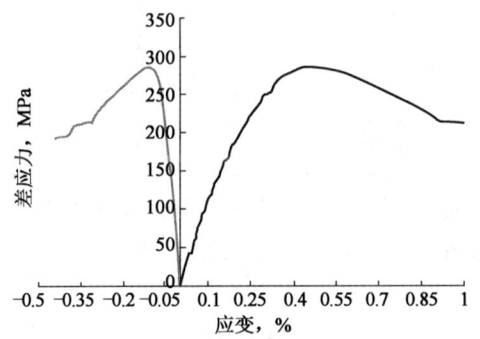

图3-57

(6) 图3-58为不同围压下岩石三轴压缩实验得到的差应力—轴向应变曲线,试讨论在三轴压缩条件下岩石的强度和变形特征或围压对岩石的力学性质的影响。
(7) 岩石蠕变曲线一般分为几个阶段,每个阶段有哪些特点?
(8) 简述岩石抗拉强度的定义及其工程应用。
(9) 查找文献资料,试论述岩石抗拉强度在岩体工程实际中的应用。
(10) 利用表3-10中数据计算各岩石的抗拉强度(以MPa为单位),根据岩石的抗拉强度结果,分析该批岩石可能具有的特点。
(11) 查找文献资料,试论述岩石抗剪强度在岩体工程实际中的应用。
(12) 什么条件下一组直剪实验可以直接得到岩石的内摩擦角?什么条件下一组直剪实验可以直接得到岩石的内聚力?简要介绍这两类情况的直剪实验。

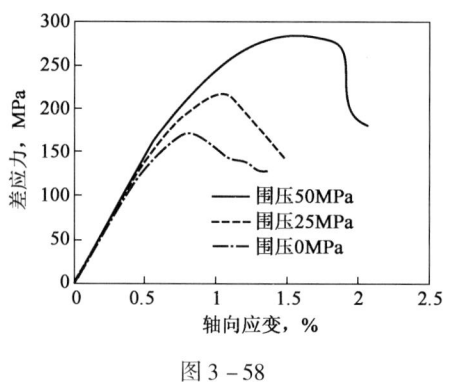

图 3-58

表 3-10

岩心编号	长度,mm	直径,mm	极限载荷,kN
1	17.78	25.32	0.7923
2	22.55	25.35	0.3778
3	22.68	25.31	0.5994
4	17.79	25.38	0.3846
5	19.25	25.23	0.9961
6	18.19	25.25	0.2827

（13）表 3-11 为一组方形岩样的直剪法测试结果，根据表中数据计算各岩石的抗剪强度（以 MPa 为单位），并根据岩石的抗剪强度和垂向应力画出剪切强度线，计算出岩石的内聚力和内摩擦角。

表 3-11

编　号	边长,cm	法向应力,MPa	最大剪载荷,kN
1	5	5	5.49
2	5	10	7.23
3	5	15	13.04

（14）岩石的脆性和延性之间的区别是什么？

（15）简述岩石的断裂韧性的定义以及研究意义。

（16）岩石硬度的概念是什么？硬度测试方法分为哪几类？简要介绍各自的特点。哪些硬度测试方法在石油行业应用较广泛？

（17）岩石的塑性系数的定义是什么？画出塑性系数计算示意图并写出其计算公式。

（18）表 3-12 为一组岩样的巴西圆盘法测试结果，根据表中数据计算各岩石的断裂韧性（以 MPa 为单位）。

表 3-12

编号	厚度,cm	直径,cm	缝长,cm	a_0,cm	P_{max},kN
1	1.970	4.990	3.620	0.794	3.5783
2	2.010	4.990	3.567	0.593	5.2225
3	1.994	4.995	3.559	0.594	4.7990
4	2.050	4.999	3.548	0.451	3.8759
5	1.950	5.000	3.597	0.760	4.5396
6	2.020	5.000	3.579	0.615	3.7004

(19) 讨论岩石的脆性、断裂韧性、硬度、塑性系数等性质如何应用于工程实践。

(20) 岩石强度准则的概念是什么？岩石的强度准则包括哪些？岩石的脆性破坏和塑性破坏中应用较多的强度准则分别是什么？

(21) 一个岩样进行单轴压缩实验，获取的单轴抗压强度为 120MPa，破坏面法线与最大主应力平面夹角为 60°，根据莫尔—库仑准则，试计算内摩擦角、在正应力等于零的那个平面上的抗剪强度、破坏面上的正应力和剪应力。

(22) 一组岩样分别进行单轴压缩实验和三轴压缩实验，其单轴抗压强度为 120MPa，在围压 20MPa 条件下三轴压缩实验中的抗压强度为 260MPa，根据莫尔—库仑准则，画出莫尔圆，并计算出莫尔包络线。

第四章 岩石电学基础

岩石的组成、结构、构造、孔隙结构、孔隙性、渗透性、润湿性,以及孔隙流体等基础物性都会不同程度地影响到岩石的电学性质,并会通过岩石的导电特性、介电特性表现出来。本章主要介绍岩石导电和介电的基本概念、电学模型以及电学性质与岩石矿物、孔隙和岩石流体饱和度特性之间的关系。

第一节 岩石导电的基本概念

岩石的导电性是指岩石在电场中传导电流的能力,通常用岩石的电阻率或电导率度量。岩石的电阻率和电导率与岩石的岩性、物性、含油气性,以及所含地层水的矿化性质和含量有密切关系。

一、岩石电阻率

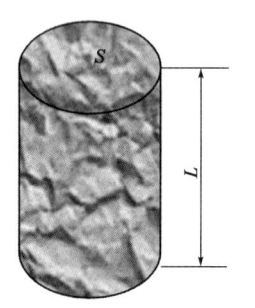

图 4-1 柱状岩样示意图

对柱状岩样,假设其电阻为 r、横截面积为 S、长度为 L,如图 4-1 所示,按照电阻定义可知

$$r = R \frac{L}{S} \tag{4-1}$$

式中,r 为岩样的电阻,Ω;L 为岩样的长度,m;S 为岩样的横截面积,m^2;R 为岩样的电阻率,$\Omega \cdot m$,其值与组成岩样的各种矿物的含量及空间结构等有关。

岩石的电阻率是其固有属性,定量表征了岩石对通过自身的电流的阻碍作用强度。

式(4-1)又可改写成

$$R = r \frac{S}{L} \tag{4-2}$$

电导率 σ 也常被用于表征岩石的导电能力,单位为 S/m。电导率与电阻率 R 互为倒数。

不同岩石的电阻率是不一样的,即使是同一种岩性,矿物成分含量的不同也会使其电阻率变化很大。原油和天然气组分也是变化的,不同油田、同一个油田的不同区块、不同地质年代的原油和天然气电阻率也是不一样的。地层水的电阻率变化更大,地层水的导电性主要由溶解其内的阴阳离子决定,因此,矿化度、水型,以及地层水所存在的环境压力、温度都对其电阻率有影响。表 4-1 列出了一些常见矿物和岩石的电阻率,从中可以看出,除金属矿物、无烟煤和石墨的电阻率极低外,主要造岩矿物(如石英、长石、云母、方解石等)的电阻率都很高;石油和天然气的电阻率也非常高,几乎不导电;火成岩(如玄武岩、花岗岩)的电阻率也很高,分布在 $60 \sim 10^5 \Omega \cdot m$;沉积岩中,砂泥岩的电阻率要低于碳酸盐岩,前者分布在 $1 \sim 10^3 \Omega \cdot m$,而后者分布在 $10^3 \sim 10^{12} \Omega \cdot m$。

表 4-1 常见矿物和岩石的电阻率

名 称	电阻率,$\Omega \cdot m$	名 称	电阻率,$\Omega \cdot m$
黏土	$1 \sim 200$	白云母	4×10^{11}
泥岩	$5 \sim 60$	硬石膏	$10^4 \sim 10^6$
页岩	$10 \sim 100$	长石	4×10^{11}
疏松砂岩	$2 \sim 50$	石油	$10^9 \sim 10^{16}$
致密砂岩	$20 \sim 1000$	方解石	$5 \times 10^3 \sim 5 \times 10^{12}$
含油气砂岩	$2 \sim 1000$	石墨	$10^{-6} \sim 3 \times 10^{-4}$
贝壳灰岩	$20 \sim 2000$	磁铁矿	$10^{-4} \sim 6 \times 10^{-3}$
石灰岩	$50 \sim 10000$	黄铁矿	10^{-4}
白云岩	$50 \sim 10000$	黄铜矿	10^{-3}
玄武岩	$60 \sim 10^5$	无烟煤	$10^{-3} \sim 1$
花岗岩	$60 \sim 10^5$	油气	$10^9 \sim 10^{16}$
石英	$10^{12} \sim 10^{14}$	水(盐水)(15℃,2000mg/L)	3.4

组成岩石的矿物中按照导电性可分成三大类:(1)绝缘矿物,如表 4-1 中的石英、方解石和长石等;(2)导电单质矿物,如自然金属和表 4-1 中的石墨等;(3)导电化合物,包括硫化物及其类似化合物、氧化物及氢氧化物、含氧盐、卤化物等。

二、岩石的导电类型

物质的导电主要有三种类型,即电子型、空穴型和离子型。在岩石中几乎不存在空穴型导电,因为在地层条件下,致密的矿物晶体即使受到了外加电磁场的作用,也不可能感应出空穴(图 4-2)。因此,岩石的导电类型主要为电子导电和离子导电。岩石由固体骨架及其孔隙流体组成。当导电矿物组成岩石骨架时,在外加电场作用下,导电矿物中的自由电子逆着电

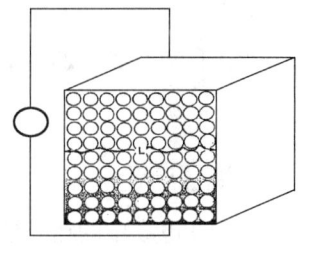

图 4-2 岩石导电

场方向运动,形成电流,这就是岩石中的电子导电方式。当岩石具有连通孔隙,孔隙中又含有导电的地层水时,在外加电场作用下,水中离解的阴阳离子将各自顺着或逆着电场方向运动,形成电流,这就是离子导电。在一定的电压下,电流的大小反映了岩石电阻率的高低。

第二节 地层水电阻率

一般,岩石的电阻率 R_t 与所含地层水的电阻率 R_w 成正相关。地层水电阻率可以通过从地下取得的水样进行直接测定,也可根据水化学分析结果加以确定,有时候也采用自然电位测井曲线(SP)来确定。下面介绍地层水电阻率的相关概念。

一、离子溶液相关概念

1. 电迁移

存在于地下岩石孔隙流体中的各种离子,在受到外加电场的作用下,将产生定向运动,这种运动称为电迁移。绝大部分岩石的导电正是由地层水溶液中阴阳离子的电迁移完成的。如图4-3所示,忽略岩石骨架和黏土矿物,仅考虑岩石孔隙中地层水所含的阴阳离子,以Cl^-和Na^+为例,在电场作用下,产生定向移动,Cl^-向正极方向移动,Na^+向负极方向移动。

彩图4-3

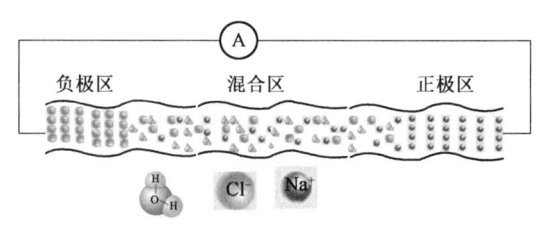

图4-3 孔隙内离子的电迁移

2. 离子迁移数

水溶液中阴阳离子都担负着一定的导电任务,某种离子迁移的电量与通过溶液的总电量之比称为该离子的迁移数,以符号 t 表示。若溶液中只有一种阳离子和一种阴离子,则可将阳离子迁移数 t_+ 和阴离子迁移数 t_- 分别表示如下:

$$t_+ = \frac{Q_+}{Q_+ + Q_-}, \quad t_- = \frac{Q_-}{Q_+ + Q_-} \quad (4-3)$$

离子的迁移数与离子的运动速度有关,因此式(4-3)可表示为

$$t_+ = \frac{v_+}{v_+ + v_-}, \quad t_- = \frac{v_-}{v_+ + v_-} \quad (4-4)$$

3. 离子电迁移率

离子在电场中的运动速度,除了与离子本身、溶剂性质、溶液浓度以及温度等因素有关外,还与电场强度有关,因此为了便于比较,通常需要规定电场强度的大小。将一定离子在溶剂中电场强度为1V/m时的速度称为该离子的电迁移率,用符号 u 表示,单位是 $m^2/(s \cdot V)$,表4-2给出了几种离子在25℃、无限稀释条件下的电迁移率。

根据迁移数的定义,计算离子迁移数时,可用 u_+ 和 u_- 代替 v_+ 和 v_-,即

$$t_+ = \frac{u_+}{u_+ + u_-}, \quad t_- = \frac{u_-}{u_+ + u_-} \quad (4-5)$$

表4-2 25℃时无限稀释条件下的阴阳离子电迁移率

阳离子	u_+^∞, $m^2/(s \cdot V)$	阴离子	u_-^∞, $m^2/(s \cdot V)$
H^+	36.3×10^{-8}	OH^-	20.52×10^{-8}
K^+	7.62×10^{-8}	SO_4^{2-}	8.27×10^{-8}
Na^+	5.19×10^{-8}	Cl^-	7.91×10^{-8}
Li^+	4.01×10^{-8}	NO_3^-	7.40×10^{-8}
Ba^{2+}	6.59×10^{-8}	HCO_3^-	4.61×10^{-8}

4. 离子活度

电解质溶液中参与电化学反应的离子的有效浓度称为离子活度。离子活度 α 和浓度 C 之间存在定量的关系，其表达式为

$$\alpha_i = \gamma_i C_i \tag{4-6}$$

式中，α_i 为第 i 种离子的活度；γ_i 为第 i 种离子的活度系数；C_i 为第 i 种离子的浓度。

γ_i 通常小于 1，在溶液无限稀释时，离子间相互作用趋于零，此时活度系数趋于 1，活度等于溶液的实际浓度。离子活度与电极电位成正比，因此可对溶液建立起电极电位与活度的关系曲线，此时测定了电位，即可确定离子活度；也可以根据德拜—休克尔理论计算离子活度系数。

二、地层水电阻率

地层水的导电能力可用单位时间内离子所搬运的电量来衡量。溶液的含盐量（矿化度或浓度）越高，盐的电离度越大，离子价越高，移动的速度（离子迁移率）越快，则溶液的导电能力就越大，电阻率越低。

1. 地层水电阻率与溶液化学成分的关系

不同化学成分的溶液，其中盐类的电离度、离子价和离子移动速度是不同的。因此，在相同浓度和温度的情况下，地层水的电阻率也是不同的。表 4-3 给出了几种盐类在 18℃ 时不同浓度的溶液电阻率。

表 4-3　几种盐类不同浓度的溶液电阻率值（18℃）

浓度, mg/L	电阻率, $\Omega \cdot m$		
	NaCl	KCl	$MgCl_2$
10	536.0	573.0	431.0
100	54.6	58.2	45.0
1000	5.75	5.75	4.99

地层水中主要含有 NaCl、KCl、$CaCl_2$、$NaSO_4$ 等盐分，其中 NaCl 占 70%~95%，一般可以把地层水近似地当成 NaCl 溶液来处理。但是当地层水中含有较多的其他盐类并要求地层水电阻率精度高时，则应该把地层水中的其他盐类含量换算成等效 NaCl 含量。换算时用不同离子的换算系数图（图 4-4）查出某种离子浓度的换算系数，乘上它的浓度，即为等效 NaCl 浓度。图 4-4 的纵坐标是换算系数，横坐标是总矿化度（溶液浓度），单位是 mg/L，曲线上标有其对应的离子符号。

2. 地层水电阻率与溶液浓度和温度的关系

随着溶液浓度增加，溶液中的离子数将增多，溶液的导电能力将增强，电阻率将降低；温度升高，不仅将使溶液中盐类的溶解度（电离度）增加、离子数目增多，而且会使溶液黏度降低、离子迁移率增大，进而引起溶液电阻率降低。

由实验得到的 NaCl 溶液电阻率与浓度和温度之间的定量关系如图 4-5 所示。已知浓度、温度和电阻率中的两个值时，即可通过查图法求第三个参数值。图的纵坐标为温度，横坐

标为 NaCl 溶液的电阻率,斜线参数为溶液的矿化度。由于无论含有什么盐类的地层水都可以换算成等效 NaCl 溶液,所以,已知地层水的成分及矿化度,经过等效换算,就可根据此图求得不同温度下地层水的电阻率。

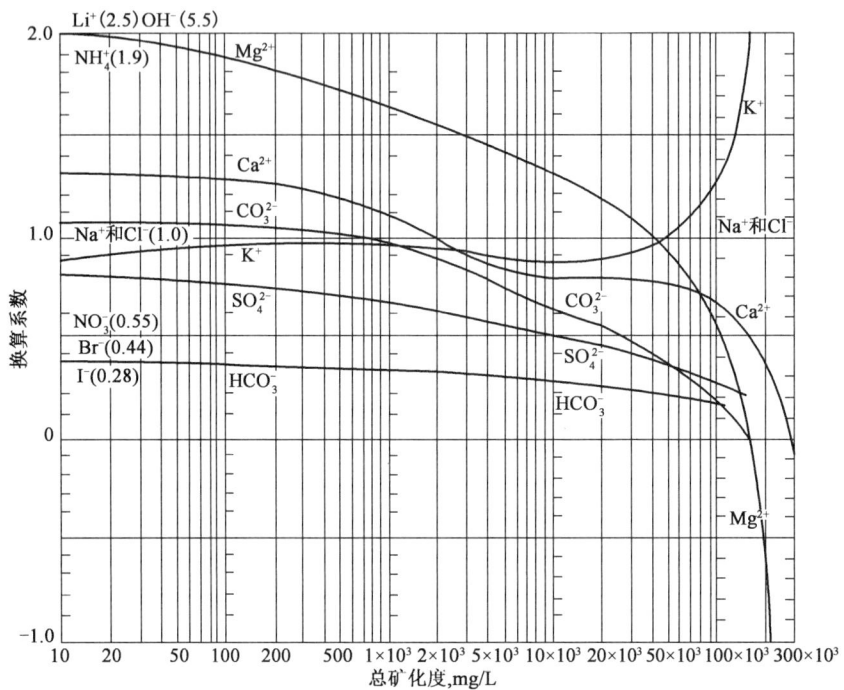

图 4-4 不同离子与 NaCl 溶液的换算系数

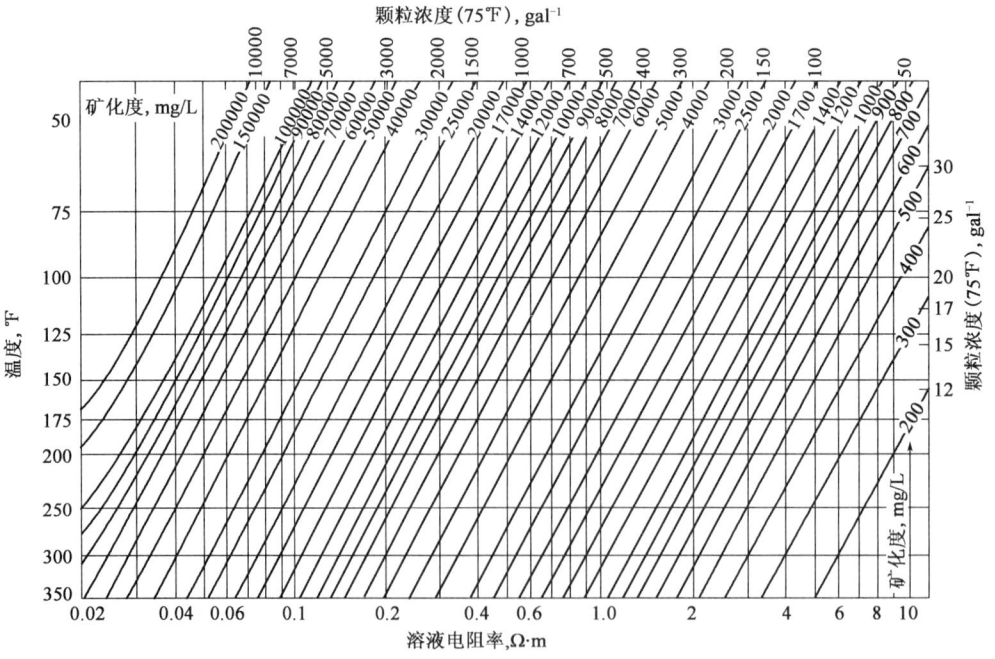

图 4-5 地层水电阻率与温度、矿化度的关系

地层温度一般可采用如下经验公式确定：
$$T = T_0 + GH \tag{4-7}$$
式中，T_0 为地面温度，℃；H 为地层埋深，m；G 为地温梯度，℃/100m；T 为所计算的对应地层深度下的地层温度。

第三节　纯砂岩的导电特征——阿尔奇岩电关系

岩石的导电性是由组成岩石的各部分之间共同作用的结果。1942年，美国壳牌石油公司工程师阿尔奇对纯砂岩的电阻率进行了系统的实验测量，他的研究大致分两个部分，他首先研究了纯净且100%含水砂岩电阻率与其所含水电阻率的关系，然后分析了岩石中所含流体饱和度对电阻率的影响。

一、纯岩石电阻率与地层水电阻率的关系

选取纯净、无泥质的纯砂岩样品，使岩样孔隙中每次都100%充满地层水，测量所注入的地层水的电阻率 R_{wi}，以及100%被该地层水饱和的岩石的电阻率 R_{oi}。

实验揭示出以下规律：

(1) 注入电阻率不同的地层水，岩石的电阻率不同；

(2) R_{oi} 与 R_{wi} 成正比，且比值近似为一常数：

$$\frac{R_{o1}}{R_{w1}} = \frac{R_{o2}}{R_{w2}} = \frac{R_{o3}}{R_{w3}} = \cdots = \frac{R_{on}}{R_{wn}} \tag{4-8}$$

阿尔奇的实验结果表明，对同一块岩石样品，饱含地层水的岩石的电阻率，不仅与其中的地层水电阻率相关，而且两者比值为常数。阿尔奇将这一比值定义为地层因素：

$$F = \frac{R_o}{R_w} \tag{4-9}$$

通过大量实验，阿尔奇得到了地层因素 F 与对应岩石孔隙度 ϕ 的多组数据 (F_i, ϕ_i)，经统计分析发现，地层因素 F 与地层孔隙度 ϕ 存在以下关系：

$$F = \frac{a}{\phi^m} \tag{4-10}$$

合并式(4-9)与式(4-10)，得到

$$F = \frac{R_o}{R_w} = \frac{a}{\phi^m} \tag{4-11}$$

式中，a 为岩性系数，与岩石性质有关，一般为 0.6～1.5，常取 $a=1$；m 为胶结指数，与岩石孔隙结构有关，随胶结程度增加而增大，变化范围为 1.3～3 之间，一般为 2 左右，常取 $m=2$。这一关系称为阿尔奇第一公式。

大量文献表明，岩性系数和胶结指数都是与孔隙结构有关的参数。有的文献就把胶结指数称为孔隙结构指数。对砂岩地层，孔隙主要为粒间孔隙，a 值在 0.4～1.5 之间，m 值在 1.3～2.5 之间，随胶结物含量和胶结程度的增加而增大。对碳酸盐岩，孔隙为粒间和晶间孔隙时，a 和 m 的取值与砂岩地层相似；但孔隙为裂缝、溶洞时，a 值在 0.1～8 之间，m 值在 1～3 之间，

变化范围比砂岩大很多。对单纯裂缝地层，a 值为 1；m 值在 $1 \sim 1.3$ 之间。在双对数坐标系下，根据实测数据绘制的砂岩地层的 F-ϕ 关系曲线如图 4-6 所示。

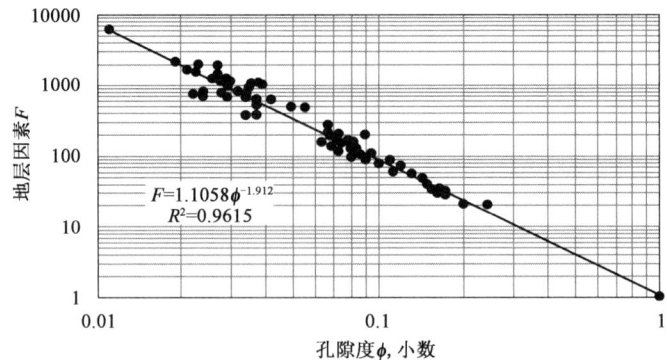

图 4-6　砂岩地层因素与孔隙度的关系（数据来源于本书作者实验室）

阿尔奇之后的大量研究表明，其最初的 $F = \phi^{-2}$ 关系适用于多数种类的碳酸盐岩。此外，其他经常被使用的 a 和 m 值有：

Humble 关系（颗粒状岩石或较软岩石，如砂岩）为

$$F = 0.62\phi^{-2.15} \quad (4-12)$$

Tixier 关系（颗粒状岩石或较软岩石，如砂岩）为

$$F = 0.81\phi^{-2} \quad (4-13)$$

对于无裂缝的碳酸盐岩（孔隙度 <9%），Shell 提出的经验关系为

$$F = \phi^{-m}, \quad m = 1.87 + 0.019/\phi \quad (4-14)$$

二、电阻率增大系数与含水饱和度的关系

一般情况下，油、气的电阻率很高，可视为不导电，当油、气进入岩石孔隙并排走同体积的地层水时，岩石中导电的地层水将减少，岩石的电阻率将增高。在一定的温度、压力条件下，向 100% 被水饱和的岩石样品中注入原油，驱替岩样中的地层水，降低岩样的含水饱和度，提高岩样的含油饱和度，可以测量得到不同含油饱和度下岩样的电阻率 R_t。阿尔奇通过大量实验发现，同一岩样，当含油饱和度相同时，R_t 与 R_o 之间满足以下关系：

$$\frac{R_{t1}}{R_{o1}} = \frac{R_{t2}}{R_{o2}} = \frac{R_{t3}}{R_{o3}} = \cdots = \frac{R_{tn}}{R_{on}} \quad (4-15)$$

含油岩石的电阻率 R_t 相对它在 100% 含水时的电阻率 R_o 的增大倍数随含油饱和度 S_o 的增大而增大，但其比值不变。定义这一比值为 I，称作岩石电阻率增大系数（也称为地层电阻率指数）。进一步的实验发现，岩石电阻率增大系数与岩石含油饱和度存在如下关系：

$$I = \frac{R_t}{R_o} = \frac{b}{S_w^n} = \frac{b}{(1-S_o)^n} \quad (4-16)$$

式中，n 为饱和度指数，与油气水在孔隙中分布状况有关，亲水岩石在 $1.5 \sim 2.5$ 之间取值，一般很接近 2，常取 $n=2$，亲油岩石 $n > 2.5$；b 为与岩性有关的系数，在 $0.6 \sim 1$ 之间，常取 $b=1$；S_o 为含油饱和度，小数。这一关系称为阿尔奇第二公式。

图 4-7 为根据实测数据建立的某致密砂岩样品的 I 与 S_w 关系曲线。

综合式（4-14）和式（4-16），可得岩石电阻率与孔隙度和含水饱和度之间的关系，其表达式为

$$S_w = \sqrt[n]{\frac{abR_w}{R_t \phi^m}} \qquad (4-17)$$

式中，a、m 及 b、n 统称为岩电参数。

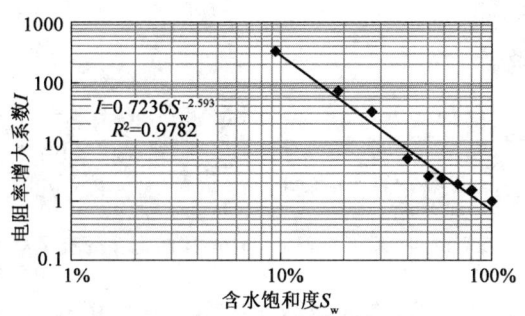

图 4-7 某致密砂岩样品的电阻率增大系数与含水饱和度的关系（数据来源于本书作者实验室）

三、阿尔奇公式的意义

阿尔奇公式揭示了岩石电阻率 R_t 与岩石孔隙度 ϕ、孔隙结构、含水饱和度 S_w、地层水电阻率 R_w 之间的关系，为利用电阻率测井方法获得地层的含油气饱和度奠定了基础，但它仅适用于骨架不导电的孔隙性纯岩石或泥质含量很少的岩石。其中 a、b、m、n 这几个参数影响因素众多，目前还不能准确地阐述其地质意义。在实际油气储层评价中，针对特定地层，应开展具体的岩石电阻率测量，建立岩石电阻率与流体饱和度的具体关系，即岩电关系。

第四节　黏土矿物的导电性

阿尔奇通过实验揭示了不含黏土且骨架矿物不导电的纯岩石的电阻率与其孔隙中流体、孔隙度等参数的关系，但实际情况是，黏土矿物广泛存在于各种类型的地层中，黏土矿物由于其特殊结构而具有导电性，显著影响着岩石的电阻率。因此，研究不同流体饱和状况下的岩石的电阻率，有必要首先了解和认识黏土矿物的导电特性。

一、黏土矿物在岩石孔隙中的存在形式

地层中常见的黏土矿物主要有蒙脱石、伊利石、高岭石、绿泥石，如图 4-8 所示。它们在孔隙中的存在形式是复杂多变的，严重影响着岩石的物理性质。根据 J. W. Neasham 的研究表明，分散在砂岩孔隙中的黏土矿物主要有三种存在形式：

(1) 离散式 [图 4-9(a)]：黏土颗粒呈现离散状态，高岭石常以这种形式存在。离散黏土的存在不仅降低了有效孔隙度，还经常以极细小的颗粒溶解在流体中，在孔隙中运动。

(2) 内衬式 [图 4-9(b)]：附着在孔隙内壁上，形成连续的薄膜（≤12μm）黏土壳。黏土晶体平行或垂直于孔隙内壁表面，形成包含大量微孔隙（≤2μm）的连续黏土层。

(3) 搭桥式 [图 4-9(c)]：这类黏土不仅存在于孔隙内壁，还向孔隙喉道发展，形成搭桥，连接不同的颗粒，造成更多的微孔隙，使得流体的流动路径更加曲折。

内衬式和搭桥式往往是同时存在于孔隙中的。

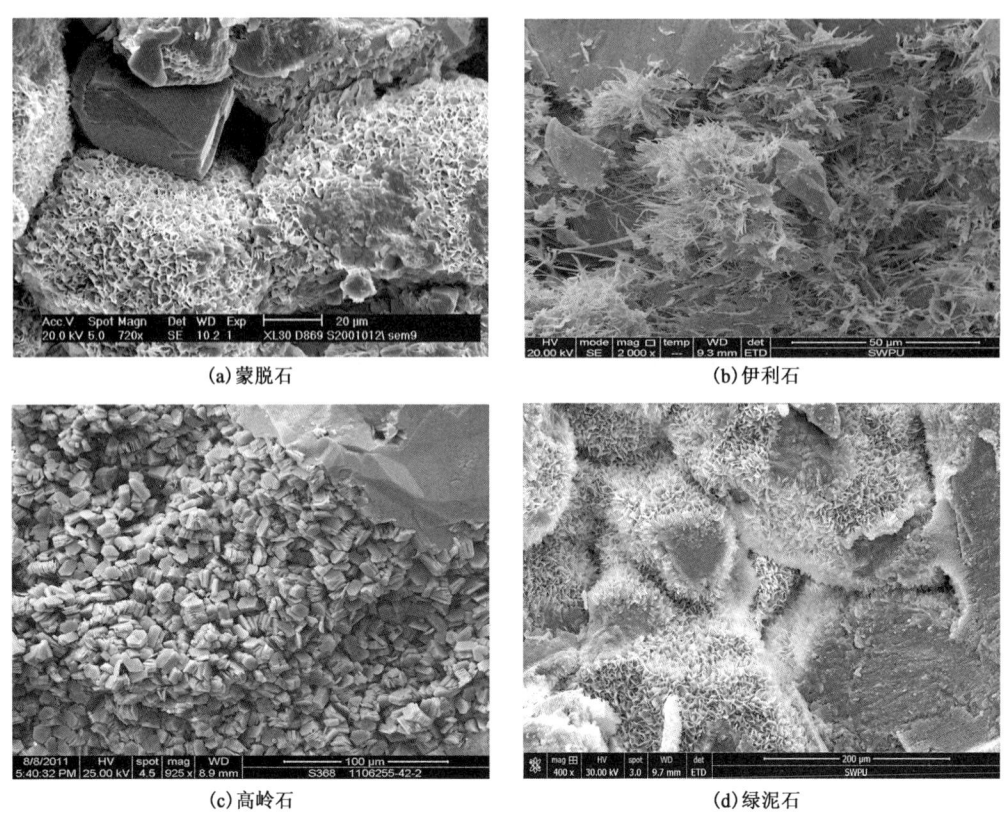

(a) 蒙脱石　　　　(b) 伊利石
(c) 高岭石　　　　(d) 绿泥石

图 4-8　扫描电镜下的黏土矿物

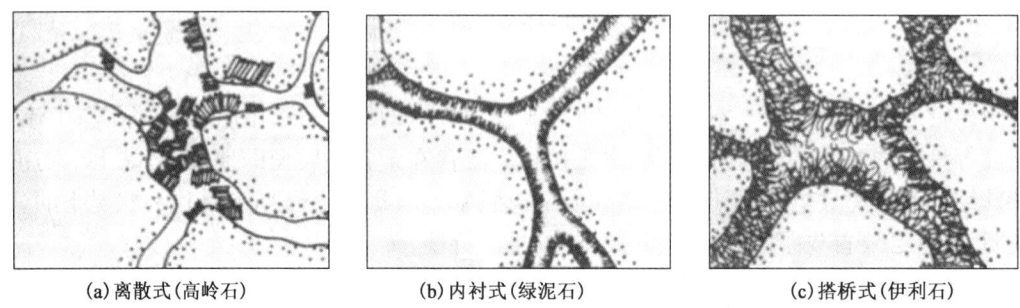

(a) 离散式(高岭石)　　(b) 内衬式(绿泥石)　　(c) 搭桥式(伊利石)

图 4-9　黏土矿物颗粒在孔隙中存在形式(据 Neasham,1977)

二、黏土矿物的水化作用

通常,黏土矿物颗粒表面均带负电荷,这主要是由黏土矿物晶体的置换作用和破键作用产生的。置换作用是指黏土矿物晶格结构中,Si-O 四面体层内的 Si^{4+} 被 Al^{3+} 置换,Al-O 八面体的 Al^{3+} 被 Mg^{2+}、Fe^{2+} 等离子置换,由于低价离子取代了晶格中的高价阳离子,晶体中出现了过剩的负电荷,故使黏土矿物表面呈现负电特性。破键作用是指在硅氧—铝氧结构单位层的四周边缘发生化学键破裂,产生未平衡的负电荷。

黏土矿物颗粒表面的负电荷,必然要从它附近的水溶液中吸附阳离子而达到电平衡,这些被吸附的阳离子又处于可交换状态,即可与其他被吸附的阳离子或水溶液中的其他阳离子交换位置。同时,黏土矿物表面的负电荷,又具有排斥水溶液中的 Cl^- 作用。

岩石中的水分子是一种电荷不完全平衡的极性分子,对外可显正、负两个极性。因此,带负电荷的黏土矿物颗粒表面可直接吸附极性水分子。这些被吸附的极性水分子称为吸附水;被黏土矿物表面负电荷吸引的阳离子(如 Na^+)又可与极性水分子结合而成水合离子。生成水合离子的作用称为离子水化,与阳离子结合的极性水分子又称为结合水。这样,黏土矿物颗粒表面的负电荷既可直接吸附极性水分子,又可通过它吸附的水合离子而间接吸引极性水分子,从而在黏土矿物表面形成一层薄水膜。黏土矿物颗粒表面直接和间接吸引极性水分子而形成水膜的作用,称为黏土矿物水化作用。

三、黏土颗粒表面双水层的形成

黏土表面的一部分补偿阳离子将扩散到水中,另一部分紧靠黏土表面的阳离子,将在黏土表面形成吸附层。该吸附层又称为赫姆霍兹面(图 4–10、图 4–11),假设其厚度为 x_H。这层补偿阳离子浓度较高,且不能自由移动,在外加电场的情况下,可能像半导体中的空穴一样在黏土表面交换位置参加导电。这层中与阳离子结合的水化分子也不能自由移动,形成附着于黏土表面的吸附水。吸附层以外,是补偿阳离子的扩散层。这层的阳离子除含较多的 Na^+ 外,还有少部分 Cl^-。它们的浓度随离开黏土表面的距离而变化,Na^+ 减少,Cl^- 增多。扩散层的厚度随水矿化度的增加而减小,且与温度有关。有外加电场时,阴阳离子可以像普通导电离子一样参加导电。吸附层和扩散层中阴阳离子是不等量的,等量且可移动(即在高压下被排除)的阴阳离子较少,因此,黏土挤出的水为"无盐水"。这种水有人称"黏土水",或离黏土颗粒表面近的"近水"和"束缚水"。它的导电特性与扩散层外的自由水(又称"远水")不同。黏土水包围在黏土颗粒周围,它的导电率与黏土表面补偿阳离子浓度和水的温度有关。远水离黏土颗粒表面远,导电率取决于孔道中地层水的电导率。双水层的形成随黏土矿物类型的不同而不同。

四、黏土矿物的阳离子交换作用

黏土矿物的导电能力与黏土矿物颗粒所吸附的可交换离子数量有关,在石油工业中,一般采用阳离子交换容量参数来进行刻画。

一般情况下,黏土矿物表面吸附的阳离子(水合离子)是不能自由运动的,但这种吸附并不很紧密。在外电场作用下,这些被吸附的水合离子也可以和水溶液中的其他水合离子交换位置,从而使水膜内的阳离子发生移动,引起导电现象,这种现象称为黏土矿物的阳离子交换作用。由阳离子交换产生的导电性称为黏土结合水的附加导电性。

1. 黏土矿物的阳离子交换作用特点

阳离子交换作用的特点是同类电荷离子的等电量交换,如一个二价钙离子与两个一价钠离子互相交换。阳离子交换的难易程度决定于黏土颗粒表面对阳离子的静电吸引力大小,静电吸引大的阳离子比较容易替换黏土表面上静电引力较小的阳离子。静电引力大小主要与阳离子的价数和离子半径有关,其中离子价数代表了阳离子所带的正电荷数目,而离子半径表示一个阳离子产生的电磁场作用范围的有效半径。显然,在溶液中离子浓度相近的情况下,阳离子价数越高,则静电引力越大,如 $Na^+ < Ca^{2+} < Al^{3+}$;对于同价离子,则离子半径越大,其静电

力也越大。一般,同价离子的静电力大小顺序为

(1) 碱离子的静电力大小为:$Li^+ < Na^+ < K^+ < Rb^+ < Cs^+$。

(2) 碱土金属离子静电力大小为:$Mg^{2+} < Ca^{2+} < Sr^{2+} < Ba^{2+}$。

(3) 常见的三价离子为:$Al^{3+} < Fe^{3+} < Cr^{3+}$。

离子半径大,故受黏土表面负电荷的静电引力就大。因此,常见阳离子与黏土表面负电荷的静电引力由小到大的顺序是:$Li^+ < Na^+ < K^+ < NH_4^+ < Mg^{2+} < Sr^{2+} < Ba^{2+} < Al^{3+} < Fe^{3+} < Cr^{3+} < H^+$。$H^+$ 是一个例外,它的交换作用很像一个三价离子,这是因为 H^+ 常以 H_3O^+ 形式出现。因而,后面的每一个阳离子都可置换它前面的离子。在泥质砂岩中,最常见的可交换阳离子是 Na^+、K^+、Mg^{2+}、Ca^{2+} 和 NH_4^+ 等。

2. 黏土矿物的阳离子扩散层

溶液中阳离子一方面受到黏土表面负电荷的引力而移向黏土表面;另一方面,阳离子间的斥力和热运动作用力,又趋于使阳离子离开黏土面向溶液中扩散。这两种作用力使阳离子在黏土表面附近达到动态平衡,阳离子呈扩散分布,即靠近黏土表面处的阳离子浓度大,随着距黏土表面的距离增加,被吸引的阳离子浓度逐渐减少,在距黏土表面足够远处,就没有被黏土表面负电荷吸引的离子,此时溶液中阳离子浓度就同普通地层水一样。因此,在黏土表面附近,阳离子在水溶液中的分布是不均匀的。古伊(Gouy)计算得出了含 NaCl 地层水条件下扩散层中离子的分布图,如图 4-10 所示,图中实线和虚线分别代表距离黏土表面 x 处的钠离子和氯离子的局部浓度。在黏土表面附近,Na^+ 浓度超过 Cl^- 浓度的区域,形成 Na^+ 扩散层。理论计算表明,当 Na^+ 和水分子大小与扩散层厚度 x_d 相比可以忽略不计,x_d 与 25℃时地层水含盐量 P_w 有关:

$$x_d = 3.06\sqrt{\frac{1}{rP_w}} \tag{4-18}$$

式中,x_d 为 Na^+ 扩散层的厚度,单位为 10^{-10}m;P_w 为 25℃时地层水含盐量,mol/cm^3;r 为 NaCl 的活动性系数。

在扩散层范围内,黏土表面负电荷吸引相当多的 Na^+,同时黏土表面负电荷又具有排斥地层水中 Cl^- 的作用。在扩散层以外,溶液具有普通地层水的含盐量。实际上,由于黏土表面存在着吸附的水分子层,且每个阳离子又被结合水分子包围,故扩散层内被黏土表面负电荷吸引的阳离子被一薄水层隔开,与黏土表面保持一定的距离,阳离子不能穿过这一薄水层。在最近处,Na^+ 中心位于距黏土表面 x_H 处的外亥姆霍兹平面上,如图 4-11 所示。距离为

$$x_H = (2+\sqrt{3})r_w + r_{Na} = 6.18 \times 10^{-10} \text{m} \tag{4-19}$$

式中,r_w 为水分子半径,等于 1.4×10^{-10}m;r_{Na} 为 Na^+ 半径,在室温下为 0.96×10^{-10}m。

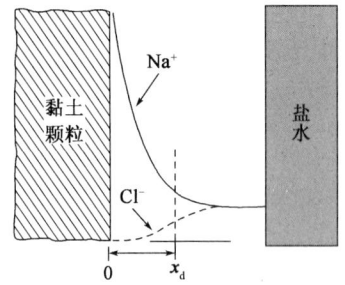

图 4-10 黏土矿物表面结合水与扩散层中局部离子浓度的变化

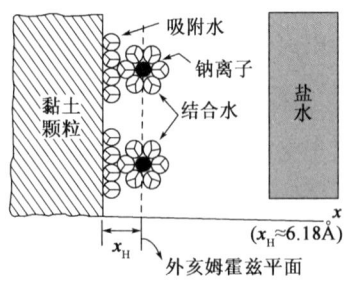

图 4-11 外亥姆霍兹平面

计算表明,当 $x_d = x_H$,地层水矿化度为 0.35mol/cm^3 时,此时 NaCl 的活动性系数 r 为 0.71。显然,当实际地层水矿化度大于 0.35mol/cm^3 时,则所有 Na^+ 均位于距黏土表面为 x_H 处的外亥姆霍兹平面上,此时,$x_d = x_H = 6.18 \times 10^{-10}\text{m}$(在室温下)。在 x_H 范围内没有阴离子,可视为无盐区。反之,在实际地层水矿化度小于 0.35mol/cm^3 时,扩散层厚度 $x_d = x_H$,其大小与地层水矿化度有关,可由古伊扩散模型来计算。

由于黏土矿物水化作用形成的厚度为 x_d 的 Na^+ 扩散层内的水膜具有以下重要特点:

(1)水膜内的极性水分子是靠静电引力被吸附在黏土矿物颗粒表面,就水力学性质而言,这层水膜是不动的,常称为黏土束缚水。又因这层水膜是由黏土矿物水化作用产生的,石油工业中,为了与油气生产上的束缚水相区别,也称为黏土水化水,简称为黏土水。

(2)黏土颗粒表面的负电荷吸引阳离子而排斥阴离子,故可认为黏土水中只含阳离子,不含阴离子,也可以说不含盐。这就是说,黏土表面产生排盐作用,因而使黏土水的矿化度比远离黏土表面的地层水矿化度要低。实验分析表明,当干黏土与盐溶液混合并达到平衡状态时,平衡溶液的矿化度降低。这种矿化度的降低,就是黏土表面负电荷排斥阴离子作用的结果。例如,从钠蒙脱石中抽出水的矿化度只有原来饱和水矿化度的 1/5。远离黏土颗粒表面的地层水称为远水。远水的矿化度与普通地层水相同,含有等量的阴离子和阳离子,其导电作用是属自由电解液的离子导电。

(3)扩散层内液体的矿化度低,水膜内被黏土表面负电荷吸引的阳离子又不能自由运动,故在一般情况下,扩散层液体的导电性差,电阻率较高。但在外电场作用下,被黏土表面负电荷吸引的阳离子可以同水溶液中的其他阳离子交换位置,产生导电作用。

3. 黏土矿物的阳离子交换容量

黏土矿物是使泥质砂岩产生阳离子交换作用的基本因素,但是,其他非黏土矿物,特别是颗粒极细的非黏土矿物,由于破键或晶格置换等原因也会产生阳离子交换作用。岩石阳离子交换作用的大小,有两种表示方法:一种是 CEC,代表每单位质量干岩样含有的可交换阳离子量,通常以每克干岩样中含有的可交换阳离子的量表示,其单位为 mmol/g 或 mmol/100g;另一种是 Q_v,代表岩样每单位总孔隙体积中含有可交换阳离子的量(mol),其单位为 mol/L 或 mmol/cm^3。阳离子交换容量的影响因素主要包括:

(1)黏土矿物类型:不同类型黏土矿物具有不同的阳离子交换能力。蒙脱石具有最高的阳离子交换容量,其 CEC 值为 $0.8 \sim 1.5\text{mmol/g}$,平均为 1mmol/g。蒙脱石的 CEC 有 80% 来自晶体置换,20% 来自破键作用。高岭石和绿泥石具有最低的阳离子交换容量,绿泥石的 CEC 几乎接近于零,高岭石的 CEC 为 $0.03 \sim 0.15\text{mmol/g}$,平均为 0.03mmol/g。高岭石的 CEC 主要是由破键作用产生的。伊利石的阳离子交换容量介于蒙脱石和高岭石之间,其 CEC 值为 $0.1 \sim 0.4\text{mmol/g}$,平均为 0.2mmol/g,几乎是高岭石的 7 倍。伊利石的 CEC 主要是由晶格置换和破键作用造成的。

(2)黏土矿物颗粒的比面。比面,也称为比表面,指的是岩石颗粒的总表面积与其体积或质量之比,其单位是 m^2/m^3 或 m^2/g。比面实际上是对岩石扁平程度的一种刻画,层状岩石具有较大的比面(图 4-12、图 4-13),球状岩石颗粒则具有较小的比面。

图 4-12 页岩岩心　　　　图 4-13 页岩扫描电镜照片

黏土颗粒越小,其比面越大,黏土颗粒同附近水溶液接触面积也增大,边缘裸露的氢氧基中的氢原子被解离的也越多,破键作用也越强,由此产生的未平衡负电荷所吸引的可交换阳离子也越多。

第五节　含黏土矿物岩石的典型导电模型

人们在对岩石的导电研究中,提出了多种导电模型,本书仅对岩石的串联模型、并联模型,以及 Waxman-Smits 模型和双水模型进行简要介绍。Waxman-Smits 模型是在 Archie 实验模型的基础上针对非纯砂岩提出的,双水模型则是从自由水和束缚水的导电特征考虑的。而这些模型都是建立在组成岩石各部分串联或并联导电的基础上的。

一、岩石的串联和并联导电模型

地下岩石是如何导电的呢？人们尝试建立了很多解释模型,最简单的就是串联和并联模型。因为岩石是非均质的,为了简化研究,通常将岩石等效为如图 4-14 与图 4-15 所示的理想化导电模型。

若电流与岩石的层面垂直,则可以将岩石简化为水平层状介质的叠加,即串联模型。假设有 n 个平行叠置的岩层,各层的电导率为 σ_i、电阻为 r_i,电阻率为 R_i,厚度为 l_i,面积为 S_i,总长度为 L,则等效电阻率用 R 表示。

如图 4-14 所示,串联电路中,水平层状介质的电阻 r 可以表示为

$$r = r_1 + r_2 + r_3 + \cdots + r_n \tag{4-20}$$

根据式(4-1),则

$$R\frac{L}{S} = R_1\frac{L_1}{S} + R_2\frac{L_2}{S} + R_3\frac{L_3}{S} + \cdots + R_n\frac{L_n}{S} \tag{4-21}$$

对式(4-21)进行变形,则

$$R = R_1\frac{L_1}{L} + R_2\frac{L_2}{L} + R_3\frac{L_3}{L} + \cdots + R_n\frac{L_n}{L} \tag{4-22}$$

令 $h_i = \dfrac{L_i}{L}$，则

$$R = \sum_{i=1}^{n} R_i h_i \quad (4-23)$$

由式(4-23)可见，对层状地层串联导电模型，地层的等效电阻率等于各岩层电阻率的厚度加权。

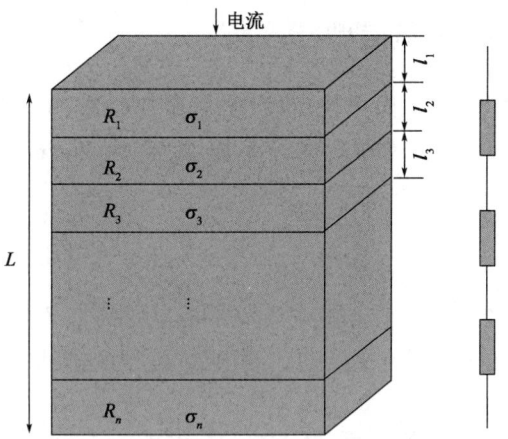

图 4-14　水平层状介质导电示意图

若电流与岩层平行，则可将地层导电模型简化等效为如图 4-15 所示的并联模型。同样地，地层的等效电阻可表示为

$$\frac{1}{r} = \frac{1}{r_1} + \frac{1}{r_2} + \frac{1}{r_3} + \cdots + \frac{1}{r_n} \quad (4-24)$$

根据式(4-1)，则

$$\frac{1}{R}\frac{S}{L} = \frac{1}{R_1}\frac{S_1}{L} + \frac{1}{R_2}\frac{S_2}{L} + \frac{1}{R_3}\frac{S_3}{L} + \cdots + \frac{1}{R_n}\frac{S_n}{L} \quad (4-25)$$

对式(4-25)进行变形，则

$$\frac{1}{R} = \frac{1}{R_1}\frac{S_1}{S} + \frac{1}{R_2}\frac{S_2}{S} + \frac{1}{R_3}\frac{S_3}{S} + \cdots + \frac{1}{R_n}\frac{S_n}{S} \quad (4-26)$$

$$\frac{1}{R} = \sum_{i=1}^{n} \frac{1}{R_i} S_i \quad (4-27)$$

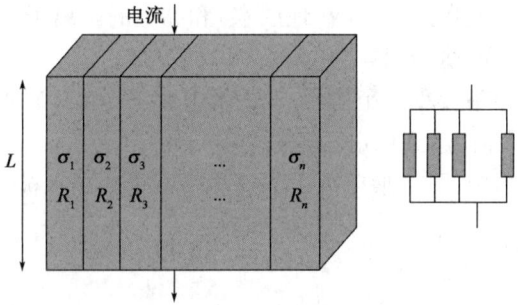

图 4-15　垂直层状介质导电示意图

由式(4-27)可见,对层状地层并联导电模型,地层的等效电导率等于各岩层电导率的面积加权。

对层状地层,当只有地层厚度不同时,式(4-27)可以进一步简化为

$$\frac{1}{R} = \sum_{i=1}^{n} \frac{1}{R_i} h_i \tag{4-28}$$

从式(4-28)可见,地层的等效电导率等于各岩层电导率的厚度加权。

二、Waxman-Smits 导电模型

Archie 导电模型建立以后,人们很快就发现:对于非纯净的岩石,Archie 公式并不适用。1968 年 Waxman 和 Smits 建立了质砂岩电导率模型,称为 Waxman-Smits 模型,简称为 W-S 模型:

$$C_t = \frac{S_w^n}{bF}\left(C_w + \frac{BQ_v}{S_w}\right) \tag{4-29a}$$

式中,C_t 为地层电导率;S_w 为含水饱和度;F 为 Archie 方程定义的地层因素;b 为 Archie 方程定义的岩性系数;n 为 Archie 方程定义的饱和度指数;C_w 为地层水电导率;B 为单位阳离子的电导率。

W-S 模型是根据大量泥质砂岩的电导率与其阳离子交换容量 Q_v 关系的实验研究结果提出的。在这以前,Hill 和 Milburn 对有代表性的六种砂泥岩和四种灰岩共 450 块岩心进行了实验室测量,所用的盐溶液电阻率为 $0.045 \sim 2\Omega \cdot m(25℃)$,包括了常见的地层水电阻率范围。在此基础上,Waxman 和 Smits 选择 Q_v 值较大($0 \sim 1.5 mmol/cm^3$)的 27 块岩心,对盐溶液电阻率在更大变化范围($0.04 \sim 4.76\Omega \cdot m$)进行了实验测量和理论分析,得到可交换阳离子的导电性为 BQ_v/S_w,并最终建立了泥质砂岩电导率方程。由于采用的沉积岩岩心样品数量多、种类多,实验用的盐溶液矿化度范围较大,所以这个模型具有普遍性,得到较为广泛的应用。

W-S 模型是基于泥质砂岩的阳离子交换作用来建立的电导率解释模型。W-S 模型认为:泥质砂岩与同样孔隙度、孔隙曲折度和含水饱和度的纯砂岩地层一样,具有相同的导电特性,但地层水的导电性要比按其含盐量所预计的更好,泥质砂岩的这种附加导电性,由黏土颗粒表面产生的阳离子交换作用引起,这就好比在泥质砂岩孔隙空间中含有导电性更高的地层水一样。

W-S 模型假设:

(1)泥质砂岩的导电性是自由电解液(地层水)和黏土的阳离子交换并联导电的结果;

(2)可交换阳离子的导电途径同自由电解液一样;

(3)在平衡溶液的电导率较小的范围内,可交换阳离子(Na^+)的迁移率随矿化度增大而迅速增大,并逐渐趋于最大值,达到稳定;

(4)在含油气泥质砂岩中,可交换阳离子的迁移率不受地层水被油气替换的影响。

三、双水导电模型

Clavier 等人基于对黏土矿物物理化学性质的研究成果和 W-S 模型存在的阳离子交换容量获取、泥岩导电性合理解释等问题,在 1977 年提出了"双水模型"(图 4-16):

$$C_t = \frac{S_w^n}{F}\left[C_w + \frac{S_{wb}}{S_w}(C_{wb} - C_w)\right] \qquad (4-29b)$$

式中,C_t、C_{wb}、C_w 分别为地层电导率、束缚水电导率、地层水电导率;S_w 为地层水饱和度;S_{wb} 为地层束缚水饱和度。

该模型认为,泥质砂岩孔隙中有两种性质不同的水,即黏土水和自由水。

黏土水(或近水、束缚水)是指靠近黏土颗粒表面的水,聚集了大量可交换阳离子 Na^+,具有阳离子交换导电作用,但不含 Cl^-,即不含盐。用 API 标准的三种主要黏土矿物(蒙脱石、伊利石、高岭石)样品做实验证明,黏土颗粒的比面积 A_{sp}(m^2/g)与阳离子交换容量 $(CEC)_{sp}$(mmol/g)成正比,而与黏土矿物类型无关。当地层水的矿化度较高时,黏土水电导率与平衡阳离子浓度及黏土矿物类型无关,仅与地层温度有关。

自由水是指离黏土矿物颗粒表面较远的水,又称远水。它同普通地层水一样,具有离子导电作用,但从水动力学性质看,它不一定是可动的。

此外,也有学者提出了混合理论来描述复杂岩石的导电关系。混合理论认为,可以根据物理性质差异,将复杂混合物分解成 n 个单元,则复杂混合物的物理性质 W 可以表示为

$$W = \sqrt[K]{\sum_{i=1}^{n} V_i W_i^K} \ 且 \ K \neq 0, \sum_{i=1}^{n} V_i = 1$$
$$(4-29c)$$

式中,W_i 为构成混合物的第 i 个单元的物理性质;V_i 为第 i 个单元在混合物中的相对体积;K 表示各个单元对整体的贡献,也称为混合指数。

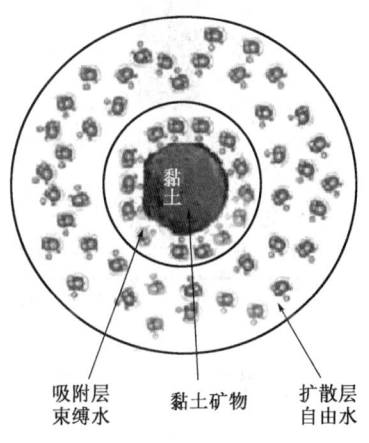

图 4-16 双水模型示意图

对岩石导电机理以及导电模型的研究一直以来就是岩石物理学研究的热点和难点。Archie 公式、Waxman-Smits 模型以及双水模型只是其中的代表。现有的主要岩石导电模型可以分成两大类:

(1)V_{sh} 型的导电模型:此类模型包括 Dewitte、Alger 等提出的描述分散泥质的导电模型、Poupon 等提出的表征层状泥质砂岩导电的模型、Simandox 等提出的不考虑泥质分布方式的混合泥质砂岩模型等。此类模型从宏观角度考虑泥质对岩石导电性的影响,这类导电模型认为泥质导电与砂岩导电性质类似,在导电方程中考虑泥质含量 V_{sh} 对电导率的贡献,简单易算。

(2)Q_v 型的导电模型:这类导电模型不仅承认泥质对岩石电阻率的贡献,还认为,泥质的导电与其他岩石骨架的导电机理是不同的,其差异在于泥质颗粒表面吸附的带电粒子与地层水中离子交换而形成的局部电场,其电场强度是通过阳离子交换量 Q_v 来刻画的。W-S 模型、双水模型就是这类模型的典型代表。此类模型既有实验依据,又有一定的理论基础,在实际研究中被广泛应用。

第六节 岩石的电化学作用

岩石具有一定的孔隙性和渗透性,而存在于岩石孔隙中的水含有各种不同的阴阳离子,不同矿化度水之间的离子浓度存在差异,通过扩散和吸附作用,水中的离子浓度将达到动态平衡,并且阴阳离子分离,表现出一定的电性,这就是存在于岩石中的电化学作用。

一、扩散电动势的产生

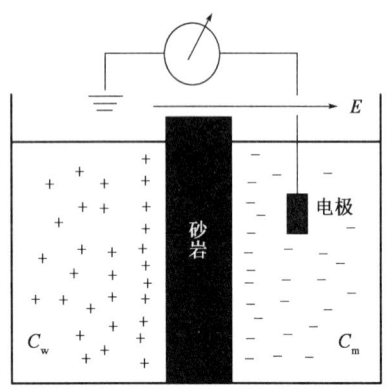

图4-17 扩散电动势产生示意图

以砂岩为例,如图4-17所示,假设砂岩两侧存在两种不同矿化度的水溶液,由于存在浓度差,根据扩散吸附原理,浓度高的一方要向浓度低的一方扩散(表4-4),直至砂岩两侧溶液浓度达到平衡时,离子的运移也达到了动态平衡,这就是自然的扩散过程。溶液中,不同离子的扩散速度是不同的,在图4-17的扩散过程中,因为Na^+的迁移速度小于Cl^-的迁移速度,所以,扩散的结果就是,浓度高的一方聚集了相对多的正电荷,浓度低的一方聚集了相对多的负电荷,形成了由高浓度指向低浓度的电场,其电动势的大小用E_d表示。

表4-4 无限稀释溶液常见离子扩散速度及溶液扩散电动势系数(K_d)值(18℃)

化学成分	阳离子	阳离子迁移率 $S \cdot m^2/mol$	阴离子	阴离子迁移率 $S \cdot m^2/mol$	溶液的扩散电动势系数,mV
NaCl	Na^+	4.35	Cl^-	6.55	-11.6
KCl	K^+	6.46	Cl^-	6.55	-0.4
$CaCl_2$	Ca^{2+}	5.16	Cl^-	6.55	-19.6
$MgCl_2$	Mg^{2+}	4.5	Cl^-	6.55	-22.5
$CaSO_4$	Ca^{2+}	5.16	SO_4^{2-}	6.79	-7.9
$MgSO_4$	Mg^{2+}	4.5	SO_4^{2-}	6.79	-11.7
$CaCO_3$	Ca^{2+}	5.16	CO_3^{2-}	6	-4.4
$Ca(HCO_3)_2$	Ca^{2+}	5.16	HCO_3^-	4.67	-12.3
H_2CO_3	H^+	3.15	HCO_3^-	4.67	46.6
NaOH	Na^+	4.35	OH^-	17.4	34.7

假设两种不同浓度溶液中的分子全部电离,则扩散电动势可表示为

$$E_d = K_d \lg \frac{C_w}{C_m} \quad (4-30)$$

式中,C_w为砂岩左侧溶液(高矿化度溶液)矿化度;C_m为砂岩右侧溶液(低矿化度溶液)矿化度;K_d为扩散电动势系数。

当温度为18℃时,NaCl的扩散电动势系数$K_d = -11.6mV$。在低矿化度的情况下,溶液的电阻率和矿化度成线性反比关系,则式(4-30)可写为

$$E_{\text{d}} = K_{\text{d}} \lg \frac{R_{\text{m}}}{R_{\text{w}}} \tag{4-31}$$

式中,R_{w} 表示砂岩左侧溶液电阻率;R_{m} 表示砂岩右侧溶液电阻率。

二、扩散吸附电动势的产生

根据上面的分析,对于砂岩,在图 4-17 中,高浓度的一方产生了高电位,而低浓度的一方产生了低电位。如果将图 4-17 中的砂岩换成泥岩,则泥岩两侧所产生的电动势方向恰恰相反,如图 4-18、图 4-19 所示。

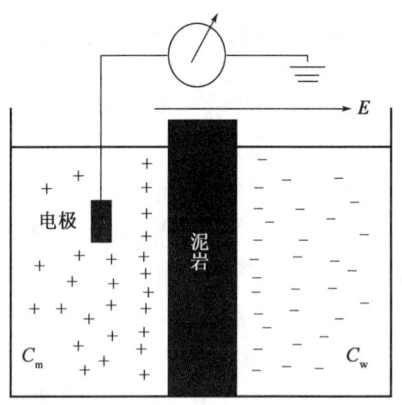

图 4-18 泥岩扩散吸附电动势的产生

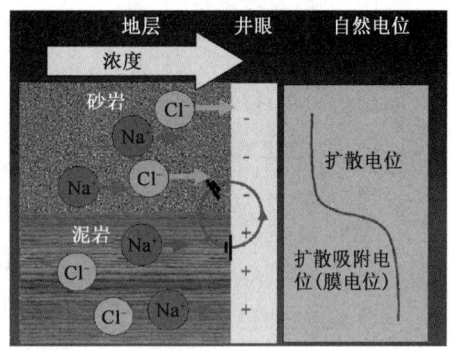

图 4-19 井眼中的自然电位现象(钻井液滤液的矿化度低于地层水的矿化度)

泥岩中发生这种现象的原因是:黏土矿物颗粒表面所吸附的可交换阳离子,使黏土矿物颗粒更易吸附阴离子。正是由于这个原因,高浓度溶液中的阳离子可以自由迁移,而阴离子被黏土矿物颗粒所吸附。这种有选择性的扩散运动,使得浓度低的一方存在更多的阳离子,浓度高的一方存在更多的阴离子,最终导致低浓度溶液中产生高电位,高浓度溶液中产生低电位。存在于泥岩的这种扩散形式称为扩散吸附现象,所产生的电动势称为扩散吸附电动势,用 E_{da} 表示,仿照扩散电动势的计算公式,E_{da} 可表示为

$$E_{\text{da}} = K_{\text{da}} \lg \frac{R_{\text{m}}}{R_{\text{w}}} \tag{4-32}$$

式中,K_{da} 为扩散吸附电动势系数。和 K_{d} 不同,K_{da} 不是常数,随 C_{w} 和 C_{m} 的不同而改变。

在温度为 18℃ 时,其数值为 58mV;在一般情况下,K_{da} 的数值在 $-11.6\text{mV}(Q_{\text{v}} = 0)$ 到 $58\text{mV}(Q_{\text{v}} \to \infty)$ 之间变化。

在相同条件下,对于不同岩性的岩石,扩散吸附电动势 E_{da} 和溶液浓度的关系曲线见图 4-20。从图 4-20 中可看出,KCl 溶液浓度对不同岩性岩石的扩散吸附电动势影响规律不一致。

三、过滤电动势的产生

当岩石内部所含流体的矿化度与外部流体的矿化度不同,且外部流体中含有黏土矿物时,在压差的作用下,外部流体进入岩石内部的过程中,将会形成过滤电动势。如果外部流体的矿化度低于岩石内部流体的矿化度,且外部压力高于岩石内部压力,则对于渗透性较好的砂岩,

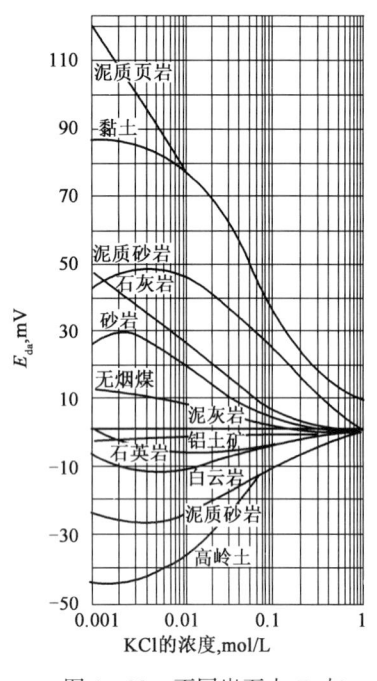

图 4-20 不同岩石中 E_{da} 与 KCl 溶液浓度的关系

低浓度的溶液在相对高压的情况下,将会侵入到渗透性好的岩石中,且在岩石的表面形成很薄的一层滤饼。而这类滤饼通常具有一层较松散的阳离子扩散层,在压差的作用下,阳离子会随着溶液进入到岩石孔隙中,从而使得低浓度的一方带负电,高浓度的一方带正电,岩石的两侧产生电动势。这种电动势并不是自然扩散作用形成的,而是溶液间的压力差所导致的,其结果是压力较高的一侧呈现负电位,而压力较低的一侧呈现正电位,把这种电动势称为过滤电动势,又称动电电动势,一般用 E_f 表示。应用 Helmholtz 理论,可以得到 E_f 的表达式:

$$E_f = A_f \Delta p \frac{R_{mf}}{\mu} \quad (4-33)$$

$$A_f = \frac{\varepsilon \xi}{4\pi} \quad (4-34)$$

式中,R_{mf} 为外部流体的滤液的电阻率,$\Omega \cdot m$;μ 为滤液的黏度,$mPa \cdot s$;Δp 为高、低浓度溶液间的压力差,$10^{-1} MPa$;A_f 为过滤电动势系数,mV;ε 为滤液的介电常数,F/m;ξ 为与岩石有关的物理化学性质有关的参数。

渗透性岩石的 A_f 平均值等于 $0.77mV$。过滤电动势 E_f 值只有在压力差 Δp 很大的情况下,才会产生不可忽略的影响,通常可忽略不计。

第七节 岩石的介电特征

岩石是由固相、液相、气相所组成的非常复杂的混合体。在外加电场的作用下,岩石不仅具有导电性,同时也可能表现出介电性。因此,了解岩石的介电行为特征,对全面认识和利用其电学性质预测和评价地层岩石内部结构、矿物组成、流体特征及分布等都具有重要的意义。

一、电介质理论基础

1. 基本概念

1)电介质

宏观物质对外电场的响应有两种方式,即电传导和电极化。电传导的物质是存在自由电荷的导体,而电极化的物质因电子被束缚在原子或分子中,因此内部几乎没有自由电荷,这类以电极化(简称极化)为主要响应的物质称为介电体,又称电介质。是以感应而不是以传导的形式来传递电的作用和影响的。

电介质可分为两大类:一类是非极性电介质,在常态下,这类电介质内分子的正负电荷的平均位置重合;另一类是极性电介质,在常态下,这类电介质内分子的正负电荷的平均位置不重合。

在无外电场作用时,非极性电介质分子的等效电偶极矩为零;极性电介质分子由于排列杂乱无章,其等效电偶极矩的矢量和也为零。在有外电场作用时,非极性电介质分子的正负电荷平均位置相对位移,极性电介质分子的电偶极矩发生转向,都将出现极化现象。按照相态,电介质可以分为气态、液态和固态三类。固态电介质又可以分为晶态和非晶态电介质两类。

电介质极化的程度可用电极化强度 P 表示,p 表示单位体积内的电偶极矩,则

$$P = \frac{1}{\Delta V} \sum p \tag{4-35}$$

在国际单位制中,电极化强度的单位是 C/m^2。

根据实验,许多电介质的电极化强度 P 与电场强度 E 成正比,即

$$P = \chi \varepsilon_0 E \tag{4-36}$$

式中,ε_0 为真空介电常数,又称为真空电容率或介电常数,在国际单位制中,真空介电常数的数值为 $\varepsilon_0 = 8.85 \times 10^{-12} F/m$;$\chi$ 为电极化率,对于各向同性电介质为一标量,对于各向异性电介质为一张量。

某些电介质中偶极分子间作用很强,无外电场时,在小体积内分子互相平行排列,形成有宏观偶极矩的电畴。这种无外电场时电畴内部分子已出现极化的现象称为自发极化。热释电材料、铁电材料均有自发极化。

2) 电偶极子

电偶极子是指相距很近但有一距离的两个符号相反而量值相等的电荷对。例如将氢原子放在一个由某外电源提供的电场中,若外电场为零,常态下电荷分布是球对称的,正负电荷的平均位置重合,不形成电偶极子。若有外电场,电场将正负电荷分开,使得正负电荷的平均位置不再重合,形成电偶极子,如图 4-21 所示。

3) 电偶极矩

电偶极子在它的周围要产生电场,其特征可用它的电偶极矩 p 表示:

$$p = ql \tag{4-37}$$

式中,q 为电荷电量,C;l 为两电荷间距离,m,其方向规定为由负电荷指向正电荷;p 为电偶极矩,$C \cdot m$。

在分子物理学中,常取 deb(德拜,非法定单位)为电偶极矩的单位,$1 deb = 3.33 \times 10^{-28} C \cdot cm$。HCl 的电偶极矩为 1.08deb,$H_2O$ 的电偶极矩为 1.85deb。

4) 电极化

凡在外电场作用下产生宏观上不等于零的电偶极矩,因而形成束缚电荷的现象,称为电极化。电介质的带电粒子被原子、分子的内力或分子间的力紧密束缚着,因此这些粒子的电荷为束缚电荷。在外电场作用下,这些电荷也只能在微观范围内移动,产生极化,不能产生明显的移动,无法形成电流,也就不能导电。

5) 电位移

如图 4-22 所示,考虑一平行导体板电容器,若加以电势为 V 的电场,平行板将感应出等量反性电荷 Q,且 $Q = CV$,其中 C 为平行板的电容。实验表明,C 与平行板面积 S 和距离 L 之间存在以下关系:

$$C_0 = \varepsilon_0 S/L \tag{4-38}$$

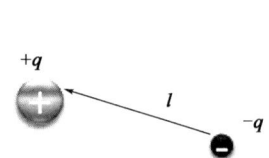
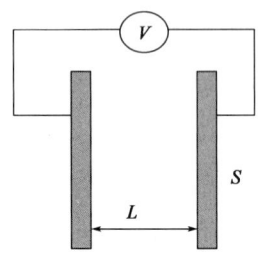

图4-21 电偶极子与电偶极矩　　　　图4-22 平行板电容器

容易知道,平行板之间的电场 $E = V/L$,而对于平行板电容器,电荷增量 dQ,需要外场所做功为 $dw = VdQ$,则在极板间单位体积内电场能量的增加值为

$$dW = dw/SL = Vd(C_0V)/SL = Ed(\varepsilon_0 E) \tag{4-39}$$

把式(4-39)中的 $\varepsilon_0 E$ 记为 D,称为电位移。这是由麦克斯韦(Maxwell)引入的一个概念。

6) 介质损耗

真空电容器是一个理想的无损耗电容器,其相对介电常数为1。若极板间施加频率为 ω 的正弦交变电压 V,通过电容器的电流 I 为

$$I = j\bar{\omega}C_0 V \tag{4-40}$$

式中,j 为虚因子,$j = \sqrt{-1}$,表示 I 与 V 的相位差为 $90°$,如图4-23中的矢量图所示。若在此电容器的两极板间充满介电常数为 ε 的电介质,便成为图4-24左边的电容器,则其电容将增大为

$$C = \varepsilon C_0 \tag{4-41}$$

其电流响应为

$$I = j\bar{\omega}CV \tag{4-42}$$

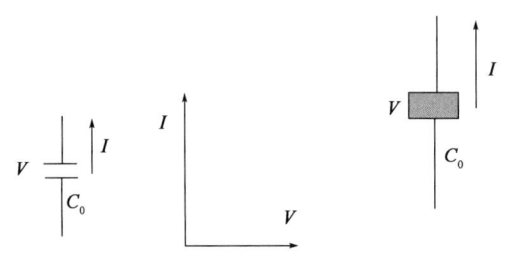
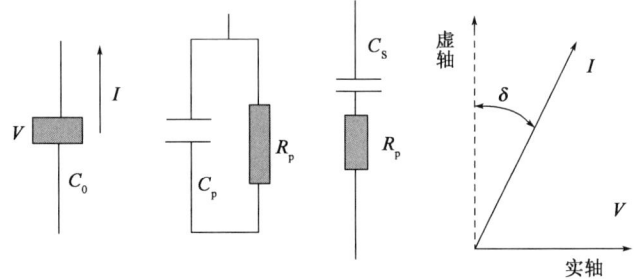

图4-23 真空电容器　　　　图4-24 充满介质的电容器

此时,电压与电流的相位差小于 $90°$。电工学将其分解为实分量 $\omega\varepsilon''C_0V$ 和虚分量 $j\omega\varepsilon'C_0V$,用复数表示如下:

$$I = \omega\varepsilon''C_0V + j\omega\varepsilon'C_0V = j\omega(\varepsilon' - j\varepsilon'')C_0V \tag{4-43}$$

把式(4-43)中的 $(\varepsilon' - j\varepsilon'')$ 称作复介电常数,令

$$\varepsilon^* = \varepsilon' - j\varepsilon'' \tag{4-44}$$

2. 微观极化机制

一般地说,一个宏观物体含有数目巨大的原子、离子、离子团、分子等粒子。由于热运动,这些粒子的取向处于混乱状态,因此无论粒子本身是否具有电矩,热运动平均的结果使得粒子

对宏观电极化的贡献总和等于零。只有在外加电场作用下,粒子才会沿电场方向表现出为宏观极化强度的电矩。一般地,宏观外加电场的作用比起物质粒子内部的相互作用要小得多,物质粒子受电场极化而产生的电矩 p 与外加电场存在如下关系:

$$p = \alpha E \tag{4-45}$$

式中,α 为微观极化率。

目前认为,电介质的极化有电子极化、离子极化、取向极化和界面极化四种机制,一个粒子对极化率 α 的贡献可以来自不同的原因。电子云畸变引起的负电荷中心位移贡献的部分记为 α_e,离子位移贡献的部分记为 α_i,固有电偶极矩取向作用贡献的部分记为 α_d,总的微观极化率为各种贡献部分的总和,即

$$\alpha = \alpha_e + \alpha_i + \alpha_d \tag{4-46}$$

四种极化机制的概念图如图 4-25 所示,下面主要对这四种极化机制进行分析。

1)电子极化

电子极化,又称电子位移极化,指的是在外电场作用下,构成电介质的分子、原子或离子中的外围电子云相对原子核发生弹性位移而产生感应偶极矩的现象,如图 4-26 所示。

2)离子极化

在离子晶体中,可以将晶格看成是由很多阴阳离子组成的偶极子构成的,以 NaCl 晶体为例,在外电场作用下,尽管这样的 Na^+ 与 Cl^- 对并不运动,但每个离子都会偏离它们的平衡位置发生位移。Na^+ 顺着电场方向移动,而 Cl^- 则逆着电场方向移动,所以作为整体的结果显现出一个表观的诱导偶极矩,这就是离子极化,也称为离子位移极化。

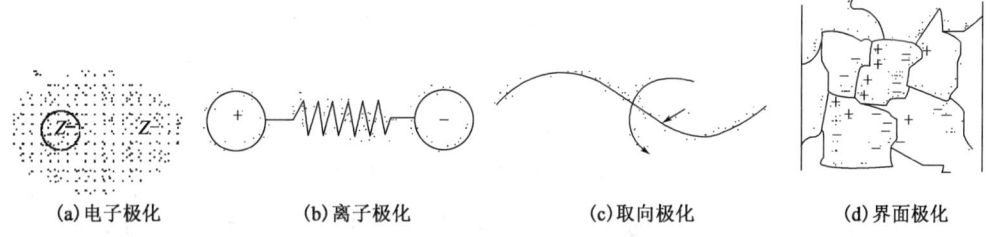

(a)电子极化　　(b)离子极化　　(c)取向极化　　(d)界面极化

图 4-25　四种极化机制示意图

在像 NaCl 之类的离子晶体中,沿晶轴方向施加一个外电场。图 4-27 示出了离子位移极化的情况。当无外电场时,由于阴阳离子空间排列的对称性,晶胞的固有电偶极矩等于零。当出现电场 E 时,所有阳离子受电场作用沿 E 方向作相同的位移,而阴离子却朝反方向位移。

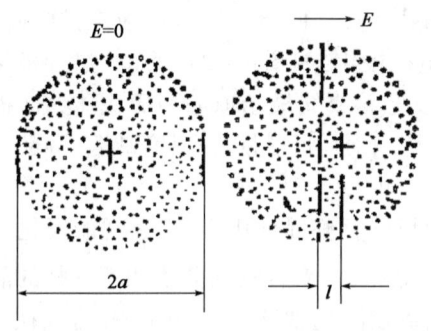

图 4-26　电子云位移极化(据殷之文,2003)

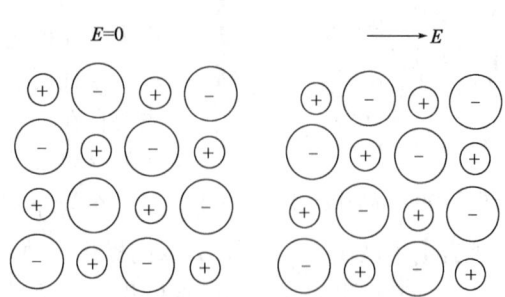

图 4-27　离子位移极化(据殷之文,2003)

与电子极化相比,离子极化可以导致较大的介电常数或极化率。同时,与电子极化一样,离子极化的微观极化率也与温度无关,其响应在大约 $10^{11} \sim 10^{13}$ Hz 频率段的红外和微波的高频部分。

3) 取向极化

某些极性气体,如 CO、SO_2、水蒸气,极性液体、醇、丙酮等或像硅酸盐、极性聚合物中具有能够自由转动的固有偶极子。在外电场的作用下,这些固有的偶极子将沿着电场的方向翻转,这种极化方式称为偶极子极化或偶极子取向极化,简称取向极化。取向极化中固有偶极子是互相不依赖的,而且能够自由旋转,这与离子极化机制形成鲜明对比。

如图 4-28(a)所示,在热平衡下,极性分子的固有偶极矩的取向是任意的,即各方向取向的概率相等,因此总的宏观偶极矩之和为零,不产生净的极化强度[图 4-28(b)]。但是,在外加电场下,每个偶极子都将受到电场力矩 L 的作用,使得它们转向电场方向,在某种程度上排列起来,因为只有这样才能够降低它们的能量[图 4-28(c)],因此,就整体而言,产生与外电场同方向的宏观偶极矩,即净的极化不再为零[图 4-28(d)],这就是偶极子的取向极化。

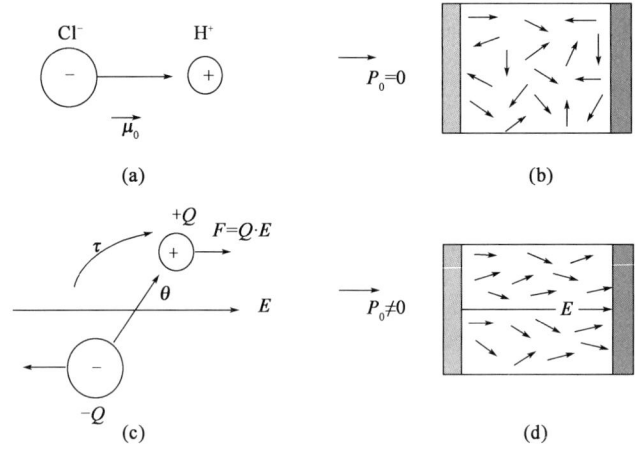

图 4-28 偶极子取向极化机制

以上是在分子极化的框架下的三种极化机制,因为它们可以从分子水平予以解释。电子极化和离子极化都属于位移极化,取向极化则是永久偶极子的取向极化。

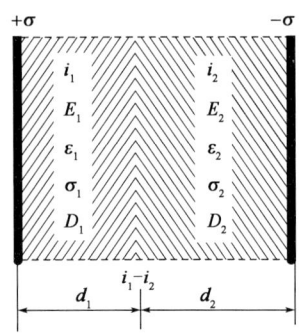

图 4-29 界面极化机制示意图

4) 界面极化

当材料中的自由电荷(阴阳离子或电子)在两种材料的相界面上或在一种材料内部的两个不同区域间聚集时,将形成材料中空间电荷分布的不均匀,从而产生宏观偶极矩,这种极化称为界面极化或空间电荷极化,如图 4-29 所示。这种极化机制一定程度上可以等效地看成偶极子取向型极化。界面极化主要存在于具有相界面的不均匀材料以及具有缺陷、颗粒和杂质的材料中。

在气体、液体和理想的完整晶体中,经常出现的极化微观机理有电子极化、离子极化和取向极化三种方式;在非晶固体、聚合物高分子和不完整的晶体中还出现其他更为复杂的微观极化方式,称为空间电荷极化,通常这些复杂的极化方式在一定程度上可以等效为取向极化,此处就不做详细讲述了。

二、极化弛豫过程的描述

极化是指一个宏观系统由于周围环境的变化或它经受了一个外界的作用而变成非热平衡状态的现象,这个系统经过一定时间由非热平衡态过渡到新的热平衡状态的整个过程就称为弛豫。宏观系统的热平衡从统计意义上来说,是以其中的粒子按某种能量分布规律来表征的,这种规律通常称为玻耳兹曼(Boltzmann)分布。因此,弛豫过程实质上就是系统中微观粒子由于相互作用而交换能量,最后达到稳定分布的过程。弛豫过程的宏观规律取决于系统中微观粒子相互作用的性质。因此,研究弛豫现象是获得关于这些相互作用的信息最有效途径之一。

电场与物质之间的相互作用中最重要的就是弛豫过程。因为弛豫过程有的是通过粒子间的各种复杂混乱的作用或碰撞来实现的,故在弱电场情形下,可用弛豫时间近似方法来处理,即认为碰撞引起的分布函数 f 的变化速率正比于分布函数相对其平衡值 f_0 的偏差 $(f-f_0)$。下面通过弛豫时间近似来表征介电弛豫。

在时间 $t<0$ 时,介质受外电场极化产生极化强度 P_0;$t=0$ 时突然除去外电场,则在 t 很大以后,系统的极化强度逐渐趋向于热平衡态的零值。在此过程中,极化强度 P 减少的速率与 P 的大小成正比,即

$$\mathrm{d}P = -AP\mathrm{d}t \qquad (4-47)$$

将其中的比例常数 A 的倒数写为

$$\tau = 1/A \qquad (4-48)$$

根据前面提到的初始条件,容易写出微分方程(4-47)的解为

$$\int \mathrm{d}P = P = P_0 \mathrm{e}^{-At} = P_0 \mathrm{e}^{-t/\tau} \qquad (4-49)$$

图 4-30(a) 的曲线描述了式(4-49)的弛豫规律,图中 τ 称为弛豫时间。类似地,若 $t=0$ 时 $P=0$,在此瞬时突然加上一个恒定电场,则电介质建立热平衡极化强度 P_0 的弛豫过程规律为

$$\mathrm{d}(P_0 - P) = -A(P_0 - P)\mathrm{d}t \qquad (4-50)$$

方程(4-50)的解为

$$P = P_0(1 - \mathrm{e}^{-t/\tau}), \tau = 1/A \qquad (4-51)$$

图 4-30(b)中给出的曲线描绘了式(4-51)的弛豫规律。

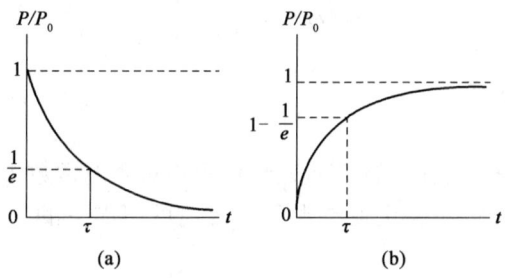

图 4-30 介质的弛豫响应规律

式(4-49)和式(4-51)描述了自然界的许多弛豫现象。但是在介电弛豫现象中,这样的简单描述方法显得还远远不足。下面对静电场和交变电场中的极化弛豫进行简单的介绍。

三、静电场中的极化

对于天然气等类气态物质,分子之间的平均距离很大。在标准状况下,一个气体分子平均占据的空间约为分子本身体积的 3×10^4 倍。分子内部各部分之间的相互作用比之分子之间的相互作用强得多,将每个分子看成是一个近独立子系是一种很好的近似。分子处于一种热平衡分布。

当存在外加电场 E 时,每个分子都被极化,并产生一个电矩,从而在其周围建立起自己的电场。由于库仑作用是长程的,每个分子除受外加电场 E 的作用之外,还要受到其他分子的感应电矩的电场作用;这两部分电场合起来记作 E_L,称为局域场。E 是外加的宏观电场;但是对于单个分子来说,E_L 才是真正的外电场,因为这里没有涉及来自这个分子本身内部电荷的电场,而这个分子以外的所有因素都考虑到了。

当讨论分子中某个原子或离子所受到的电场的作用时,除 E_L 以外,还要计入其他原子或离子所产生的总电场 E_{in},称 E_{in} 为内场,就是说,一个分子中的某个原子或离子所受到的总电场为

$$E_e = E_{in} + E_L \tag{4-52}$$

式中,E_e 为有效场。

四、交变场中的极化

首先,考虑在交变电场 $E(t) = E(\omega)\cos\omega t$ 中的极化情况:

真空中,极化强度 $P = 0$,电流密度 $D(t) = \varepsilon_0 E(\omega)\cos\omega t$。当存在介质时,因为极化的变化跟不上电场的变化而产生相位差 φ。而电流密度 $D(t) = P(t) + \varepsilon_0 E(t)$,所以 $D(t)$ 也产生相位差,为 φ。

实际上,当介质被施加了周期性电场 $E(t)$ 之后的瞬间,P 不可能立刻达到其饱和值,而总是伴随着一些滞后,这时的介电常数为一个复数,通常记为 $\varepsilon^*(\omega)$:

$$\varepsilon^*(\omega) = \varepsilon'(\omega) - j\varepsilon''(\omega) \tag{4-53}$$

其中

$$\varepsilon'(\omega) = \frac{D_0 \cos\varphi}{\varepsilon_0 E(\omega)} \tag{4-54}$$

$$\varepsilon''(\omega) = \frac{D_0 \sin\varphi}{\varepsilon_0 E(\omega)} \tag{4-55}$$

五、德拜弛豫方程

由前面的描述可知,总的介电响应宏观效果可用相对介电常数 ε 来描述。在频率为 ω 的正弦交变电场作用下,电介质的极化弛豫现象一般地可用如下的 ε 与 ω 普遍关系的形式来描述:

$$\varepsilon(\omega) = \varepsilon_\infty + \int_0^\infty a(t) e^{j\omega t} dt \tag{4-56}$$

式中,$a(t)$ 称为衰减因子;$\varepsilon_\infty = \lim_{\omega \to \infty}\varepsilon(\omega)$,称为光频介电常数。

式(4-56)描述了突然除去外电场后介质极化衰减的规律,以及迅速加上恒定外电场时

介质极化趋向于平衡态的规律。由于介质中电矩的运动需要时间，因此极化响应显得落后于迅速变化的外电场而似乎具有一点惯性；同时，弛豫过程中微观粒子之间的能量交换在宏观方面将表现为一种损耗，这个损耗可以用复介电常数的虚部 ε'' 描述。因此，衰减因子将 $\varepsilon(\omega)$ 分成为实部 ε' 和虚部 ε''。

在特殊情况下，可以令：
$$\alpha(t) = \alpha_0 e^{-t/\tau} \qquad (4-57)$$

这样就可得出前面所提到的弛豫规律。其中，弛豫时间与介质的温度有关。将式(4-57)代入式(4-56)，积分后得到
$$\varepsilon(\omega) = \varepsilon_\infty + \frac{a_0}{\frac{1}{\tau} - j\omega} \qquad (4-58)$$

若频率很低，$\omega \to 0$，则记 $\varepsilon(0) = \varepsilon_s$。式(4-58)可变为
$$\varepsilon_s = \varepsilon_\infty + \tau a_0 \qquad (4-59)$$

式中，ε_s 为静态相对介电常数。

将式(4-59)代入式(4-57)，则
$$\alpha(t) = \frac{\varepsilon_s - \varepsilon_\infty}{\tau} e^{-t/\tau} \qquad (4-60)$$

而
$$\varepsilon^* = \varepsilon' - j\varepsilon'' = \varepsilon_\infty + \frac{\varepsilon_s - \varepsilon_\infty}{1 - j\omega\tau} \qquad (4-61)$$

进一步可以得到复介电常数 ε^* 的实部 ε' 和虚部 ε'' 和损耗角正切 $\tan\delta$ 的表示式为
$$\varepsilon' = \varepsilon_\infty + \frac{\varepsilon_s - \varepsilon_\infty}{1 + \omega^2\tau^2} \qquad (4-62)$$

$$\varepsilon'' = \frac{(\varepsilon_s - \varepsilon_\infty)\omega\tau}{1 + \omega^2\tau^2} \qquad (4-63)$$

$$\tan\delta = \frac{\varepsilon'}{\varepsilon''} = \frac{(\varepsilon_s - \varepsilon_\infty)\omega\tau}{\varepsilon_s + \varepsilon_\infty \omega^2\tau^2} \qquad (4-64)$$

式(4-64)就是著名的德拜(Debye)方程，满足该方程的弛豫称作德拜型弛豫。

六、科尔—科尔模型

1941年，科尔兄弟(K. S. Cole 和 R. H. Cole)发现，大多数固体电介质弛豫都不符合 Debye 模型。他们在随后的研究中修正了 Debye 模型，提出了 Cole-Cole 模型，把介质的复介电常数表示为

$$\varepsilon = \varepsilon' - j\varepsilon'' = \varepsilon_\infty + \frac{\varepsilon_s - \varepsilon_\infty}{1 - (j\omega\tau_\alpha)^{1-\alpha}} \qquad (4-65)$$

式中，τ_α 为平均弛豫时间；α 为一系数，$0 < \alpha < 1$。

他们证明，在式(4-65)所适用的场合中，将实验数据按照如图4-31所示的方法作图，就可以得到 Cole-Cole 圆。

实际上，Debye 方程中消去 $\omega\tau$，得到

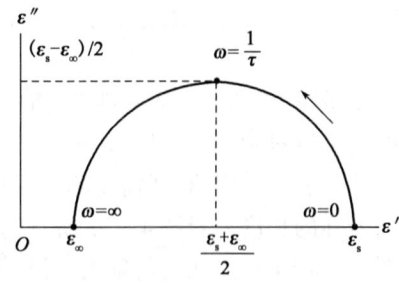

图4-31　Cole-Cole 模型图

$$\left[\varepsilon' - \frac{1}{2}(\varepsilon_s + \varepsilon_\infty)\right]^2 + (\varepsilon'')^2 = \frac{1}{4}(\varepsilon_s - \varepsilon_\infty)^2 \qquad (4-66)$$

有许多电介质的介电弛豫并不属于 Debye 型,而是符合 Cole-Cole 型弛豫。式(4-66)中的系数 α,实际上是一个用来衡量弛豫类型是否符合 Debye 型弛豫的参数。

第八节 岩石电学参数的实验室测定

岩石电学参数的测量,包括测量岩石电阻率、介电常数和极化率。岩石的电学参数可通过岩石样品在实验室进行测定,本节分别对这三个参数的实验室测量方法进行简要的介绍。

一、岩石的电阻率

测量岩石的电阻率时,测试岩样通常采用标准圆柱状或全直径岩心,其中标准圆柱体岩心的直径约为 2.54cm。除了圆柱状的岩样外,也可采用方形岩心,进行岩石电阻率各向异性的测量,即测量 x、y、z 三个不同方向电阻率的大小。实验室测量岩石电阻率,可采用两极法,也可采用四极法。

所需的测量设备主要是游标卡尺、岩心夹持器和 LCR 数字电桥仪,即电感、电容、电阻数字电桥仪,图 4-32 为两极法测量岩石电阻率的实验装置。实验岩样为圆柱形柱塞样。

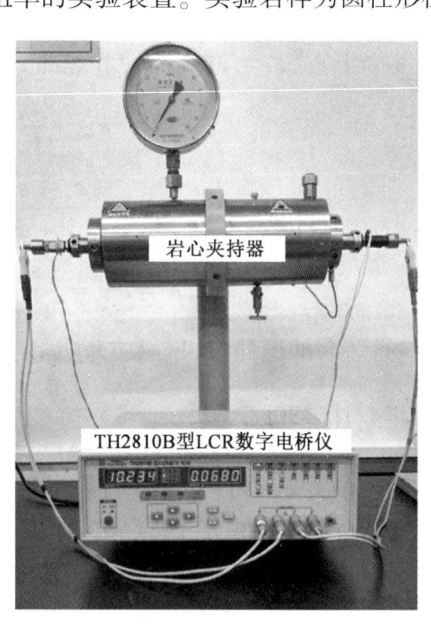

彩图 4-32

图 4-32 LCR 数字电桥仪和岩心夹持器

测量时,将岩心放入夹持器,旋紧两端探头,即可测量(图 4-33)。仪器上显示的是岩石的电阻。测量中一般采用 50Hz 交流电。

获取岩石电阻后,还需要测量岩样与测量电流流动方向相垂直截面的面积和沿电流流向方向岩样的长度。对图 4-32 所示的电阻率测量装置,则只需测量岩样的直径和岩样的长度,如图 4-34 所示。在此基础上,可根据下式计算岩石的电阻率:

$$R = \frac{\pi d^2 V}{4lI} \qquad (4-67)$$

式中,d 为岩心直径;l 为岩心长度;I 为通过岩心的电流;V 为岩心两端的电位差。

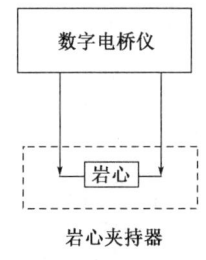

图 4-33　放入岩心后连接夹持器与数字电桥仪

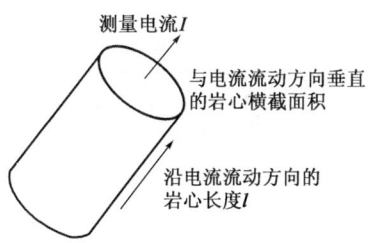

图 4-34　岩心的几何尺寸

建立不同岩石的岩电关系时,需要获得不同含水饱和度条件下岩石的电阻率。改变岩心含水饱和度的方法主要有驱替法、自吸增水法、风干法、离心法和半渗透隔板法等等。实验过程中,需根据岩心的渗透性、地层水矿化度,以及地层含流体类型(油或气)的高低,选择不同的方法建立岩心含水饱和度。驱替法一般适用于渗透性较好的岩石。驱替过程中,一般先将岩心 100% 饱和水,再采用原油或气在一定压力下驱出岩心中的水,以达到改变岩心含水饱和度的目的。

二、岩石的介电常数

测量岩石的介电常数时,所需测试样品的规格一般为 2.54cm 的圆柱体岩样,其测量步骤与岩石的电阻率测量也基本一致。只是相比于电阻率,介电常数的频散效应明显,因此,不同频率下,介电常数有所变化。

测量介电常数时,可以采用较高频的矢量网络分析仪(图 4-35)。国产仪器的频率最高为几吉赫兹,图中所展示仪器的频率测量范围是 30MHz~3GHz,而国外仪器的最高频率可以达到几十吉赫兹。矢量网络分析仪是可以在很宽的频带内进行扫描测量的电学参数测量仪器。岩石的介电常数在低频时变化较大,所以,一般都要选用高频。

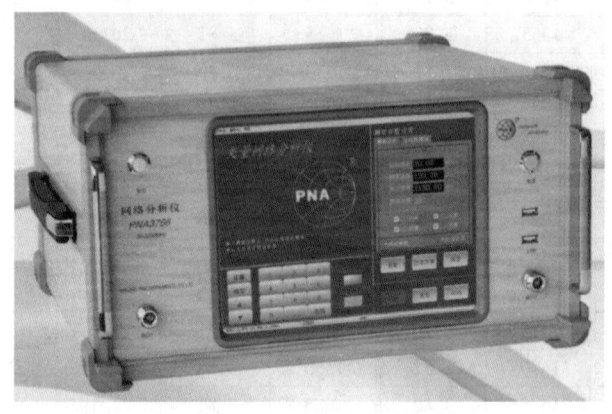

彩图4-35

图 4-35　矢量网络分析仪

圆柱体岩石样品准备好后,放入岩心夹持器中,选定频率即可进行测量,测试过程中测出来岩样的信号如图 4-36 所示。图中横坐标为测量频率,纵坐标左边给出的是介电常数的实部 ε',右边给出的是虚部 ε''。表 4-5 列出了部分测试数据。

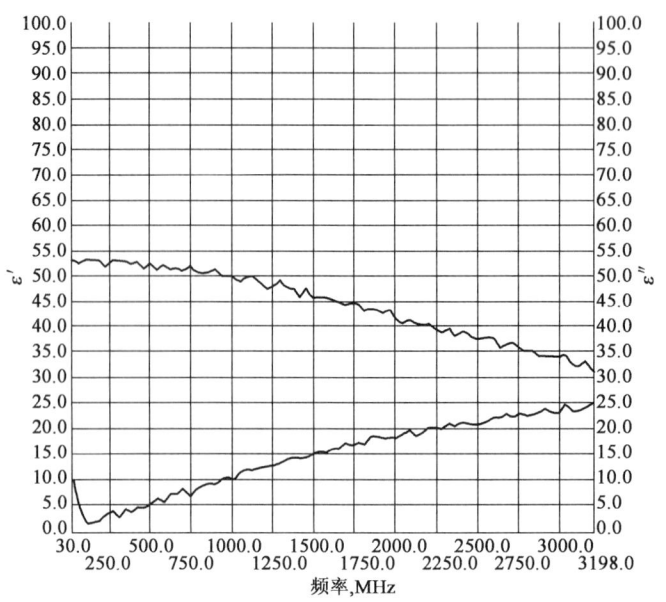

图 4-36 某岩石样品的介电常数测量信号

表 4-5 某岩石样品的相对介电常数 (温度 20℃)

f, MHz	ε_r	f, MHz	ε_r	f, MHz	ε_r	f, MHz	ε_r	f, MHz	ε_r
500	3.89	860	3.81	1220	3.86	1580	3.82	1940	3.84
515	3.87	875	3.87	1235	3.81	1595	3.85	1955	3.82
530	3.82	890	3.84	1250	3.81	1610	3.81	1970	3.81
545	3.97	905	3.81	1265	3.82	1625	3.79	1985	3.82
560	3.97	920	3.80	1280	3.82	1640	3.81	2000	3.85
575	3.92	935	3.80	1295	3.84	1655	3.82	2015	3.84
590	3.85	950	3.83	1310	3.81	1670	3.82	2030	3.82
605	3.82	965	3.84	1325	3.86	1685	3.83	2045	3.83
620	3.81	980	3.82	1340	3.79	1700	3.80	2060	3.86
635	3.89	995	3.80	1355	3.79	1715	3.81	2075	3.83
650	3.91	1010	3.80	1370	3.87	1730	3.80	2090	3.82
665	3.80	1025	3.79	1385	3.85	1745	3.81	2105	3.86
680	3.80	1040	3.83	1400	3.82	1760	3.82	2120	3.84
695	3.80	1055	3.85	1415	3.74	1775	3.80	2135	3.83
710	3.83	1070	3.81	1430	3.88	1790	3.80	2150	3.85
725	3.85	1085	3.81	1445	3.81	1805	3.81	2165	3.82
740	3.86	1100	3.84	1460	3.79	1820	3.82	2180	3.83
755	3.83	1115	3.83	1475	3.79	1835	3.81	2195	3.84
770	3.79	1130	3.83	1490	3.81	1850	3.85	2210	3.84
785	3.81	1145	3.81	1505	3.82	1865	3.81	2225	3.83
800	4.05	1160	3.79	1520	3.78	1880	3.80	2240	3.82
815	3.86	1175	3.79	1535	3.82	1895	3.83	2255	3.81
830	3.81	1190	3.81	1550	3.83	1910	3.80	2270	3.82
845	3.80	1205	3.81	1565	3.80	1925	3.82	2285	3.82

三、岩石的极化率

岩石激发极化效应是外加电场使岩石介质内的离子偏离原来平衡位置的一种电化学现象。这种电化学现象在岩石中以滞后的电压形式表现出来,这个过程可以用激发电流和岩石两端电压变化曲线来表示,如图 4-37 所示。从图 4-37 中可看出,当向岩石两端施加恒定电流 I_0 时,岩石两端的电位差在开始的瞬间迅速上升到某一数值 ΔU_1 后,随着时间增加而缓慢变化,并渐趋于稳定。在断开电流后,岩石两端的电位差会在瞬间迅速下降到某一数值 ΔU_2,由于岩样内离子的运动,岩样两端的电位差会缓慢衰减,直到岩样内离子全部恢复到激发前的初始平衡状态(罗景美等,2000)。由于岩样内离子偏离平衡状态需要一定的过程,刚开始供电时刻的激发极化效应只与岩样的导电性和电化学特性有关,这时岩石中的电场称为一次场,其产生的电位差 ΔU_1 称为一次场电位差。供电延续一段时间后,岩样两端的电位差会有两部分叠加组成,一部分是一次场电位差,另一部分是由岩样发生激发极化效应产生的二次场电位差 ΔU_2,这时岩石中的电场称为极化场。早在 1919 年,法国 C. Schlumberger 就观察到,对潮湿的非固结岩石,当断开所通过的直流电脉冲后,会显示出二次瞬变电压。从文献看,20 世纪 50 年代中期前后开始,激发极化方法被应用于野外找水实践,之后被逐渐应用于古河床、冻土带等地质研究中,并取得了一定的地质效果,但相对于电阻率方法,其应用还较初步,报道也较少。

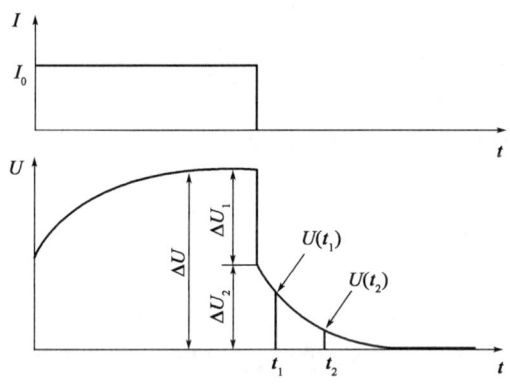

图 4-37 岩石的激发极化原理

岩石激发极化特性可用极化率 η 表示,它是描述极化电压衰减情况的一个物理量,是二次场电位差 ΔU_2 与一次场电位差与二次场电位差之和 ΔU 的比值,其表达式为

$$\eta(t) = \frac{\Delta U_2(t)}{\Delta U} \times 100\% \tag{4-68}$$

式中,$\eta(t)$ 为断电后 t 时刻岩石的极化率;$\Delta U_2(t)$ 为断电后 t 时由激发极化产生的二次电位差;ΔU 为供电长时间的激发电位。

测定岩石极化率一般可采用对称四极装置,其过程与岩石电阻率测量过程相似。在得到一次场和二次场电位差后,利用式(4-68)可计算出岩石的极化率。

由式(4-68)可看出,极化率与极化电压成正比,所以衰减规律一致。从理论上讲,激发极化的过程跟电容充放电的过程非常相似,极化率随着时间的衰减特性应该跟电容放电过程的衰减特性一致,表达式为

$$\eta(t) = \eta(0)\exp(-t/\tau) \qquad (4-69)$$

式中,$\eta(0)$为断电后 $t=0$ 时刻岩石极化率;τ 是衰减时间,用来描述极化率衰减的快慢,实验证明其与岩石粒度密切相关,随着岩石粒度的增大,τ 值减小。某岩石极化率随时间的衰减曲线如图 4-38 所示。

岩石孔隙具有多种形态,孔隙大小不均匀,每种尺寸孔隙有其自己的特征激发极化弛豫时间,因此,岩石的极化率 $\eta(t)$ 是一系列单个孔隙极化率的叠加,其表达式为

$$\eta(t) = \sum_{i=1}^{N} \eta_i(0)\exp(-t/\tau_i) \qquad (4-70)$$

式中,τ_i 是预先指定的弛豫时间布点序列。

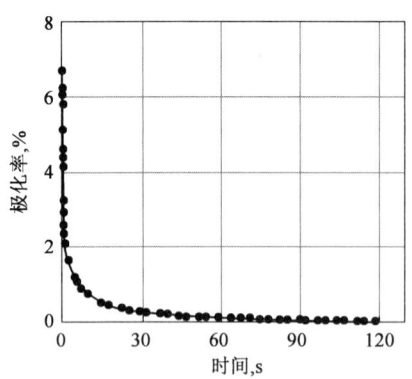

图 4-38 某岩石极化率的衰减曲线
(据范宜仁等,1997,有修改)

习 题

(1)黏土在孔隙中的存在形式有哪几种?
(2)什么是双水模型?简述黏土岩中双水层是如何形成的。
(3)有几类岩石导电模型?每种模型的核心思想是什么?
(4)简述泥岩中电化学作用的产生机理。
(5)简述阿尔奇公式的物理意义及其局限性。
(6)在一块体积为 $2cm^3$ 的岩石标本中有 25% 的孔隙。设骨架的电阻率为 $15000\Omega \cdot m$,孔隙流体的电阻率是 $2\Omega \cdot m$。假设在水平层状介质模型中沿层面的方向供电。求该岩石标本的电阻率。
(7)一块长方形的岩石标本的长度是 5cm,横截面积是 $1cm^2$,其内有一充满流体且长度为 10cm、体积为 $0.2cm^3$ 的毛细管。毛细管的两端位于标本的横截面内。设骨架的电阻率为无穷大,毛细管中流体的电阻率是 $3\Omega \cdot m$。求岩石电阻率。
(8)在一块体积为 $2cm^3$ 的岩石标本中有 30% 的孔隙。根据实际资料得到的地层因子是 16。求该岩石标本的胶结指数。
(9)在岩石中,电介质的极化有哪几种方式?各自主要特征是什么?
(10)查阅文献资料,简述岩石激发极化效应在实际工程中有什么应用。
(11)已知,$t<0$ 时,介质受外电场极化产生极化强度为 P_0;$t=0$ 时撤掉外场,介质将进入极化后的弛豫阶段。请建立描述弛豫阶段的一般数学模型。

第五章 岩石声学基础

岩石声学研究岩石中声波的产生、传播、接收机制,以及声波传播过程中与岩石的相互作用形式、作用机制等。岩石是由骨架(固相)、流体(油、气或水)共同构成的多相复杂材料,由于其组成矿物、流体性质的差异,以及结构、构造的复杂性,因此声波在其中传播过程中,速度、吸收、衰减、频率特性都变得很复杂,是岩石组成、结构、构造、力学性质、流体等客观物性,以及赋存温度、压力环境等因素的综合反映。本章将简要介绍声波相关基础知识、岩石声波的速度特性、衰减机制、实验室测定方法、常见声波速度等效模型,以及声学特性的一般应用。

第一节 岩石声波的相关基础知识

一、岩石中声波的类型及特点

质点振动及能量通过质点间相互作用在介质中传递,形成声波波动。声波的类型多且复杂。在弹性介质内部传播,且未受到介质边界影响的弹性波,称为体波。体波有两种类型,纵波和横波。沿着一种弹性介质表面或两种不同弹性介质的界面上传播的波,称为界面波;若与弹性介质相邻的介质为空气或真空,则界面波又称为表面波。常见的界面波有瑞利波(Rayleigh wave)、乐甫波(Love wave)和斯通利波(或管波)(Stonely wave)。

1. 纵波和横波

纵波又称 P 波或胀缩波,其质点运动方向与波传播方向一致,以疏、密带形式传播,如图 5-1、视频 7 所示。横波又称剪切波或 S 波,其传播方向与质点运动方向垂直,如图 5-2、视频 7 所示。声振动在弹性介质中传播,某一瞬间,介质中已被扰动部分和未被扰动部分之间的界面称为波面或波阵面,波面呈封闭状。波面为球面的波称为球面波,波面为柱面的波称为柱面波。波面曲率很小的波可近似为平面波。

视频 7

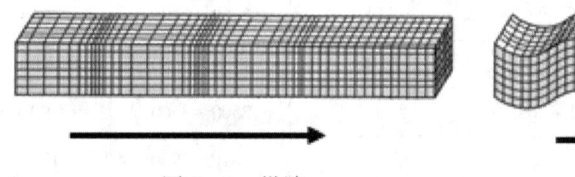

图 5-1 纵波　　　　图 5-2 横波

岩石的声波速度以单位时间内声波在岩石中传播的距离来表征。在均匀各向同性介质中,纵波速度(v_P)、横波速度(v_S)与拉梅常数 λ、剪切模量 G 的关系为

$$v_P = \sqrt{\frac{\lambda + 2G}{\rho_b}} \tag{5-1}$$

$$v_S = \sqrt{\frac{G}{\rho_b}} \tag{5-2}$$

式中,ρ_b 为密度,g/cm³;λ 为拉梅常数;G 为剪切模量,GPa。

显然,同一介质的 P 波传播速度高于 S 波。拉梅常数的表达式为

$$\lambda = \frac{2G}{1-2\nu}\nu \tag{5-3}$$

若介质的泊松比 ν 为 0.25,则 $\lambda = G$,于是

$$v_P = \sqrt{3}\,v_S \tag{5-4}$$

在声学理论中,波速的倒数($1/v$)称为慢度,在地球物理测井领域中则习惯称为声波时差,或简称为时差。声波测井通过测量声波传播固定距离 L 所用的时间 T_L 来估算地层的时差和反演地层的声速。由于距离 L 可能跨越多种不同地层或地层自身的非均质,因此,声波测井获得的时差或波速为传播距离内地层的平均值。表 5-1 是油气工业中常见流体及岩石的纵波速度和纵波时差。

表 5-1 常见流体及岩石的纵波速度和纵波时差

介质	纵波速度 v_P m/s	纵波时差 Δt μs/m	介质	纵波速度 v_P m/s	纵波时差 Δt μs/m
空气(0℃)	330	3000	白云岩	900～7600	1111～131
甲烷(1atm)	442	2260	石灰岩	1000～7000	1000～142
石油	1070～1320	985～757	致密灰岩	6400～7000	156～143
普通钻井液	1530～1620	655～622	泥灰岩	3050～6400	330～156
铁	5340	187	大理岩	3750～6940	267～144
角砾岩	1450～5600	690～178	石膏	1500～4600	667～217
砾岩	1450～5600	690～178	橄榄岩	7800～8700	128～115
细砾岩	1700～5400	588～185	花岗岩	3700～6510	270～154
砂岩	800～4500	1250～222	玄武岩	2520～6400	397～156
砂质页岩	1450～5180	690～193	凝灰岩	1890～2380	529～420
细粒粉砂软泥	1460～1680	685～595	角页岩	5990～6210	167～161
粉砂泥质软泥	1500～1640	667～610	片麻岩	5200～6350	192～157
粉砂岩	800～4000	1250～250	岩盐	4600～5200	217～193
泥岩	1830～3962	548～252	褐煤	2200～2700	455～370
泥质软泥	1490～1510	671～662	烟煤	1700～2600	588～385
泥板岩	900～4800	1111～208	无烟煤	2500～3500	400～286
泥质页岩	1780～4740	562～211	磁铁矿	5810～5960	172～168
板页岩	2300～6650	435～150	赤铁矿	5530	181

2. 瑞利波和斯通利波

瑞利波是指在固体介质表面传播的波,因瑞利于1887年首先指出这种波的存在而得名,瑞利(面)波可见视频8。瑞利波沿固体表面传播时,固体介质表面的质点作椭圆运动,椭圆的长轴与瑞利波的传播方向垂直,椭圆的短轴方向则是瑞利波的传播方向。可以理解为瑞利波在传播时,介质质点在沿传播方向和表面法线方向组成的平面内作向后(即与传播方向相反)的椭圆运动。瑞利波的能量分布随沿离开介质法线方向的距离增加,按负指数规律减小,因此,是一种典型的非均匀波。瑞利波的速度 v_R 略低于横波速度 v_S,为同介质中横波波速的 0.862~0.955 倍。瑞利波在各向同性均匀固体介质的自由表面传播时,传播速度只与介质自身的弹性有关,与频率无关;非均匀介质中,瑞利波传播速度将呈现频散现象,波速将随频率变化而变化。瑞利波的发现对浅层地震勘探、地震科学的发展都起到了积极的推动作用。

视频8

斯通利波是在两种不同介质的交界面传播的波,因斯通利首先发现而得名。斯通利波的存在与介质的拉梅常数、剪切模量和密度有关。当两种不同介质的拉梅常数 λ、剪切模量满足 $\lambda_1/G_1 = \lambda_2/G_2 = 1$,且密度之比 $\dfrac{\rho_{b1}}{\rho_{b2}}$ 和剪切模量之比 $\dfrac{G_1}{G_2}$ 满足某种条件时,斯通利波将会在两种介质的交界面产生,其波速同时取决于两种介质的性质。

斯通利波是油气井测井研究和利用的一种波动类型。对油气井测井而言,现有研究发现,斯通利波是在尺寸有限的井内流体中产生的声波导,只是在某些特定的低频时才被激发,而且有频散。斯通利波的幅度与速度是"对偶"的,即幅度增加的同时其速度减小,反之亦然。斯通利波的速度 v_t 以井内流体的纵波速度为上限值,幅度的基本变化规律是随井径的减小而变大,随井壁地层横波速度的降低而增大,沿井轴方向传播不发生几何扩展,井壁地层的渗透率增加时会导致其幅度减小。

二、声波在交界面上的折射和反射

声波(纵波和横波)在两种介质的交界面会发生传播方向的改变和声场能量的重新分配,这就是声波的反射和折射。

1. 声波在两种介质交界面上的方向改变

如图 5-3 所示,一束平面纵波从密度为 ρ_1、纵波速度为 v_{1P} 的介质 I 入射到与密度为 ρ_2、纵波速度为 v_{2P} 的介质 II 的交界面时,入射方向与交界面法线的夹角为入射角 θ,在两种介质 I 和 II 的交界面,一部分纵波以平面波形式反射回介质 I,反射角等于入射角,即 $\theta_1 = \theta$;另一部分声波则穿过介质 I 和 II 的交界面,折射进入介质 II,继续以纵波形式传播,折射角 θ_2 与入射角 θ 的关系与介质 I 和 II 的声波速度有关,即

$$\frac{\sin\theta}{v_{1P}} = \frac{\sin\theta_1}{v_{1P}} = \frac{\sin\theta_2}{v_{2P}} \qquad (5-5)$$

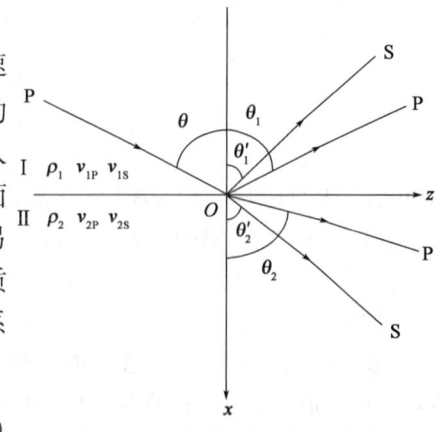

图 5-3 平面波的反射和折射

如果介质Ⅰ和Ⅱ都是固体,则入射纵波还可能产生反射横波,反射角为θ_1',同时在介质Ⅱ中也会产生折射横波,折射角为θ_2',入射角和纵波、横波的反射角以及纵波、横波的折射角的关系可写成一个统一的表达式,即

$$\frac{\sin\theta}{v_{1P}} = \frac{\sin\theta_1}{v_{1P}} = \frac{\sin\theta_1'}{v_{1S}} = \frac{\sin\theta_2}{v_{2P}} = \frac{\sin\theta_2'}{v_{2S}} \qquad (5-6)$$

这就是声波在介质交界面发生反射和折射时,表述入射角、反射角和折射角与介质声波速度关系的斯奈尔(Snell)定律。在式(5-6)中,v_{1P}、v_{1S}、v_{2P}、v_{2S}分别是介质Ⅰ的纵波和横波速度、介质Ⅱ的纵波和横波速度。

如果介质Ⅰ是流体,介质Ⅱ是固体(比如油气工业中的井筒钻井液和井壁岩层),而且有$v_{2P} > v_{2S} > v_{1P}$,则在介质Ⅱ中纵波和横波的折射角都大于入射角,即$\theta_2 > \theta_2' > \theta$。特别是当入射角$\theta = \arcsin\frac{v_{1P}}{v_{2P}}$时,折射纵波的折射角$\theta_2 = 90°$,这时的入射角称为第一临界角,记为$\theta_1^*$。因为产生的折射纵波沿界面传播,习惯上称为滑行纵波。同理,如果介质Ⅱ的横波速度$v_{2S} > v_{1P}$,则当入射角$\theta = \arcsin\frac{v_{1P}}{v_{2S}}$时,在介质Ⅱ中横波的折射角$\theta_2' = 90°$,此时的入射角称为第二临界角,记为$\theta_2^*$,所产生的沿界面传播的折射横波则称为滑行横波。

2. 声波在两种介质交界面的能量分配

声波在两种介质的交界面发生反射和折射,除声波传播方向改变外,还有能量分配的改变,即一部分声波反射回入射介质,另一部分则折射进入交界面另一侧的介质。为方便讨论,先考察平面波从两种介质交界面沿法线方向入射的情况,这时入射角为零,入射方向与介质交界面正交,因此称为正入射,如图5-4所示。正入射的特点是:

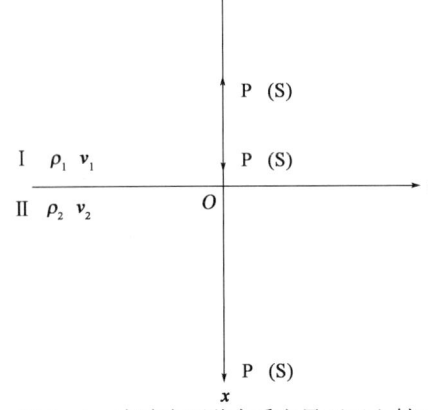

图5-4 声波在两种介质交界面正入射时的反射和折射

(1)不发生波形转换,即入射P波只产生反射和折射P波,不产生S波;同样,入射S波也只产生反射和折射S波,而不产生P波。

(2)若P波从密度为ρ_1、波速为v_1的介质正入射至界面,第二种介质密度为ρ_2,波速为v_2,并假定入射P波振幅为A_0,折射P波振幅为A_2,反射P波振幅为A_1,则有

$$\frac{A_1}{A_0} = \frac{\rho_2 v_2 - \rho_1 v_1}{\rho_1 v_1 + \rho_2 v_2} = K_1 \qquad (5-7)$$

$$\frac{A_2}{A_0} = \frac{2\rho_1 v_1}{\rho_1 v_1 + \rho_2 v_2} = K_2 \qquad (5-8)$$

式中,K_1、K_2分别称为正入射时P波的反射系数和折射系数。

由式(5-7)和式(5-8)可以看出,反射系数和折射系数完全是由界面两侧介质的密度与波速的乘积ρv所确定。当$K_1 > 0$时,反射波与入射波的相位相同。但当$K_1 < 0$时,反射波与入射波的相位则相反。

在声学研究中,把ρv这一重要参量称为介质的声学阻抗,它对应于在界面上的应力与质点速度之间的比例。如果界面两侧介质的声阻抗相近,通常称为声学"匹配",例如一侧是水,$(\rho v)_\text{水} = 1.48 \times 10^6 \text{kg}/(\text{m}^2 \cdot \text{s})$,另一侧是变压油,$(\rho v)_\text{油} = 1.25 \times 10^6 \text{kg}/(\text{m}^2 \cdot \text{s})$,则$K_1$很小,

这意味着只产生了很微弱的反射波,而几乎全部的入射波都转变成为折射波。反之,若界面两侧声阻抗相差悬殊,通常称为声学耦合"不匹配",例如 P 波由岩石入射到空气,反射系数 $K_1 \approx 1$,几乎就没有折射波产生。声阻抗对于反射和折射的影响,对利用岩石声学性质探测地球内部资源(水、油、气)具有十分重要的意义。

三、影响岩石声波速度的因素

已有的研究表明,岩石作为具有复杂结构、构造,并赋存于一定温度、应力和流体环境下的多矿物集合体,其声波的传播特性和传播机制十分复杂。岩石声波作为重要的地球物理探测信息,一直备受关注。长期以来,在相关领域尤其是油气等能源矿产资源勘探领域、地震科学领域,国内外研究学者对岩石声波的传播机制进行了大量研究,并取得了一系列卓有成效的研究成果。均匀介质中的弹性波波场见视频9,均匀介质中的声波波场见视频10,孔洞介质中的声波波场见视频11,裂缝介质中的声波波场见视频12。下面简要介绍岩石声波的速度特性及主要影响因素。

视频9

视频10

视频11

视频12

1. 波速的各向异性

不同研究领域对各向异性的定义不同,广义上讲,若在介质中同一位置测量时,介质的物理量随方向而变,则称该介质各向异性;若在相同方向测试时,介质的物理量随位置变化,则称该介质非均质。实验室岩石样品测试结果和野外地震勘探都表明,地壳岩石的声波速度具有各向异性特征。

国内外相当多的学者(Jones 和 Wang,1981;魏建新等,1997;刘斌,1998;Nur,1998;刘斌等,2002;魏周拓等,2012)通过室内实验测量岩石在水平两个正交方向和垂直方向的波速,研究了岩石声波速度,尤其纵波速度的各向异性。Thomsen(1986)、邓继新等(2004)、刘茂诚(2010)、李阿伟等(2014)研究揭示了泥岩、页岩、砂岩等岩石具有垂直对称轴的横向各向同性(VTI)特性。同时,在工业应用中,常采用 Thomsen 参数来表征岩石纵横波速度的各向异性特征,纵波速度各向异性参数为 ε,横波速度各向异性参数为 γ,表达式分别为

$$\varepsilon = \frac{c_{11} - c_{33}}{2c_{33}} = \frac{v_{\text{Ph}}^2 - v_{\text{Po}}^2}{2v_{\text{Po}}^2} \qquad (5-9)$$

$$\gamma = \frac{c_{66} - c_{44}}{2c_{44}} = \frac{v_{\text{Sh}}^2 - v_{\text{So}}^2}{2v_{\text{So}}^2} \qquad (5-10)$$

式中,ε 和 γ 称为 Thomsen 各向异性参数;c_{11}、c_{33}、c_{44}、c_{66} 为表征横向各向同性介质弹性性质的刚度常数;v_{Po}、v_{So} 分别为纵波和横波的垂直方向传播速度;v_{Ph}、v_{Sh} 分别为纵波和横波的水平方向传播速度。

李阿伟等(2014)通过实验研究了围压和流体对致密砂岩岩石声波速度各向异性的影响,

实验结果见图5-5和图5-6。从图5-5中可看出,岩样纵波速度各向异性随围压增加而降低,低围压下变化速率大,高围压下变化速率减缓;饱水和饱油岩样的纵波速度各向异性差异小,但都明显低于干燥岩样纵波速度各向异性。从图5-6中可看出,横波具有与纵波相似的各向异性特征,但干燥、饱水和饱油岩样的横波速度各向异性差异小于同样状态的纵波速度各向异性差异。

笔者及研究团队通过实验研究了层理发育页岩气层岩石的声波速度各向异性。按如图5-7所示的取样方案钻取页岩岩样,规定取心方向(即岩心轴线)与层理面的夹角为层理面角度β,按层理面角度0°、10°、20°、30°、40°、50°、60°、70°、80°、90°进行取心,实验测量中的纵波频率为250kHz,速度为v_p;横波频率为260kHz,速度为v_s。岩样波速实验结果见图5-8,纵、横波速度关系见表5-2。

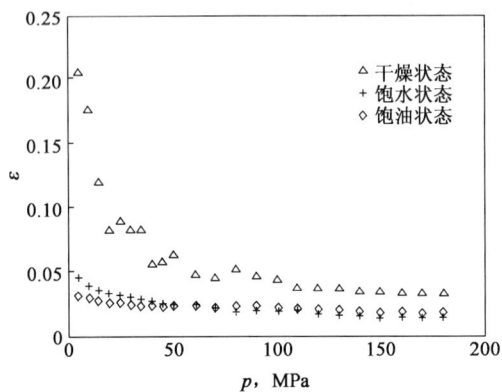

图5-5 干燥、饱水和饱油岩样的纵波速度各向异性
(据李阿伟等,2014)

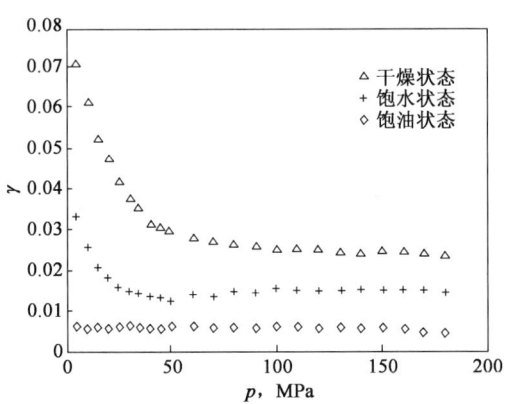

图5-6 干燥、饱水和饱油岩样的横波速度各向异性
(据李阿伟等,2014)

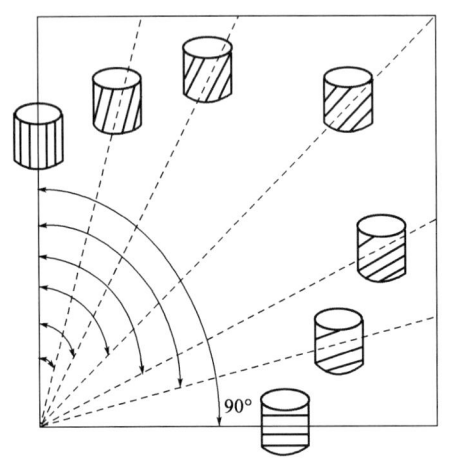

图5-7 页岩取样方案示意图

不同层理面角度条件下岩石纵横波速度比分布见图5-8(a),从图中可以看出不同层理面条件下岩样纵横波速度比存在一定的离散性,且岩样的纵横波速度比均值随层理面角度变化的变化幅度较小,其中层理面角度为30°时,岩样的纵横波速度比均值偏小。不同层理面角度与岩样纵波速度均值的关系见图5-8(b),从图中看出,岩样的纵波速度均值随层理面角度增大而减小,其中层理面角度为30°的岩样纵波速度均值偏低。岩样中的层理面是造成岩样纵横波速度比或纵波速度差异的主要原因。因此,地层中存在的层理面在造成页岩结构非均质性的同时,也将导致页岩声学性质的各向异性。

为了得到能够反映不同层理面角度下岩样纵、横波速度之间的关系曲线,按照不同层理面角度,分别对纵、横波速度进行相关分析,拟合出不同层理面角度下的纵、横波间的关系式,见表5-2。从表中可以看到不同层理面角度下,岩样纵、横波间的关系都呈良好的线性关系,且每个层理下纵、横波速度间关系式的系数不同,表明岩样中较发育的层理对其纵、横波波速造成的影响也较大。声波时差的差异在一定程度上反映了页岩性质的非均质性。

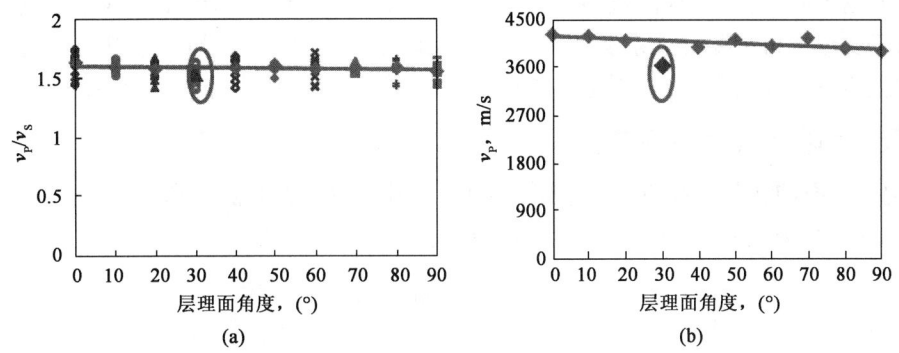

图 5-8 层理发育页岩纵波、横波速度各向异性(据熊健,2014)

表 5-2 层理发育页岩的纵波速度与横波速度关系

层理面角度	表达式	层理面角度	表达式
0°	$v_S = 0.2925v_P + 1343.8\ (R^2 = 0.845)$	60°	$v_S = 0.4363v_P + 753.29\ (R^2 = 0.914)$
10°	$v_S = 0.4956v_P + 563.59\ (R^2 = 0.773)$	70°	$v_S = 0.4563v_P + 728.16\ (R^2 = 0.851)$
20°	$v_S = 0.4197v_P + 885.17\ (R^2 = 0.758)$	80°	$v_S = 0.4663v_P + 657.93\ (R^2 = 0.921)$
40°	$v_S = 0.4655v_P + 633.55\ (R^2 = 0.957)$	90°	$v_S = 0.4119v_P + 907.8\ (R^2 = 0.851)$
50°	$v_S = 0.5104v_P + 485.5\ (R^2 = 0.963)$		

2. 声波速度与岩石密度的关系

Birch(1961)根据在围压下测量获得的火成岩声波速度测量数据,首先提出了岩石密度 ρ 和纵波速度 v_P 的经验关系:

$$v_P = a + b\rho \tag{5-11}$$

若密度和波速的单位分别是 10^3kg/m^3 和 km/s,则 $a = 2.76, b = 0.98$。

Volarovich 和 Bajuk(1977)根据前苏联境内大量火成岩岩样的声波实验得到了与 Birch 关系式基本一致的结果。Gebrande 等(1982)通过大量实验得到了火成岩纵波速度 v_P、横波速度 v_S 与岩石密度的关系。

大多数火成岩和变质岩的孔隙度较小,其波速主要取决于这些岩石的矿物组成。通常火成岩的波速变化范围比变质岩和沉积岩的要小,火成岩波速的平均值也比其他类型岩石的要高,如表 5-1 所示。大多数变质岩的波速变化范围比较大。沉积岩的结构、组分、胶结方式等比火成岩更加复杂、多样,且孔隙中可能充满液体或固体物质,因此,沉积岩的波速与其孔隙度和充满于孔隙中的物质有着密切的关系,故沉积岩的波速与密度及矿物成分的关系远不如火成岩清楚。沉积岩的波速一般低于火成岩,且变化范围比火成岩更大。

Simmons(1964)给出了描述岩石密度、组分和波速的更加广义的线性关系:

$$v = a \cdot \rho + b + c \cdot m_A + \sum_{i=1}^{n} e_i C_i \tag{5-12}$$

式中,C_i 是第 i 种矿物的质量分数;m_A 是岩石组分的平均相对原子质量;a、b、c、e_i 皆为通过实验得到的常数。

相同孔隙度岩石,组成岩石的骨架矿物不同,密度不同;相同矿物构成的岩石,孔隙度不同,其密度也不同;同一岩石,随着饱和流体性质和含量的变化,其密度也会随着变化等等。因此,声波速度与岩石密度的关系实际上也隐含反映了声波速度与岩石孔隙度、矿物组成及含量、孔隙流体特性等的关系,声波速度与岩石密度的关系是多因素综合作用的结果。

3. 波速与岩石孔隙度的关系

以饱水岩石的孔隙度和波速关系研究为例,描述饱水岩石孔隙度和波速的关系式很多,其中以 Wyllie 等(1956)提出的时间平均公式最为著名:

$$\frac{1}{v_P} = \frac{1-\phi}{v_m} + \frac{\phi}{v_f} \tag{5-13}$$

式中,ϕ 为孔隙度;v_P 是实验测得的饱水岩石纵波速度;v_m 为岩石骨架的纵波波速;v_f 为岩石孔隙流体的纵波速度。

类似的经验关系式还有很多,如 Raymer 等(1980)提出的

$$v_P = (1-\phi)^2 v_m + \phi v_f \tag{5-14}$$

岩石骨架声速远高于流体声速,因此,对同种岩石,声速将随其孔隙度的增大而减小。

韩德华等(1986)就砂岩中黏土矿物对岩石波速的影响进行了实验研究,实验所用的 80 个砂岩岩样的黏土矿物含量变化范围为 0~50%。韩德华等将实验结果以线性经验公式表示为

$$v = A_0 - A_1\phi - A_2 V_{cl} \tag{5-15}$$

式中,A_0、A_1、A_2 为常数;ϕ 为砂岩孔隙度;V_{cl} 为黏土矿物含量。

实验数据表明,砂岩的孔隙度或黏土矿物含量增加,将造成波速减小。

4. 波速与温度和压力的关系

岩石声波速度随温度、压力的变化,实际反映了岩石的声波速度随埋藏深度的变化。在地壳中,随着埋藏深度增加,地层的温度和压力一般都会增大。因此,实验室对岩石声波速度随温度、压力变化的研究,构成了地球物理的重要基础性内容,也是地球物理声探测信息正、反演的基础。

假定波速 v 是地层温度 T 和压力 p 的函数,而 T、p 均为地层埋藏深度 H 的函数,显然有

$$\frac{dv}{dH} = \left(\frac{\partial v}{\partial p}\right)_T \cdot \frac{dp}{dH} + \left(\frac{\partial v}{\partial T}\right)_p \cdot \frac{dT}{dH} \tag{5-16}$$

式中,$(\partial v/\partial p)_T$ 是绝热过程速度随压力的变化,$(\partial v/\partial p)_p$ 是等压过程速度随温度的变化,dp/dH 和 dT/dH 是压力和温度对深度的梯度。地层的压力梯度和温度梯度具有随空间、时间变化的特点,一般地层压力梯度范围为 0.008~0.012MPa/m,地层温度梯度变化范围为 1~3℃/100m。

图 5-9 描述了页岩岩石纵、横波速度随压力(围压)的变化规律。从图 5-9 中可看出,页岩岩石纵、横波速度有随着压力增加而呈增大的趋势,且增加的幅度随着压力的增加而减小。砂岩纵波速度随温度的变化规律可见图 5-10,从图中可看出,随着温度升高,岩石波速有不同程度的降低,且降低的幅度随着温度升高而增大,即温度越高,岩石波速越低,该结果与压力对岩石波速的影响规律相反。

沉积岩是地壳中最常见的岩石类型,其组成、结构和构造、胶结(胶结物类型及含量、胶结方式)复杂,波速变化规律也较复杂。沉积岩的波速随温度、压力的变化具有以下典型特点:

(1)波速随深度的变化是非线性的,其中在浅部波速随压力变化大,而深部则变化小;(2)含泥质成分多、孔隙度大的岩石,波速随温度、压力变化大,而含泥质成分少、孔隙度小的岩石,波速随温度、压力的变化则小得多。

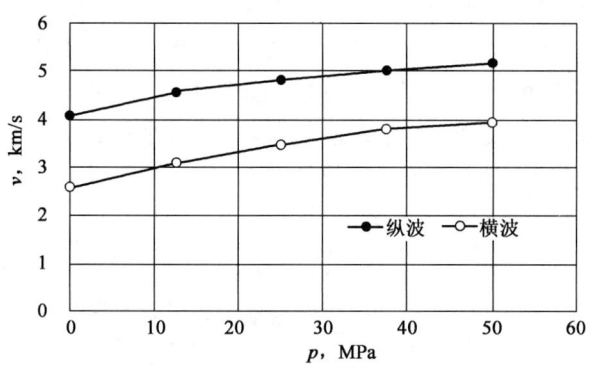

图 5 - 9　页岩岩石纵、横波速度随压力(围压)的变化规律(数据来源于本书作者实验室)

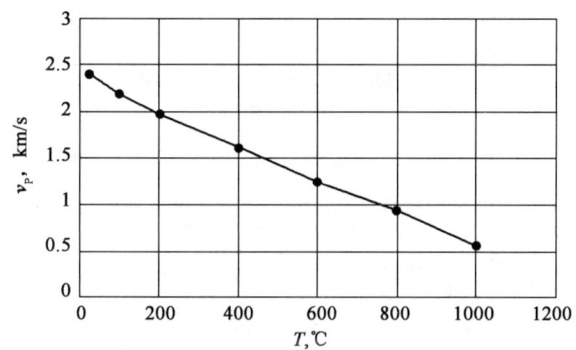

图 5 - 10　砂岩纵波速度随温度的变化规律(数据来源于本书作者实验室)

总体而言,随地层埋藏深度增加,相同岩性地层,压力增大会导致其波速增加,而温度升高则会导致其波速减小。因此,在地壳内,波速随深度的变化是这两种作用综合平衡的结果。在大陆地区,地壳的纵波速度平均值约等于 6.5km/s,而在地幔内,纵波速度基本上随深度增大而增加,纵波速度的范围为 8.1 ~ 13.7 km/s。

5. 波速与频率的关系

从 1956 年 Biot 提出速度与频率的关系以来,国内外学者陆续发表了大量关于速度随频率变化关系研究的论文,证实了孔隙介质中速度随频率增加而增大的趋势,验证了 Biot 理论的正确性。

在一定的测量频率范围内,岩石声波速度随频率的变化而变化,称为频散。速度与频率的关系可以用频散度来表示。频散度为不同频率条件下声波速度的改变程度,此参数度量的是同种介质由测量频率变化引起的速度差与变化前速度值的相对量。频散度计算公式为

$$D_p = \frac{v_{P\max}(f) - v_{P\min}(f)}{v_{P\min}(f)} \times 100\% \qquad (5-17)$$

式中,D_p 表示频散度;$v_{P\max}(f)$、$v_{P\min}(f)$ 分别为不同频率下纵波速度的最大值和最小值。

频散度只能用来描述频散的程度,不能用来描述速度随频率的变化规律,而这可通过频散方程来描述。若岩石可用恒定的品质因子 Q 值模型来描述,则可以建立速度、频率及 Q 之间的关系,相应的频散方程为

$$\frac{v_1}{v_2} = 1 + (1/\pi Q)\ln(f_1/f_2) \tag{5-18}$$

式中，Q 为品质因子；v_1 和 v_2 分别为频率 f_1 与 f_2 时的声波速度。

以层理性页岩为例，实验数据与图 5-8 来源相同，实验结果见图 5-11。页岩岩石声波测试频率分别为 25kHz、50kHz、100kHz、250kHz、490kHz，从图 5-11 中可以看到，不同层理面角度下，页岩岩石的纵波速度均随着测试频率增加而增大，且呈对数相关性（表 5-3）；在相同的频率条件下，随着层理面角度增大，纵波速度总体上呈减小的趋势，声波速度减小的原因可能是声波穿透页岩层理数增加，层理面微裂纹较多。

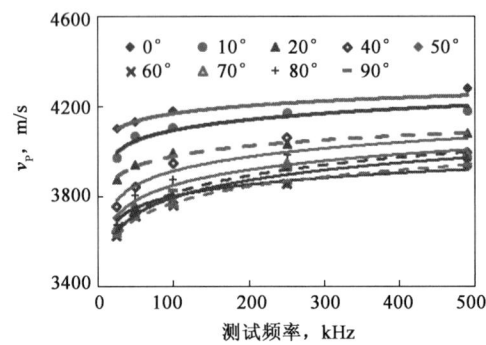

图 5-11　层理面发育页岩纵波速度与频率的关系（据熊健，2014）

表 5-3　不同层理面角度条件下纵波速度与频率关系

层理面角度	表达式	层理面角度	表达式
0°	$v_P = 50.30\ln f + 3934.4 (R^2 = 0.823)$	60°	$v_P = 105.24\ln f + 3284.7 (R^2 = 0.989)$
10°	$v_P = 68.99\ln f + 3773.3 (R^2 = 0.935)$	70°	$v_P = 114.54\ln f + 3284.1 (R^2 = 0.966)$
20°	$v_P = 65.25\ln f + 3675.6 (R^2 = 0.984)$	80°	$v_P = 98.37\ln f + 3394.7 (R^2 = 0.889)$
40°	$v_P = 91.641\ln f + 3487.9 (R^2 = 0.825)$	90°	$v_P = 110.77\ln f + 3282.9 (R^2 = 0.964)$
50°	$v_P = 73.96\ln f + 3458.6 (R^2 = 0.988)$		

此外，岩石的波速还会受到岩石孔隙中饱和流体的性质及各相流体的含量、地质年代等的影响。

四、波的衰减机制及影响因素

声波在介质中传播不仅具有速度等运动学特性，也具有衰减等动力学特性。声波的衰减主要包括振幅、频率、吸收等特性。现有研究表明，随岩石物理参数的变化，声波衰减变化比速度敏感，研究声波的衰减特性有助于更好地了解岩石内部的结构、构造变化。

1. 衰减系数 α 和品质因子 Q

岩石通常不是完全弹性的，当波在岩石中传播时，就会有一部分机械能转变为热能。在这种转变过程中的各种机制统称为内摩擦。当介质振动时，即使将其从周围环境中孤立出来，自由振动仍会逐渐衰减；当以变化周期外力作用于介质的自然共振频率时，介质振动的振幅不会变为无限大，而是趋于某一有限值；波在传播时，振幅会衰减等等，这些现象都说明了内摩擦的存在。

对液体和气体,内摩擦主要是由黏滞性和热传导引起的;对固体,特别是岩石,情况要复杂得多,而且随固体性质不同,内摩擦变化也很大。

给内摩擦下定义最直接的方法是利用比值 $\Delta W/W$,其中 ΔW 是经过一个应力循环时所消耗的能量,W 是当岩石应变为极大值时所储存的应变能。这个比值有时被称为"损耗比",可以直接由应力循环实验测量出来,而不需要对内摩擦机制作任何的假设。不过,测量所得到的数值依赖于振幅和循环的速度,也依赖于岩石过去的历史。在非常慢的速率下进行的循环加载—卸载实验中,可以测得应力—应变曲线,加载和卸载过程这两条曲线所围成的面积代表了应变能 ΔW,由此可以通过损耗比 $\Delta W/W$ 确定岩石材料的内摩擦,如图 5-12 所示。

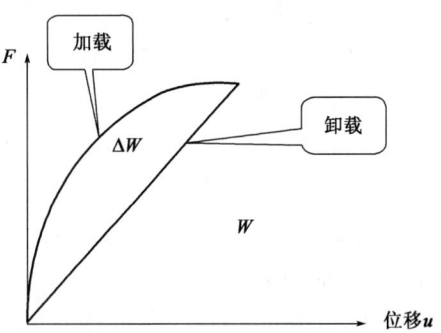

图 5-12 由循环加载实验确定岩石的内摩擦

除了通过岩石的变形确定内摩擦外,还有两种方法也是常用的。一种是观测岩石样品的强迫振动,由岩石材料的强迫振动可以得到表征内摩擦大小的 Q 值。Q 值是描述岩石非弹性特性的重要参数。对于完全弹性体,$Q=\infty$;Q 值越小,非弹性特性就越突出。另一种是观测波在岩石中的衰减,可以得到表征内摩擦的另一个参数——衰减系数 α。若在坐标原点,弹性波振幅为 A_0,传播一段距离 x 后,其振幅为

$$A(x) = A_0 e^{-\alpha x} \tag{5-19}$$

式中,α 为衰减系数。

显然

$$\alpha = -\frac{1}{x}\ln\frac{A(x)}{A_0} \tag{5-20}$$

α 的单位为奈培/米(Np/m),也可用分贝表示:

$$\alpha[\mathrm{dB/m}] = -\frac{1}{x}\cdot 20\lg\frac{A(x)}{A_0} \tag{5-21}$$

且

$$\alpha[\mathrm{dB/m}] = 8.686\alpha[\mathrm{Np/m}] \tag{5-22}$$

对于完全弹性体,$\alpha=0$;α 值越大,非弹性性质越明显。

Q 和 α 都是描述岩石非弹性性质的,它们之间可以互换。描述岩石非弹性的几个量的关系如下:

$$\frac{\Delta W}{W} = \frac{2\pi}{Q} = \frac{4\pi v\alpha}{\omega} \tag{5-23}$$

$$\frac{2\pi W}{\Delta W} = Q = \frac{\omega}{2v\alpha} \tag{5-24}$$

$$\frac{\omega \Delta W}{4\pi v W} = \frac{\omega}{2vQ} = \alpha \tag{5-25}$$

2. 影响波衰减的主要因素

1) 衰减与频率的关系

不同频率下测量得到的岩石的衰减系数 α 不同。一般情况下,波的衰减与频率成正比,即低频波传得远,传播时间长;高频波传不远,传播时间短。

衰减与频率的关系有两种:

$$\alpha \sim f \tag{5-26}$$

$$\alpha \sim f^2 \qquad (5-27)$$

式(5-27)适用于较疏松的岩石或土壤。以层理性页岩为例,不同层理面角度下,声波衰减系数随着测试频率增加而总体上呈增大的趋势。

但也会出现矛盾,如实验实测 Q 值与频率无关,而 Q 与 α 是成反比的。于是可得出 α 与频率也无关的推论。这可能与 Q 的定义有关,因为 Q 值的测定是在一个周期内波的衰减,本身就与频率和周期无关。而 α 是波的动态传播特征,故与频率有关。Q 代表材料和介质的性质,α 代表波的传播特征,Q 是静态的,α 是动态的。这就是 α 和 Q 的不同之处。

2) 衰减和矿物成分、孔隙度的关系

总体而言,波在岩石中的衰减远比在矿物中的衰减高。例如,方解石是构成石灰岩的主要矿物之一,而方解石矿物和石灰岩的 Q 值分别为 1900 和 109,两者相差十倍以上(Peselnick 等,1959)。其原因主要是岩石中除了矿物成分外,还包含了大量的孔隙、结构面(包括矿物颗粒间的界面),这些孔隙、结构面的存在对波的衰减有着重要的影响。不同岩性岩石的致密程度不同,波的衰减也不同,即岩石越致密,Q 值越大,衰减系数 α 越小;岩石越疏松,Q 值越小,衰减系数 α 越大。图 5-13 为 50~100Hz 条件下不同岩性岩石衰减系数的变化范围。从图 5-13 中可以看出,火成岩和变质岩的衰减远远比沉积岩小,而含有大量孔隙和结构面的岩石,特别是未完全固结的沉积岩,波的衰减比致密火成岩高 5~7 个数量级。

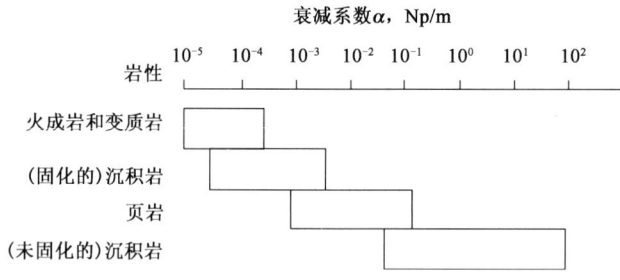

图 5-13 50~100Hz 条件下不同岩性岩石衰减系数 α 范围(据 Schön,1996)

声波在岩石中传播,其能量随孔隙度、裂缝、溶洞的增加而衰减的研究很重要,已发表的资料和成果也较多,在此不再一一列举。笔者及研究团队近十几年来采用物理实验与数值模拟相结合的方式也开展了大量的研究工作(刘向君等,2011;陈乔等,2012;王森等,2015;梁利喜等,2015)。

3) 衰减和压力的关系

压力作用下,岩石内部孔隙的体积将会减小,黏土类矿物将会被进一步压实。因此,从定性的角度,围压增加,岩石中波速会增高,而岩石中波的衰减将会减小。大量实验资料也证实了这一观点。

五、波的频谱分析

一个脉冲波可分解为多个不同频率的谐振波的叠加。将复杂振动分解为谐振动的方法,称为频谱分析。通常的声学超声测试是对岩心时域波形的分析,从而得到岩心的声速、声幅等物理参数。实际上通过时域波形的频谱变换,将岩心传播的时域波形转化为频域的波谱,得到的超声频谱特性中包含了岩心的节理、层理、夹层、微裂隙分布、孔隙度、结晶颗粒大小及孔隙中饱和流体特性等丰富的信息,因此,采用频率的分析方法较经典的时域方法有许多突出的优点。油气工业中,地球物理声频谱测井作为一种新的声波测井解释方法,充分利用了频域信息来探测和获取井壁附近复杂结构地层的性质。该方法提出在井下使用多种频率的声学探头组合,并对用上述探头组合在井下采集到的信号(声波波列)进行频谱分析,以实现对井壁附近不同深度处的探测,这对油气的识别、地层孔隙结构的认识和渗透率的定量计算等必将起到越来越大的促进作用,但这些应用都必须建立在对复杂岩石声学响应深刻认识的基础上,即复杂地层岩石物理研究必须首先取得突破。

在进行声频测量以及其他类型测量时会涉及许多数学工具。傅里叶分析方法在许多领域得到广泛而普遍的应用。任何形状的信号都可以视为无限个不同频率的正弦交变信号的叠加,在数学上用傅里叶序列来表述。假设有一个周期信号 $x(t)$,其周期为 T,那么它的傅里叶序列为

$$x(t) = \frac{a_0}{T} + \frac{2}{T}\sum_{n=1}^{\infty}(a_n\cos 2\pi f_n t + b_n\sin 2\pi f_n t) \qquad (5-28)$$

式中,a_0、a_n 和 b_n 为傅里叶系数;f_n 为各次谐波的频率。

常规的信号一般可认为是有限时间的瞬态信号,而对某一瞬态时态信号 $x(t)$,可设定其周期 T 趋向于无穷大,这时序列可以写成

$$x(t) = \int_{-\infty}^{+\infty} X(f)\mathrm{e}^{\mathrm{j}2\pi ft}\mathrm{d}f \qquad (5-29)$$

这里傅里叶系数变为连续的频率函数:

$$X(f) = \int_{-\infty}^{\infty} x(t)\mathrm{e}^{-\mathrm{j}2\pi ft}\mathrm{d}t \qquad (5-30)$$

式(5-30)即是著名的傅里叶变换,式(5-29)是傅里叶反变换,其中 f 代表频率,$X(f)$ 为一复函数,其幅—频和相—频关系为

$$|X(f)| = \sqrt{\mathrm{Re}[X(f)]^2 + \mathrm{Im}[X(f)]^2} \qquad (5-31)$$

$$\varphi(f) = \arctan\frac{\mathrm{Im}[X(f)]}{\mathrm{Re}[X(f)]} \qquad (5-32)$$

幅—频关系表示的是声波信号随频率变换的关系,而相—频关系则表示的是被检测材料对不同频率声波的滞后效应。图 5-14 和图 5-15 分别表示某岩心时域波形及其傅里叶频谱。

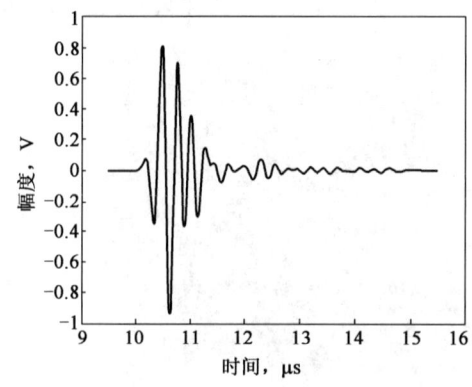

图 5-14 某岩心时域波形

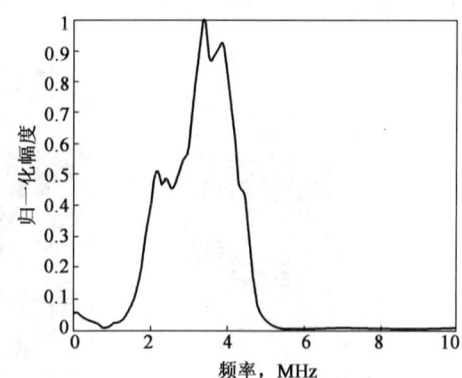

图 5-15 某岩心时域波形对应的傅里叶频谱

第二节　岩石波速和衰减的实验室测试方法

早在20世纪40年代,就有人想利用岩石样品中超声波脉冲的传播时间来测量波速,但由于当时电子技术的限制,未能获得成功。20世纪60年代,Birch利用超声波在岩石中传播的方法,首先在实验室测得了有围压情况下岩石样品中的P波速度。不久之后,S波速度的测量也获得了成功。

一、声波测试系统及工作原理

图5-16是1978年国际岩石力学协会推荐的用超声脉冲方法测量波速的仪器设备示意图。实验室所用超声波的波长比样品小很多,因此,岩石样品可以看作是无界的空间,在岩石端面上发生的振动,会在岩石样品中以体波形式(纵波或横波)进行传播。把两个超声探头放在岩石样品两个端面上,当脉冲发生器产生的高压电信号加在其中一个发射探头上时,探头受到激发,产生一个瞬态的振动。该振动在介质中以一定速度传播,到达样品另一端时,被接收探头接收,经过前置放大和数字化后进入数字存储示波器。在示波器上实时测量超声波脉冲通过岩样的时间及信号幅度,由此来计算岩心中的声波速度和衰减系数。

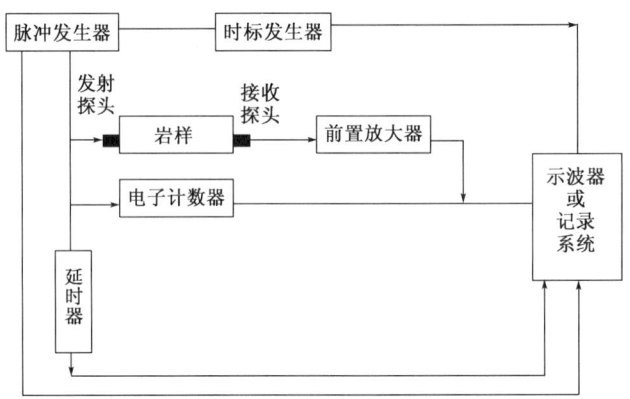

图5-16　基于超声脉冲法测试波速的示意图(国际岩石力学协会推荐方法)

图5-17是常温常压岩石多频超声波测试仪,由声波激发器、超声波探头、岩心夹具、示波

彩图5-17

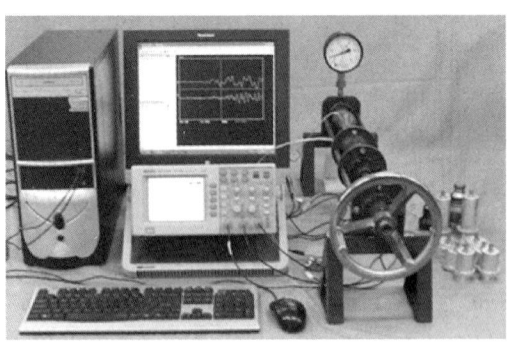

图5-17　常温常压岩石多频超声波测试仪

器、计算机及与之配套的人机交互软件组成,该系统能对声波波形进行精确记录。实验结果表明,非均质地层中存在的缝洞将使不同频率的声波出现频散现象。总的来看,在标准岩心尺度可涵盖孔洞缝尺度范围内,频率低于250kHz的纵波速度频散不严重,随频率增大,频散现象增强,高频段频散严重。因此,应用中应根据实际问题,选择配套不同频率的纵波、横波换能器(刘向君等,2015)。

二、超声换能器

凡能将任何其他形式能量转换成超音频振动形式能量的器件均可用来发射超声波,具有可逆效应时又可用来接收超声波,这类元件称为超声换能器。以换能器为主要元件组装成具有一定特性的超声波发射、接收器件,常称为探头。超声波探头是组成超声检测系统的最重要的组件之一,探头的性能直接影响超声检测能力和效果,其关键部件是压电晶片。压电晶片是一个具有压电特性的单晶体或多晶体薄片,其作用是将电能转换为声能,也可将声能转换为电能。当前超声检测中采用的超声换能器主要有压电换能器、磁致伸缩换能器、电磁声换能器和激光超声换能器。

1. 压电效应与压电材料

将交变电压加至压电晶片银层,使面积相同间隔一定距离的两块金属极板分别带上等量异种电荷,形成电场。有电场就存在电场力,压电晶片处在电场中,在电场力的作用下发生形变。在交变电场力的作用下,发生变形的效应,称为逆压电效应,也是发射超声波的过程。由于超声波具有一定的能量,再作用到压电晶体上,使压电晶体在交变拉力与压力作用下产生交变电场,这种效应称为正压电效应,是接收超声波的过程。

具有压电效应的材料称为压电材料,是晶体结构的材料,分为单晶体和多晶体两类。常用的压电单晶体有石英、硫酸锂、铌酸锂等。常用的多晶体压电材料有钛酸钡、锆钛酸铅等,又称为压电陶瓷。压电单晶体是各向异性的,其产生压电效应的机理与其特定方向上的原子排列方式有关。当晶体受到特定方向的压力而形变时,可使带有正、负电荷的原子位置沿某一方向改变而使晶体的一侧带有正电荷,另一侧带有负电荷。压电多晶体是各向同性的。为了使整个晶片具有压电效应,必须对陶瓷多晶体进行极化处理,即在一定温度下以强外电场施加在多晶体的两端,使多晶体中各晶胞的极化方向重新取向,从而获得总体上的压电效应。

2. 探头的结构及各部分的作用

以压电换能器探头为例,它由压电晶片、阻尼块、接头、电缆线、保护膜和外壳组成,如图5-18所示。斜探头中通常还有一使晶片与入射面成一定角度的斜楔。

压电晶片以压电效应发射和接收超声;阻尼块对晶片的振动起阻尼作用,吸收晶片向其背面发射的超声波并对晶片起支承作用;外壳起保护固定内部原件的作用;保护膜保护晶片和电极层不被磨损或碰坏,某些情况下,也能改善探头与被检材料的耦合作用;斜楔使超声波倾斜入射到检测面,并使多次反射的超声波不再返回晶片;电缆线可消除外来电波对探头的激励脉冲及回波脉冲的影响,并防止这种高频脉冲以电波形式向外辐射。

3. 探头的主要种类

超声波检测用的探头种类很多,根据波型不同可分为纵波探头、横波探头、表面波探头、板波探头等,根据耦合方式分为接触式探头和液(水)浸探头,根据波束分为聚焦探头与非聚焦

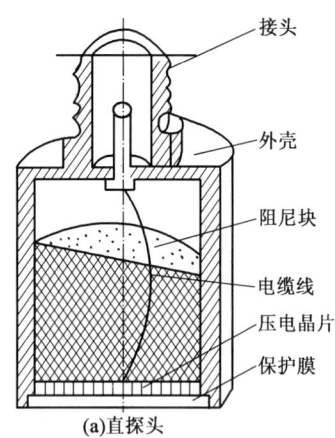 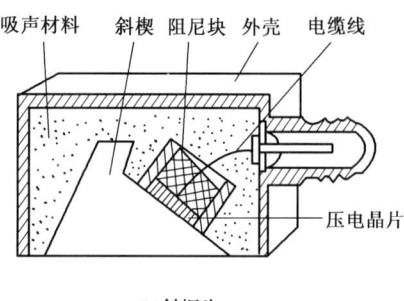

(a)直探头　　　　　　　　　(b)斜探头

图 5-18　压电换能器探头结构

探头,根据晶片数不同分为单晶探头、双晶探头等,此外还有高温探头、微型探头等特殊用途的探头。这里介绍最常用的接触式纵波直探头和接触式斜探头。

1) 接触式纵波直探头

接触式纵波直探头用于发射垂直于探头表面传播的纵波,以探头直接接触被检材料的表面的方式,进行垂直入射纵波检测,其结构如图 5-18(a)所示。在室内声波岩石物理实验中,该类探头广泛应用。

2) 接触式斜探头

接触式斜探头又可分为纵波斜探头、横波斜探头和表面波探头等,其共同特点是,压电晶片贴在一有机玻璃斜楔上,晶片与探头表面(声束射出面)成一定倾角,其结构如图 5-18(b)所示。晶片发出的纵波倾斜入射到有机玻璃与被检材料的界面上,经折射与波形转换,在被检材料中产生传播方向与表面成预定角度的一定波型的声波。根据斯奈尔定律,对给定材料,斜楔角度的大小决定着产生的波型与角度;对同一探头,被检材料的声速不同,也会产生不同的波型与角度。

纵波斜探头是入射角小于第一临界角的探头。目的是利用小角度的纵波进行缺陷检验,或在横波衰减过大的情况下,利用纵波穿透能力强的特点进行纵波斜入射检验。使用时需注意被检材料中同时存在的横波干扰。横波斜探头是入射角在第一临界角与第二临界角之间且折射波为纯横波的探头。横波斜探头适宜探测与检测面成一定角度的缺陷,广泛用于焊缝、管材、锻件的检测。表面波(瑞利波)探头入射角需在产生瑞利波的临界角附近,通常比第二临界角略大。表面波探头用于对表面或近表面缺陷进行检验。

三、岩石声波速度的实验测量方法

岩样的纵、横波速度是根据弹性波透过岩样的传播时间和岩样长度来计算的。以发射探头的激发信号为震源,通过拾取接收探头的波形图的初至时刻来得到波的传播时间,利用式(5-33)和式(5-34)即可计算出纵波速度 v_P 和横波速度 v_S,还可进一步得到波速比 v_P/v_S 以及各种动弹性参数。

$$v_P = L/T_P \tag{5-33}$$

$$v_S = L/T_S \tag{5-34}$$

式中,L 为岩样长度;T_P 为纵波传播时间;T_S 为横波传播时间。

图 5-19 为发射探头激发的某纵波源信号,其相应接收端的波形如图 5-20 所示。

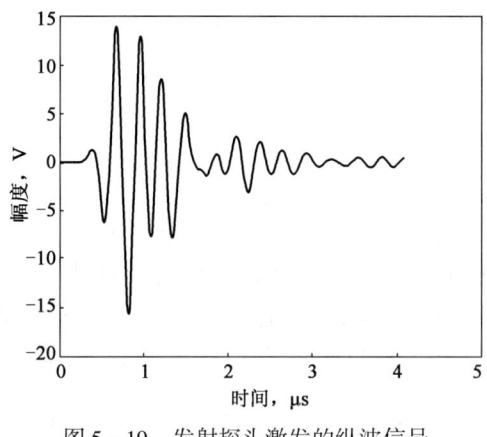

图 5-19　发射探头激发的纵波信号

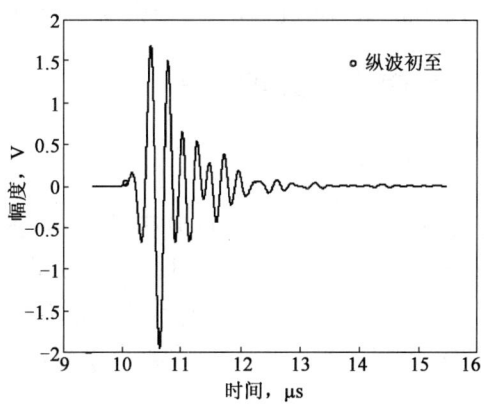

图 5-20　接收探头接收的纵波信号

四、岩石声波衰减系数的实验测量方法

实验室测定岩样的声波衰减系数的方法有三种。

1. 长短岩样对比法

将同一种待测岩样切割成长短不同的两块,分别测量两块样品的超声波首波峰值幅度。测量过程中,保持压力、温度及耦合条件一致。按公式(5-35)计算岩样的声波衰减系数:

$$\alpha = (\ln A_1 - \ln A_2)/(L_2 - L_1) \tag{5-35}$$

式中,α 为岩样的衰减系数;A_1 和 A_2 为两块岩样的声波幅度;L_1 和 L_2 为两块岩样的长度。

2. 标准样品对比法

取长度与被测岩样相同的铝块作为标准样品,分别测量并记录岩样和铝块的声波首波峰值幅度。按公式(5-36)计算被测岩样的声波衰减系数:

$$\alpha = (\ln A_0 - \ln A)/L + \alpha_0 \tag{5-36}$$

式中,α_0 为铝块的声波衰减系数(实际计算时可近似为0);A_0 和 A 分别为铝块和岩样的声波幅度;L 为岩样的长度。

3. 信号对比法

分别测量并记录岩样和探头对接时的首波峰值幅度。按公式(5-37)计算被测岩样的声波衰减系数:

$$\alpha = (\ln A_0 - \ln A)/L \tag{5-37}$$

式中,A_0 和 A 为探头对接和岩样的声波幅度;L 为岩样的长度。

第三节　岩石声学特性的应用

声波在岩石等介质中传播时,速度的变化、幅度的衰减等声学特性与地层岩性、岩石结构、孔隙度、胶结程度、地质年代及埋藏深度有密切联系。从已有的研究结果可知,声波在岩石中的传播速度可以较好反映岩石的综合物理性质。也正因为如此,在矿场,声波尤其是波速常常被用于预测岩石的孔隙度、岩石强度、地应力及孔隙压力等地质力学参数。

一、声波速度的应用

1. 预测岩石孔隙度

预测岩石的孔隙度是声波速度资料最重要和最常见的应用。基于声波速度计算岩石孔隙度的公式是1956年由R. Wyllie提出的,即时间平均公式(或威利时间公式)。对纯岩石,令Δt、Δt_{ma}、Δt_f分别为地层、岩石骨架及孔隙中流体的声波时差,ϕ为地层孔隙度,则由岩石体积物理模型,可以将声波时差(波速的倒数)表示为

$$\Delta t = \phi \Delta t_f + (1 - \phi) \Delta t_{ma} \tag{5-38}$$

式(5-38)就是关于声波时差的岩石体积模型。换言之,声波在孔隙度为ϕ的单位厚度岩层内传播所用的时间Δt可以等效为声波以流体声速通过全部孔隙所用时间$\phi \Delta t_f$与声波以岩石骨架声速经过全部骨架所需时间$(1-\phi) \Delta t_{ma}$的和。

由式(5-38)可以得到声波时差计算孔隙度的公式为

$$\phi = \frac{\Delta t - \Delta t_{ma}}{\Delta t_f - \Delta t_{ma}} \tag{5-39}$$

2. 岩石力学参数预测

从前面章节已经知道,岩石的力学参数主要包括岩石的弹性模量、泊松比、剪切模量和体积模量等弹性参数,以及岩石的抗压强度、抗张强度、抗剪强度、断裂韧性等岩石强度参数。这些参数是研究和认识地层构造特性、裂缝发育、断裂活动、工程地质特性,以及安全实施油气等地下资源开采和开展地下工程活动所必需的基础资料。

基于纵、横波速度获取岩石动态弹性参数的详细内容在第三章已阐述,具体的计算公式可见式(3-15)至式(3-18),本章不再赘述。在此仅简要讨论岩石的强度参数预测。

岩石的强度参数预测一直备受国内外关注。长期以来,国内外学者围绕岩石强度的预测问题,开展了大量基础性研究工作。针对砂岩、碳酸盐岩和页岩等常见岩石类型,建立了大量的经验关系,具体见表5-4、表5-5和表5-6(刘向君等,2015)。从这些模型可以清楚地看到,声波速度是获取岩石强度的基本而关键的参数。

表5-4 碳酸盐岩的单轴抗压强度经验预测模型

参考模型	方程	备注
Δt-M&S(Militzer,Stoll,1973)	$C_0 = (7682/\Delta t)^{1.82}$	适用于石灰岩
Δt-G&R(Golubev,Rabinovich,1976)	$C_0 = 10^{2.44 + 109.14/\Delta t}$	适用于石灰岩
E-limestone(Chang et al.,2006)	$C_0 = 4.66 E^{0.51}$	中强度石灰岩(UCS>2000psi)
E-Dolomite(Chang et al.,2006)	$C_0 = 64 E^{0.34}$	强度范围为8700<UCS<14500psi的白云石

注:UCS为单轴抗压强度,即σ_c。1psi=6894.8Pa,1μs/ft=3.28μs/m。

表 5-5 砂岩的单轴抗压强度经验预测模型

参考模型	方程	备注
Δt-McNally(McNally,1987)	$C_0 = 185213 e^{-0.037\Delta t}$	东南亚澳大利亚三叠系低—中孔隙度砂岩, $65\mu s/ft < \Delta t < 100\mu s/ft$, UCS>3000psi
Δt-Mod McNally(Modified McNally)	$C_0 = 838825 e^{-0.057\Delta t}$	适用于高孔隙疏松砂岩且 UCS<3000psi
Δt-HRDS(Rahman et al.,2008)	$C_0 = 40847 e^{-0.0268\Delta t}$	适用南亚海上油气田古近—新近系砂岩
Δt-FORMEL(Raaen et al.,1996)	$C_0 = 145 \times (140 - 2.1\Delta t + 0.0083\Delta t^2)$	$90\mu s/ft < \Delta t < 140\mu s/ft$
Δt-Cubed-sand(Chang et al.,2006)	$C_0 = 2.05 \times 10^9 \Delta t^{-3}$	针对墨西哥湾弱疏松岩石
Δt-Freyburg(Freybury,1972)	$C_0 = 1.55 \times 10^6/\Delta t - 4567.5$	德国图灵根州固结砂岩
E-Everest(Bradford et al.,1998)	$C_0 = 330.7 + 1.177 \times 10^{-14} E^{2.7}$	
E-Literature1(Chang et al.,2006)	$C_0 = 6700 \exp(1.86 \times 10^{-7} E)$	
E-C&D(Coates,Denoo,1981)	$C_0 = 4.54 \times 10^{-3} \times E$	
BRUCE(Bruce,1990)	$C_0 = A \times 0.026 \times 10^{-6} E K_b$ $\times (0.0045 + 0.0035 V_{clay})$	适用于 UCS>4350psi, $A = 2\cos\theta/(1-\sin\theta)$
W&P(Weingarten,Perkins,1995)	$C_0 = 145 \times 10^{-12}(114 + 97 V_{clay}) K_b E$	美国某气田疏松砂岩
MECHPRO1(Fjaer et al.,1992)	$C_0 = 8.7 \times 10^{-12} KE(1 + 0.78 V_{clay})$	UCS>4350psi 的砂岩
MECHPRO2(Fjaer et al.,1992)	$C_0 = 2.27 \times 10^{-10} M^2 \times$ $[(1+\nu)/(1-\nu)]^2 (1-2\nu)(1+0.78 V_{clay})$	UCS>4350psi 的砂岩
E-Travis Peak	$C_0 = 3668 \exp(4.14 \times 10^{-7} E)$	$0.01 < \phi < 0.18$ 的致密砂岩

表 5-6 页岩的单轴抗压强度经验预测模型

参考模型	方程	备注
Δt-Horsrud(Horsrud,2001)	$C_0 = 111.65 \times (304.8/\Delta t)^{2.93}$	高孔隙度的北海 Tertiary 页岩
Δt-GOM(Chang et al.,2006)	$C_0 = 62.35 \times (304.8/\Delta t)^{3.2}$	上新世及更新的页岩
Δt-Global(Chang et al.,2006)	$C_0 = 195.75 \times (304.8/\Delta t)^{2.6}$	全球通用
Δt-Cubed-Shale(Chang et al.,2006)	$C_0 = 72.5 \times (304.8/\Delta t)^3$	墨西哥湾
Δt-Lal(Lal,1999)	$C_0 = 1450 \times (304.8/\Delta t - 1)$	高孔隙度 Tertiary 页岩
E-Horsrud(Horsrud,2001)	$C_0 = 0.0232 E^{0.91}$	高孔隙度的北海 Tertiary 页岩
E-Literature1(Chang et al.,2006)	$C_0 = 0.221 E^{0.712}$	高强度和压实的页岩

本书作者及研究团队围绕我国西部缝洞碳酸盐岩、页岩、致密砂岩的岩石力学参数预测,开展了长期深入室内基础性实验研究,形成和建立了一批针对性强、应用效果好的预测模型。

二、声波衰减系数应用

波速直接反映岩石的宏观(总体的、平均的)特性,而衰减直接反映岩石的微观结构特性。这也是当前正在研究的前沿课题。下面以基于衰减系数预测复杂缝洞结构岩石的强度参数为例(刘向君等,2015),进行简要介绍。

选取 7 块碳酸盐岩岩样,在室内同步测量岩石强度及声波等物性参数(数据来源于本书作者实验室)。7 块岩样的孔隙度分布范围为 1.9%~11%,密度分布范围为 2.56~2.78g/cm³,纵波速度分布范围为 4552.28~5808.88m/s,实验测得的衰减系数分布范围为 16.29~45.96dB/m,单轴抗压强度分布范围为 22.46~131.83MPa,杨氏模量分布范围为 17690~34283MPa,泊松比分布范围为 0.19~0.29。

1. 单轴抗压强度与声波衰减系数的相关性分析

图 5-21 为纵波速度与单轴抗压强度的关系图。由图 5-21 中可见,纵波速度与单轴抗压强度的相关性较差,基于波速预测单轴抗压强度的 RMSE(均方根误差)为 31.25MPa。波速未能很好反映复杂孔洞结构对岩石强度的影响。

图 5-22 为衰减系数与单轴抗压强度的关系图。由图 5-22 中可见,单轴抗压强度随着衰减系数的增加而减小,呈幂函数关系,相关性系数为 0.83,基于衰减系数预测单轴抗压强度的 RMSE 为 21.38MPa。声波衰减系数能反映出复杂孔洞结构对岩石强度的影响。

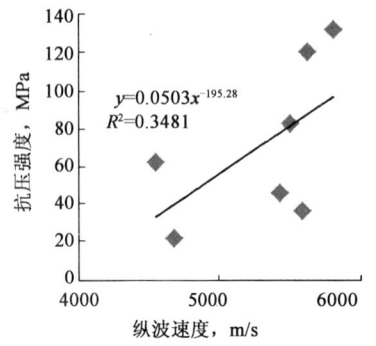

图 5-21　抗压强度与纵波速度的关系　　图 5-22　抗压强度与衰减系数的关系

2. 弹性模量与声波衰减系数相关性分析

通过测量岩心的纵、横波时差和密度,应用式(3-16)计算岩心的动态弹性模量,然后根据该地层动静态弹性模量的转换关系式,将动态杨氏模量转换为静态杨氏模量,是目前工业界常用的获取静态弹性模量的方法。然而大量研究表明,该方法在缝洞碳酸盐岩等复杂地层适用性差。

图 5-23 中动态弹性模量和静态弹性模量的 R^2 仅 0.2574;图 5-24 为衰减系数与静态杨氏模量的关系图,衰减系数与静态弹性模量的 R^2 为 0.7112。可见,衰减系数将是实现复杂结构地层岩石静态弹性模量预测的重要途径。

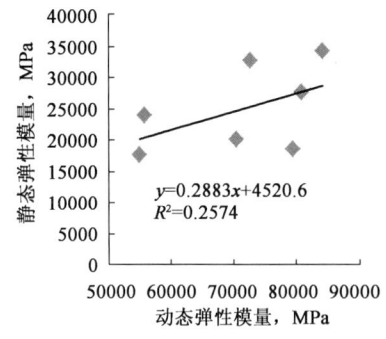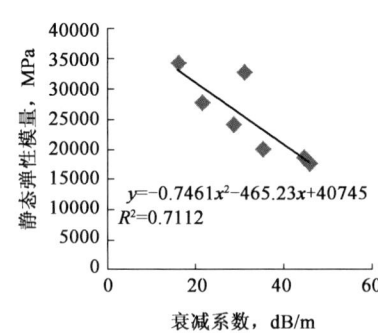

图 5-23　静态弹性模量与动态弹性模量的关系　　图 5-24　弹性模量与衰减系数关系

3. 泊松比与声波衰减系数相关性分析

图 5-25 中动态泊松比和静态泊松比的相关性较差,$R^2=0.2408$;图 5-26 为衰减系数与静态泊松比的关系图,衰减系数与静态泊松比的 $R^2=0.8725$。可见,衰减系数也将是实现复杂结构地层岩石静态泊松比预测的重要途径。

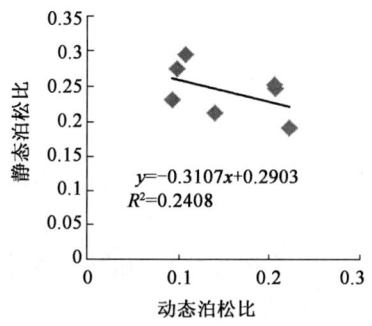 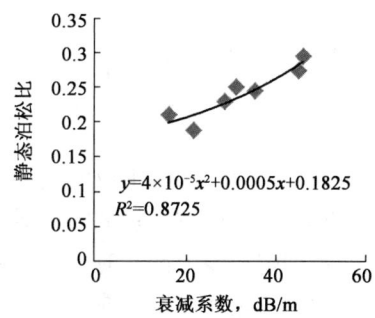

图 5-25 静态泊松比与动态泊松比的关系　　图 5-26 静态泊松比与衰减系数关系

随着我国能源矿产资源勘探开发转向深部、复杂地层,岩石声学研究的现有成果已不能很好支撑和满足地球物理探测技术发展的需要,实验岩石物理与计算岩石物理、数字岩石物理等多手段相结合,对复杂环境、复杂岩石的声学特性的研究必将快速发展。近十几年来,本研究团队基于声波弹性波动理论,自主研发了岩心二维超声波传播数值模拟软件,将数字岩石物理实验和室内岩石物理实验相结合,重点开展了缝洞碳酸盐岩地层声波衰减特性及缝洞发育、分布、产状等对衰减特性的影响研究,也初步获得了声波衰减与孔隙度、岩石强度等参数的一些规律性认识,见图 5-27 至图 5-30。

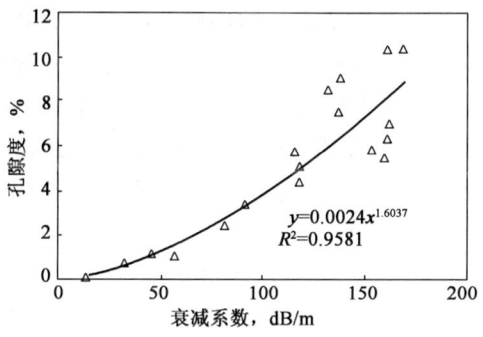 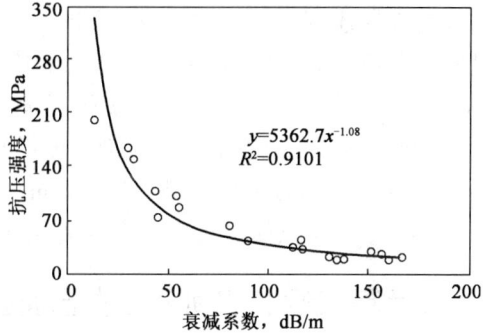

图 5-27 250kHz 频率下纵波衰减系数　　图 5-28 250kHz 频率下纵波衰减系数
　　　与孔隙度的关系(据周龙涛,2014)　　　　　与抗压强度的关系(据周龙涛,2014)

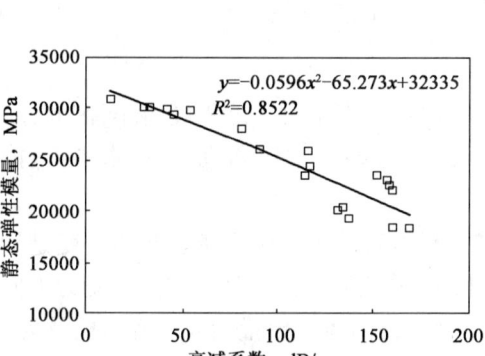 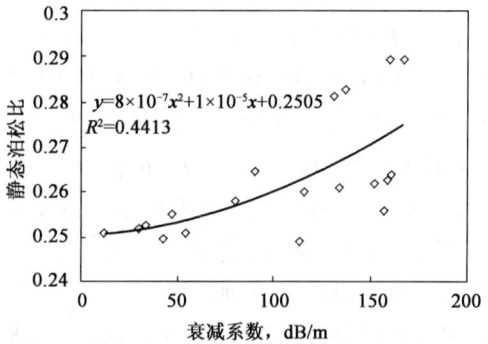

图 5-29 250kHz 频率下纵波衰减系数　　图 5-30 250kHz 频率下纵波衰减系数
　　　与静态弹性模量的关系(据周龙涛,2014)　　与静态泊松比的关系(据周龙涛,2014)

第四节 岩石波速模型

岩石是由固相、气相、液相组成的复杂集合体,其中,固相又通常由多种矿物构成。严格意义上,岩石是非均匀的,但波在物体内传播的理论是建立在均匀物体的假定之上的。当波长比岩石中存在的不均匀尺度大许多时,可以将岩石看作是一个统计意义上的均匀物体,这时描述和表征岩石特性的参量就可以看成是描述这样一个"等效体"的参量。

应用实际测量的波在岩石中传播的速度和衰减等实验结果时,会遇到两个方面的问题:一是若已知岩石的矿物组成、比例、结构形态,如何求出作为多相体的岩石的等效性质(弹性参数、波速、衰减等);二是如何通过测量岩石的等效性质和利用其他可能的资料,解释和反演岩石中的矿物组成、比例、几何结构。显然,第二方面的问题在实际应用中有着重要的意义。

由于岩石的组分和结构过于复杂,直接解决上述正、反两个问题均存在很大的难度,这就需要建立一定意义下的等效模型并通过所建立的模型求解正、反问题,这是人们认识、掌握自然规律的一种普遍的、科学的方法。从单种矿物的速度或弹性模量测试中已发现,各种矿物的速度值相差很大,随着岩石中所含矿物的比例不同,岩石的速度也是千差万别。是否能用较简单的模型来描述,在进行实验测试的同时许多学者已经开展了岩石结构模型研究。这里大体上把它们分成三类:第一类,仅考虑矿物的比例,即对矿物性质进行体积平均,推测岩石性质,简称空间平均模型;第二类,考虑岩石的孔隙和流体,从集中讨论岩石内部球形孔隙对岩石性质影响开始(球形孔隙模型),到讨论椭球形裂纹及对岩石性质影响(包体模型),再到孔隙中流体的变换对岩石性质的影响(Gassmann 方程);第三类,考虑流体与岩石骨架的相互影响(Biot 理论)。本书仅简要介绍前两类模型的理论。

一、计算波速的空间平均岩石模型

考虑以下弹性参数:

$$v_P = \sqrt{\frac{\lambda + 2G}{\rho_b}}, v_S = \sqrt{\frac{G}{\rho_b}}, K_b = V\frac{dp}{dV} = \frac{1}{C_b} \qquad (5-40)$$

式中,K_b 为岩石体积模量。

K_b 表示压力增量 Δp 和体积变化率 $\Delta V/V$ 之比,K_b 越大,表示可压缩程度越小,因此,K_b 又称不可压缩系数,其倒数 C_b 称为压缩系数。对空气,$C_b \to \infty$;在常压和室温下,水的 C_b 值为 $4.4 \times 10^4 \text{MPa}^{-1}$;多数岩石的 C_b 值在 10^5MPa^{-1} 左右。

1910 年,Voigt 提出一个平均模型,假设外加应力对岩石内各种矿物所引起的应变是均匀的,如图 5-31(a)所示,这是一种理想化的等应变模型,在岩石内的各种矿物沿着受力方向平行排列。设岩石内有 N 种矿物,第 $i(i=1,2,\cdots,N)$ 种矿物的体积模量为 K_{bi},剪切模量为 G_i,所占岩石体积百分比为 V_i,则 Voigt 的空间平均(多相等效体)体积模量 K_V 和剪切模量 μ_V 分别为

$$K_V = \sum_{i=1}^{N} K_i \cdot V_i, \mu_V = \sum_{i=1}^{N} \mu_i \cdot V_i \qquad (5-41)$$

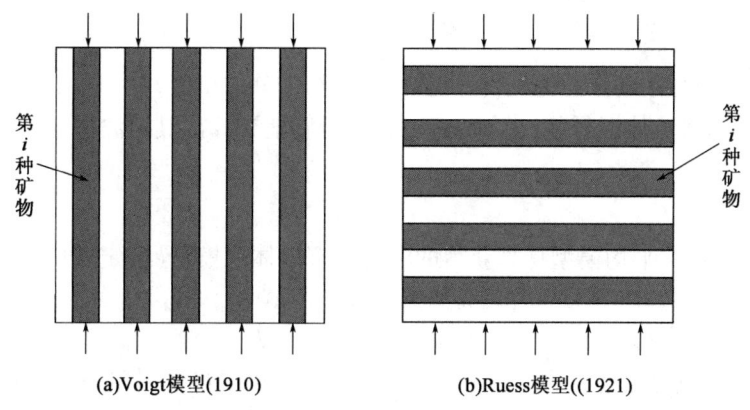

图 5-31　基于模量的岩石平均模型

此模型假定每种矿物的应变相同,则每种矿物承受的应力不同。K_V 相当于并联电阻的总阻抗。

1929 年,Ruess 提出了类似的等应力模型,如图 5-31(b) 所示,每种矿物承受的压力相同,因矿物性质各异,每种矿物的应变显然不一样,假设岩石内的各种矿物成层排列,且成层的方向与应力方向垂直。其体积模量 K_R 和剪切模量 μ_R 分别为

$$K_R^{-1} = \sum_{i=1}^{N} K_i^{-1} \cdot V_i, \mu_R^{-1} = \sum_{i=1}^{N} \mu_i^{-1} \cdot V_i \tag{5-42}$$

K_R 反映了串联电路的总阻抗,显然 K_V 为不可压缩性的上限值,而 K_R 为下限值。实际岩石参数的弹性模量介于这两个极限情况之间。1952 年,Hill 提出将这两种模型的结果取算术平均,并称为 VRH 值,则

$$K_{VRH} = \frac{1}{2}(K_R + K_V), \mu_{VRH} = \frac{1}{2}(\mu_R + \mu_V) \tag{5-43}$$

Kumazawa(1969)仿照 Hill 的做法,取几何平均值,得

$$K_{geom} = (K_R + K_V)^{\frac{1}{2}}, \mu_{geom} = (\mu_R + \mu_V)^{\frac{1}{2}} \tag{5-44}$$

大量的实验测试表明,在高压状态下,计算值 K_{VRH} 与测试值符合得较好,如表 5-7 所示。

表 5-7　实测 K_b 值和计算的 K_{VRH} 值比较(压力为 1GPa)

岩石种类	实际测量的 K_b 值	计算的 K_{VRH} 值	误差
花岗岩	49.1	49.0	<1%
花岗岩	54.6	52.3	4%
花岗二长岩	60.4	57.3	5%
辉长岩	81.5	84.3	4%
辉岩	94.8	84.2	<1%

已知 K_b、G,可求出 v_P、v_S、λ 等其他各种弹性参数。

二、Wood 孔隙流体模量模型

在岩石及其组分都是各向同性的假设前提下,Wood 模型(1941)认为岩石的压缩系数是各组分压缩系数 C_{bi} 的平均值,即

$$C_{\text{b}} = \sum_{i=1}^{N} f_i C_{\text{b}i} \qquad (5-45)$$

式中, f_i 为组成岩石的各成分的体积百分比; N 为岩石组分的个数。

对流体悬浮物或流体混合物,由 Wood 公式可精确地计算出其声波速度:

$$v = \sqrt{\frac{K_{\text{R}}}{\rho}} \qquad (5-46)$$

式中, K_{R} 是采用 Reuss 平均模型计算获得的混合物有效体积模量(假定剪切模量为零)。

$$\frac{1}{K_{\text{R}}} = \frac{1-\phi}{K_{\text{ma}}} + \frac{S_{\text{w}} \cdot \phi}{K_{\text{BR}}} + \frac{(1-S_{\text{w}}) \cdot \phi}{K_{\text{HYD}}} \qquad (5-47)$$

式中, ϕ 为岩石的孔隙度; S_{w} 为含水饱和度; K_{ma} 为岩石骨架的体积模量; K_{BR} 为孔隙中盐水的体积模量, K_{HYD} 为孔隙中烃类的体积模量。

此时岩石的密度可表示为

$$\rho = (1-\phi) \cdot \rho_{\text{ma}} + S_{\text{w}} \cdot \phi \cdot \rho_{\text{BR}} + (1-S_{\text{w}}) \cdot \phi \cdot \rho_{\text{HYD}} \qquad (5-48)$$

式中, ρ_{ma} 为岩石骨架密度; ρ_{BR} 为盐水的密度; ρ_{HYD} 为烃类的密度。

当求取烃类和水混合情况下孔隙流体体积模量 K_{fl} 时,可不考虑岩石骨架,即以岩石中孔隙流体为研究对象,其中含水饱和度为变量,则可得到孔隙流体的体积模量 K_{fl} 为

$$\frac{1}{K_{\text{fl}}} = \frac{S_{\text{w}} \cdot \phi}{K_{\text{BR}}} + \frac{(1-S_{\text{w}}) \cdot \phi}{K_{\text{HYD}}} \qquad (5-49)$$

而孔隙流体的密度 ρ_{f} 为

$$\rho_{\text{f}} = S_{\text{w}} \cdot \rho_{\text{BR}} + (1-S_{\text{w}}) \cdot \rho_{\text{HYD}} \qquad (5-50)$$

若假设岩石为海底沉积物,即 S_{w} 等于1,则此岩石的体积模量可表示为

$$\frac{1}{K} = \frac{1-\phi}{K_{\text{ma}}} + \frac{\phi}{K_{\text{BR}}} \qquad (5-51)$$

Wood 模型在流体替换过程中常用于估算孔隙流体的体积模量、岩石的密度和孔隙流体的密度。

三、计算岩石波速的时间平均模型

岩石由骨架及骨架间的孔隙组成。Wyllie(1956)把岩石简化为两层的模型,即一层为岩石固相,另一层为所有孔隙流体,如图 5-32 所示,图中岩石厚度为 l。

总厚度 l 由孔隙流体层厚度 l_{pore} 与固相骨架层厚度 l_{matrix} 组成。当岩石孔隙度为 ϕ 时,显然有

$$l_{\text{pore}} = \phi \cdot l \qquad (5-52)$$

$$l_{\text{matrix}} = (1-\phi) \cdot l \qquad (5-53)$$

取孔隙流体的波速为 v_{pore},岩石骨架的波速为 v_{matrix},则波传播通过孔隙流体和岩石骨架的时间分别为

$$t_{\text{pore}} = \frac{\phi \cdot l}{v_{\text{pore}}} \qquad (5-54)$$

$$t_{\text{matrix}} = \frac{(1-\phi) \cdot l}{v_{\text{matrix}}} \qquad (5-55)$$

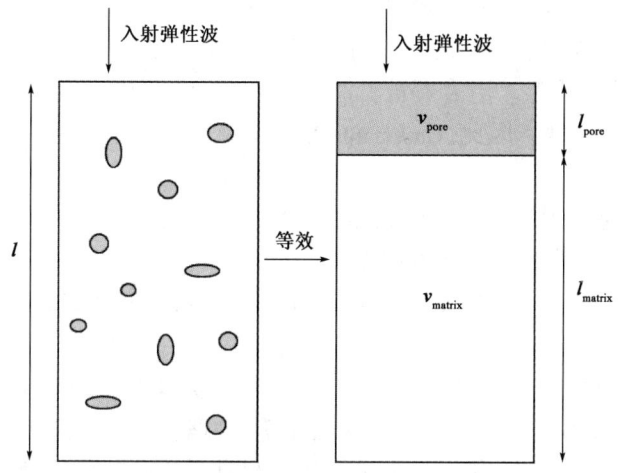

图 5 - 32　岩石简化为骨架(matrix)与孔隙(pore)两层模型的示意图

声波通过岩石的总时间等于通过这两层介质的时间之和,即

$$t = \frac{l}{v} = t_{pore} + t_{matrix} \tag{5-56}$$

将式(5 - 54)和式(5 - 55)代入式(5 - 56),得到

$$\frac{l}{v} = \frac{\phi \cdot l}{v_{pore}} + \frac{(1-\phi) \cdot l}{v_{matrix}} \tag{5-57}$$

v 是岩石等效体的波速,可表示为

$$\frac{1}{v} = \frac{1-\phi}{v_{matrix}} + \frac{\phi}{v_{pore}} \tag{5-58}$$

这就是经典的 Wyllie 方程,也被称为时间平均方程。该方程形式简单,被广泛应用,对压实固结程度高的岩石,其精度较高,对弱胶结和欠压实地层,需进行校正。

当岩石中黏土矿物含量不可忽略时,式(5 - 58)也可以加入黏土矿物含量的修正项:

$$\frac{1}{v} = \frac{1-\phi-c}{v_{matrix}} + \frac{c}{v_{clay}} + \frac{\phi}{v_{pore}} \tag{5-59}$$

式中,c 代表黏土矿物含量;v_{clay} 是弹性波通过等效的黏土层的速度。

四、球堆模型——Gassmann 方程

在油气工业中,岩石物理是将地球物理数据与油气藏特性和储层参数联系到一起的理论基础。流体替换则是岩石物理分析中的重要手段,而 Gassmann 方程是流体替换中最重要的理论基础之一,因此,Gassmann 方程对地震地球物理研究具有重要意义,构成了地震岩石物理研究的核心内容。

Gassmann 方程(1951 年)是利用岩石骨架、造岩矿物和孔隙流体的已知体积模量来计算孔隙流体的体积模量,其中岩石基质是由形成岩石的矿物组成,骨架涉及构架岩石的模型,而孔隙流体可能是气体、原油、水或三者的混合物。

1. Gassmann 方程的基本假设

对于岩石这个复杂的多相系统,Gassmann 方程的基本假设是:

(1)岩石或多孔介质在宏观上为均质且各向同性。该假设确保了波长大于颗粒和孔隙大

小。对于大多数岩石,频率范围从地震频率到实验室频率的波一般能符合该假设。

(2)所有孔隙都是连通或相通的。该假设暗示着岩石具有较好的孔隙连通性,岩石中不存在孤立或连通性差的孔隙。当岩石被波激励时,在低频率下,孔隙空间内孔隙压力是平衡的,且不存在孔隙压力梯度。因此,Gassmann方程比较适用于地震频率(<100Hz)及高渗透条件。

(3)孔隙内完全饱和无黏性的光滑流体(液体、气体或混和物)。该假设对孔隙压力平衡有贡献,且使岩石的切变模量与孔隙流体无关。

(4)岩石—流体系统是个封闭系统(不排液),即波传播过程中,研究系统内不存在流体的流入或流出。

(5)孔隙流体不对岩石骨架产生软化或硬化作用,流体和岩石骨架间不存在相互作用。该假设消除了岩石基质和孔隙流体之间的任何化学/物理相互作用的影响。当流体改变会造成"岩石骨架弹性模量"发生任何变化时(如具有活性化学成分的水置换油或改变界面能造成黏土矿物膨胀使其软化),Gassmann方程将不适用。

(6)当岩石被波激励时,在低频率下,岩石骨架和孔隙流体之间不存在相对移动。在高频率下,岩石骨架和孔隙流体之间发生相对移动,造成波会分散,Gassmann方程将不适用。

2. Gassmann方程的推导

岩石中除掉孔隙连通部分称为岩石的骨架。值得注意的是,骨架中有可能含有不流动的液体,它与干燥岩石状态近似,但并不一定相等。骨架密度和体积模量用 ρ_{ma} 和 K_{ma} 表示,孔隙流体的密度和体积模量用 ρ_f 和 K_f 表示。假设流体与固体一起移动,其密度为两种密度的简单加权平均:

$$\rho = \phi\rho_f + (1 - \phi)\rho_{ma} \tag{5-60}$$

改变骨架剪切模量时,流体与固体相互不发生影响,岩石的平均切变模量为骨架的切变模量:

$$G = G_{ma} \tag{5-61}$$

一个封闭的流体饱和岩石立方体,其各面都承受一应力增量 Δp,并且不断地改变体积,其体积模量为

$$K_b = \frac{\Delta p}{\Delta V/V} \tag{5-62}$$

在流体饱和岩石单位面积上的总应力增量为骨架的应力增量 Δp_{ma} 和流体的应力增量 Δp_f 之和:

$$\Delta p = \Delta p_{ma} + \Delta p_f \tag{5-63}$$

岩石体积的总变化量是骨架体积变化和流体体积变化之和:

$$\Delta V = \Delta V_{ma} + \Delta V_f \tag{5-64}$$

流体应力变化引起的流体体积(孔隙体积)变化:

$$\Delta V_f = \phi V \Delta p_f / K_f \tag{5-65}$$

流体应力变化同样引起骨架体积变化:

$$\Delta V_{mf} = (1 - \phi) V \Delta p_f / K_{ma} \tag{5-66}$$

还有骨架应力变化引起的骨架体积变化:

$$\Delta V_{me} = V \Delta p_{ma} / K_{ma} \tag{5-67}$$

岩石体积的总变化为

$$\Delta V/V = (\Delta V_f + \Delta V_{mf} + \Delta V_{me})/V = \left(\frac{\phi}{K_f} + \frac{1-\phi}{K_{ma}}\right)\Delta p_f + \frac{1}{K_{ma}}\Delta p_{ma} \qquad (5-68)$$

再从单元立方体体积变化考虑,对单位体积岩石受压时,体积变化也可表示为两部分:一是岩石中不含流体时,骨架应力变化引起的体积变化;二是流体应力变化导致的骨架体积变化:

$$\frac{\Delta V}{V} = \frac{1}{K_s}\Delta p_{ma} + \frac{1}{K_{ma}}\Delta p_f \qquad (5-69)$$

式中,K_s为基质(颗粒)体积模量。

由式(5-68)和式(5-69)可以得到骨架的应力增量:

$$\Delta p_{ma} = \frac{\phi\left(\frac{1}{K_{ma}} - \frac{1}{K_f}\right)\Delta p_f}{\frac{1}{K_{ma}} - \frac{1}{K_s}} \qquad (5-70)$$

将式(5-70)结果再代入(5-69)得到

$$\frac{\Delta V}{V} = \left[\frac{1}{K_{ma}} + \frac{\phi\left(\frac{1}{K_{ma}} - \frac{1}{K_f}\right)}{K_s\left(\frac{1}{K_{ma}} - \frac{1}{K_s}\right)}\right]\Delta p_f \qquad (5-71)$$

于是,岩石的体积模量为

$$K_b = \frac{\Delta p}{\Delta V/V} = \frac{\phi\left(\frac{1}{K_{ma}} - \frac{1}{K_f}\right) + \frac{1}{K_{ma}} - \frac{1}{K_s}}{\frac{\phi}{K_s}\left(\frac{1}{K_{ma}} - \frac{1}{K_f}\right) + \frac{1}{K_{ma}}\left(\frac{1}{K_{ma}} - \frac{1}{K_s}\right)} \qquad (5-72)$$

式(5-72)即为 Gassmann 方程。

五、衰减模型

应该说目前尚无一个被大家所接受的衰减模型,可能的原因在于衰减问题过于复杂,不能用一种模型或一种机制来解释。根据 Toksoz 和 Johnson(1981)提出的观点,描述岩石中波衰减和能量耗散的机理分成两大类,如图 5-33 所示。第一类是用广义的或非线性的弹性波方程去解释衰减;第二类是从衰减的机理方面考虑。

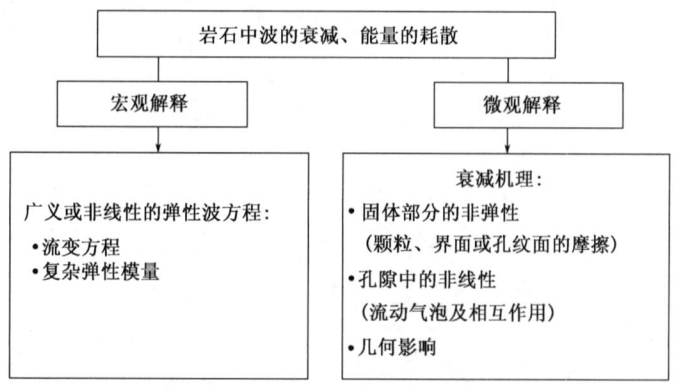

图 5-33 描述岩石中波的衰减和能量耗散的几种解释和模型

习　题

（1）根据岩石中波的主要类型及传播特点，试简要分析在室内完成岩心声波实验时，可以采用哪些类型的声波入射方法获得岩石的波速，实验怎么设计。

（2）声波速度是大家熟悉的概念，为什么在室内岩石声波实验及地球物理测井中，还要引入"时差"的概念？

（3）请查阅文献回答问题，浅层能源矿产资源勘探中，常见岩石的声波速度是多少（列表说明）？地球物理各种声学类探测方法中，一般采用的声波的频率在什么范围？

（4）复杂孔隙结构岩石的声波速度一般具有频散效应，频散效应的总体趋势是怎样的？不同频率声波速度资料混用可能带来些什么问题？

（5）查阅文献资料，了解目前国内外岩心声波实验采用的频率范围一般为多少，为什么，存在哪些问题。

（6）试采用岩石体积物理模型，推导饱和油、气、水三相流体的泥质砂岩地层的声波速度和孔隙度关系。所需物理量请采用前述章节中的常用符号自主假设。

（7）自主推导 Gassmann 方程。

（8）查阅文献，了解 Biot 理论及其与 Gassmann 方程的主要差别。

第六章
岩石的其他物理性质

本章将简要阐述岩石的放射性、磁性、热物理性质和核磁共振性质。岩石所具有的这些性质的差异,为不同地球物理勘探方法的建立,以及利用不同地球物理手段获取地下能源、矿产和地球内部地质体结构等奠定了客观的内在基础,也为我们更好地认识和了解地球系统自身提供了途径。

第一节 岩石的放射性

一、放射性基础

放射性是指某些不稳定元素的原子核衰变放射出 α、β 或 γ 等射线的性质,分为天然放射性和诱发放射性。天然放射性是指自然界天然存在的放射性核素所具有的放射性;诱发放射性是指通过核反应的方法所获得的放射性。原子核衰变时放出的能量称为衰变能量。原子序数在83(铋)或以上的元素都具有放射性,但某些原子序数小于83的元素(如锝)也具有放射性。

1. 放射性产生的核物理基础

1) 放射性衰变

一种元素的原子核自发地放出某种射线而转变成另一种元素的原子核的现象,称为放射性衰变。按原子核是否稳定,可把核素分为稳定性核素和放射性核素两类。能发生放射性衰变的核素,称为放射性核素(或称放射性同位素)。

1896年,法国物理学家贝可勒尔在研究铀盐时,首先发现了铀原子核的天然放射性,以及铀盐发出射线能使空气电离、穿透黑纸使照相底片感光的特点,且不受外界温度、压强等因素的影响。1898年,居里夫妇又发现了放射性更强的钋和镭。之后,越来越多的放射性核素被发现。

截至目前,人们已经发现了119种化学元素,并有约2600多种核素。其中稳定性核素仅有280多种,属于81种元素,而放射性核素则有2300多种,分为天然放射性核素和人工放射性核素。

2) 天然放射线

天然放射线主要是 α 射线、β 射线或 γ 射线,它们各自特点不同。

α 射线也称为 α 粒子束,α 衰变是一种放射性衰变(核衰变)。发生 α 衰变时,α 粒子从原子核中射出,原子核的质量数会减少4个单位,原子序数减少2个单位(图6-1)。α 粒子是

高速运动的氦核 He^{2+},即由 2 个质子和 2 个中子组成。与其他两种射线相比,α 射线穿透能力最低,电离能力最强,能量损耗快,射程短,用一张纸就可以挡住。

β 射线为高速运动的电子流,由原子核的负 β 衰变放出,如图 6-2 所示。放射性原子核放射电子(β 粒子)和中微子而转变为另一种核。β 射线穿透能力较 α 射线强,但电离能力比 α 射线弱,其能量损耗较慢,射程较长。

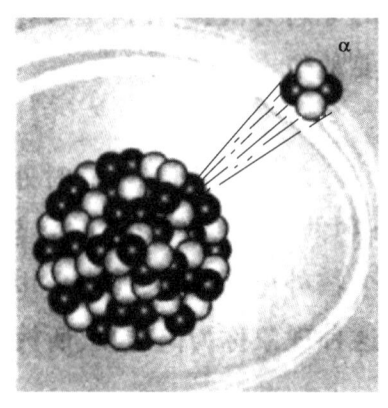

图 6-1　α 衰变　　　　　图 6-2　负 β 衰变

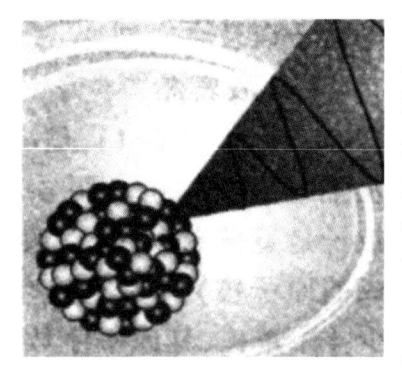

图 6-3　γ 衰变

γ 射线是短波长的电磁波,由 γ 衰变放出,如图 6-3 所示。处于激发态的原子核,通过放射出 γ 射线而跃迁到基态或较低能态的现象,称为 γ 衰变。γ 射线能量很高,穿透力最强,电离能力最弱。其能量损耗最弱,射程最长。它能穿透几十厘米的地层和水泥墙,穿透能力比 α 射线高 10^4 倍,比 β 射线高 50~100 倍,它在空气中的射程可以达到几百米远。

γ 射线与 X 射线、可见光、紫外线都属于电磁辐射。γ 射线产生于原子核,能量一般在 10^5 eV 以上,速度等于光速。

2. 描述放射性的物理量

1) 放射性活度

放射性活度是指处于特定能态的放射性核素在单位时间内发生衰变的原子核数,通常用 A 表示。若 dN 表示发生核衰变的数量,dt 表示发生核衰变的时间,则放射性活度 A 可表示为

$$A = \frac{dN}{dt} \tag{6-1}$$

放射性活度的单位是贝可勒尔(Bq)或居里(Ci)。居里是一个比较大的单位,$1Ci = 3.7 \times 10^{10} Bq$。

2) 质量放射性活度

质量放射性活度又称比活度,指单位质量的某种物质的放射性活度,单位为 Bq/kg。

3) 辐射剂量

辐射剂量又称照射量,是描述 X 射线或 γ 射线在空气中的电离能力,定义为:在标准状态

下,1cm³的空气(约1.293mg)中产生1静电单位的电量,通常用X表示:

$$X = \frac{dQ}{dm} \tag{6-2}$$

式中,dQ表示大气被照射后所产生的电量;dm表示被照射的大气质量。辐射剂量的单位是C/kg。

4) 吸收剂量

吸收剂量是指物体单位质量所能够吸收电离辐射的平均能量,通常用D表示:

$$D = \frac{d\varepsilon}{dm} \tag{6-3}$$

式中,$d\varepsilon$表示电离辐射平均能量;dm表示被照射的物体质量。吸收剂量的单位是格瑞(Gy),也可用另一个单位——拉德(rad)。$1\text{rad} = 10^{-2}\text{Gy}$。在使用此单位时,必须指明被照射的物体为何物,例如空气、人体、肌肉或其他材料。

5) 剂量当量

剂量当量是反映各种射线或粒子被吸收后引起的生物效应强度的电离辐射量,用H表示。剂量当量不仅与吸收剂量有关,还与射线种类、能量有关。剂量当量的国际单位是希沃特,用Sv表示。$1\text{Sv} = 1\text{J/kg}$。一些专门从事放射性工作的人员,每年全身接受的平均剂量当量不超过20mSv,而普通民众一年受到的天然和人为放射性辐射的总剂量当量不足2mSv。

3. 射线与物质的相互作用

1) 带电粒子与物质的相互作用

带电粒子与物质相互作用的过程是复杂的,主要过程有电离和激发、韧致散射和弹性散射。

带电粒子主要通过电离和激发过程损失能量,其次是通过韧致辐射。这两种过程构成了带电粒子碰撞过程中的能量损失。

(1) 电离和激发:当具有一定动能的带电粒子与原子的轨道电子发生库仑作用时,把本身的部分能量传递给轨道电子。如果轨道电子获得的动能足以克服原子核的束缚,使轨道电子逃出原子壳层而成为自由电子,则此过程为电离。

电离后的原子带正电荷,它与逃出的自由电子合称为离子对。如果轨道电子获得的能量不足以摆脱原子核的束缚,而是从低能级跃迁到高能级,使原子处于激发态,则此过程为激发。

带电粒子在电离和激发过程中的能量损失,是通过带电粒子和轨道电子的库仑碰撞产生的,这称为碰撞过程的能量损失或电离损失。

(2) 韧致辐射:当高速运动的带电粒子从原子核附近掠过时,它会受到原子核库仑场的作用而产生加速度。由经典电动力学知道,带电粒子在受到减速或加速时,其部分或全部动能将变为连续谱的电磁辐射,这就是韧致辐射。这种形式的能量损失称为辐射损失。

(3) 弹性散射:当带电粒子与原子核库仑场相互作用时,其运动方向发生改变,而作用前后体系的动能与动量守恒,此过程称为弹性散射。

2) γ射线与物质的相互作用

γ射线是一种波长极短的电磁辐射。天然放射性核素放射出来的γ射线能量在几千电子伏至几兆电子伏之间。能量在100keV~30MeV范围内的γ射线与物质相互作用时,最主要的作用方式有三种,即光电效应、康普顿效应(又称康普顿散射)和电子对效应,其他相互作用

(如相干散射、光致核反应、核共振反应)概率小于1%。

(1)光电效应:能量为 $h\nu$ 的光子通过物质时,与原子的某壳层中的一个轨道电子相互作用,把全部能量传递给这个电子,获得能量的电子摆脱原子核的束缚成为自由电子(常称为光电子),此效应称为光电效应,如图6-4所示。

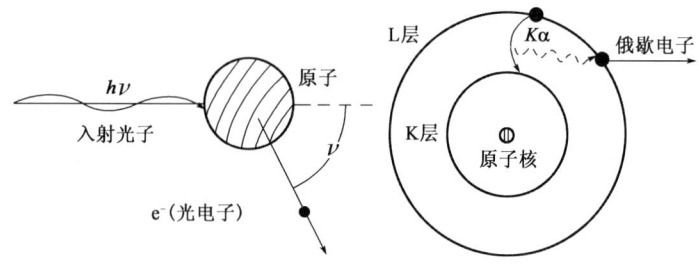

图6-4 光电效应

(2)康普顿效应:当具有能量为 $h\nu$ 的光子与原子内一个弱束缚电子相互作用时,光子交给电子部分能量后,其频率发生改变并与入射方向成 θ 角散射(康普顿散射光子),获得足够能量的电子与光子入射方向成 φ 角方向射出(康普顿反冲电子),此种效应称为康普顿效应,如图6-5所示。

(3)电子对效应:在原子核场或原子的电子场中,一个光子转化成一对正、负电子,这就是电子对效应,如图6-6所示。

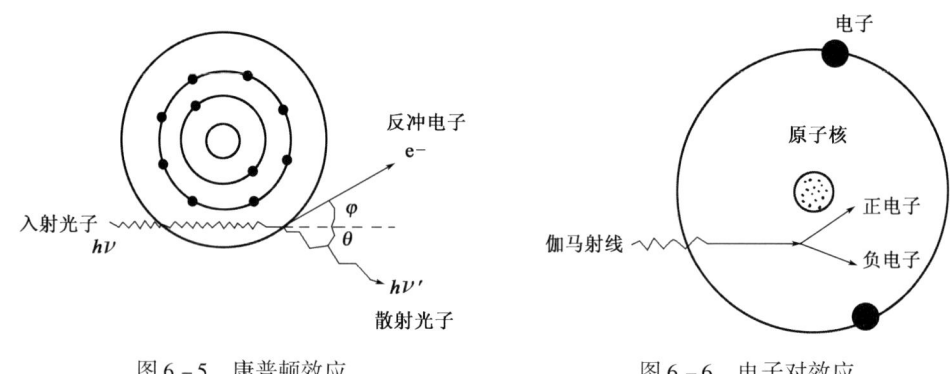

图6-5 康普顿效应　　　　　　　　图6-6 电子对效应

3)中子与物质的相互作用

中子是1932年英国物理学家詹姆斯·查德威克(James Chadwick)发现的,按照能量高低分为快中子、中能中子和慢中子。

中子不带电,几乎不能和原子的电子相互作用,而只能和原子核相互作用(图6-7)。中子与原子核相互作用分为两大类:一类是散射,包括弹性散射和非弹性散射;另一类是吸收,即

彩图6-7

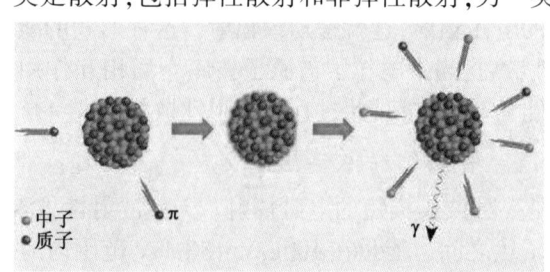

图6-7 中子与原子核的作用

中子被原子核吸收后,产生其他种类的次级粒子。快中子减速成为能量较低的中子的过程称为中子的慢化。中子一般只有被慢化后才能有效地被物质吸收。中子与物质的相互作用方式主要取决于中子的能量。能量大于10MeV的快中子和原子核的作用以非弹性散射为主,中能中子和快中子与物质的主要作用形式为弹性散射。

(1)非弹性散射:非弹性散射分为直接相互作用过程和形成复合核过程。直接相互作用过程是入射中子和靶核的核子发生非常短时间(约$10^{-22} \sim 10^{-21}$s)的相互作用,在每次直接相互作用过程中,中子损失的能量较小。形成复合核过程是入射中子进入靶核形成复合核,在形成复合核的过程中,入射中子和核子发生较长时间(约$10^{-20} \sim 10^{-15}$s)的能量交换。无论经过哪种过程,靶核都将放出一个动能较低的中子而处于激发态,然后这种靶核以发射一个或若干个光子的形式释放出激发能后回到基态。

(2)弹性散射:在散射过程中,若参与散射的两粒子内部的能量及结构不发生变化,则称这种散射为弹性散射。在弹性散射过程中,系统能服从能量守恒定律和动量守恒定律。弹性散射又称为(n,n)反应。

(3)辐射俘获:中子射入靶核后,与靶核形成激发态的复合核,然后复合核通过发射一个或几个γ光子而回到基态,不再发射其他粒子,此过程称为辐射俘获,也称为(n,γ)反应。这时中子被靶核吸收。核反应方程为

$$\begin{cases} n + ^1H \longrightarrow ^2H + \gamma \\ n + ^6Li \longrightarrow ^3H + \alpha \end{cases} \tag{6-4}$$

(4)其他核反应:不同能量的中子与靶核发生的核反应是多种多样的,除上述(n,n)、(n,γ)反应外,还有发射带电粒子核反应、裂变反应、多粒子发射核反应等。图6-8显示的是^{235}U核被中子激发后裂变为^{141}Ba和^{92}Kr核的情形。

4. 放射性的防护

放射性对人体会造成很大的伤害(视频13),因此,必须了解如何避免放射性人体的伤害。放射性对人体的伤害可能有内照射和外照射。放射性辐射损伤是各种电离辐射作用于人体所引起的各种生物效应的总称,是各种电离辐射(如X或γ射线、β射线、α射线和中子束等)引起电离、激发等作用而把能量传递给机体,造成各组织器官的病理变化。

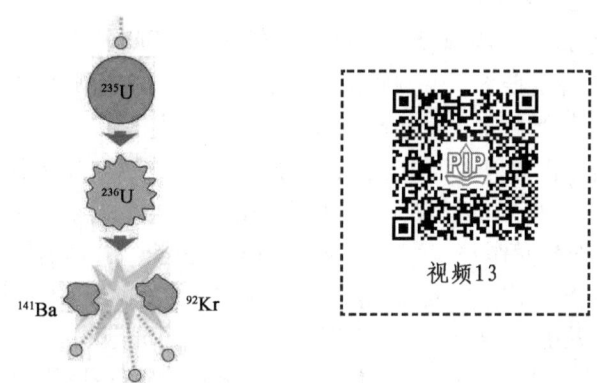

图6-8 中子与原子核的裂变反应

一定量放射性物质进入人体后,既具有生物化学毒性,又能以它的辐射作用造成人体损伤,这种作用称为内照射;体外的电离辐射照射人体也会造成损伤,这种作用称为外照射。因此,放射性防护又可分成内照射防护和外照射防护。

1）内照射防护

内照射与外照射的显著差别是，即使不再进行放射性物质的操作，已经进入体内的放射性核素仍然在体内产生有害影响。造成内照射的原因，通常是因为吸入放射性物质污染的空气，饮用放射性物质污染的水，吃了放射性物质污染的食物，或者放射性物质从皮肤、伤口进入体内。由于核素的种类不同、毒性不同，带来的危险程度也不同。内照射防护的基本原则是尽可能地隔断放射性物质进入人体的各种途径。

防止放射性物质经呼吸道进入人体的基本防护措施包括：(1) 空气净化，通过空气过滤、除尘等方法，尽量降低空气中放射性粉尘或放射性气溶胶的浓度；(2) 换气稀释，利用通风装置不断排出被污染的空气，并换以清洁空气；(3) 密闭操作，把可能成为污染源的放射性物质放在密闭的手套箱或其他密闭容器中进行操作，使它与工作场所的空气隔绝；(4) 加强个人防护，操作人员应带高效过滤材料做成的口罩、医用橡皮手套，穿工作服，在空气污染严重的场所要戴头盔或穿气衣作业，防止放射性物质经口腔进入人体内，严禁工作人员用可能被污染的手接触食物、衣服或其他生活用具。

防止放射性物质不经过处理而大量排入江河、湖泊或注入地质条件差的深井，造成地面水或地下水源的污染。

此外，还应该建立内照射监测系统，对工作环境和周围环境中的空气、水源和有代表性的农牧产品进行常规监测，以便及时发现问题，改进防护措施。

2）外照射防护

外照射的特点是：只有当机体处于辐射场中时，才会引起辐射损伤；当机体离开辐射场后，就不再受照射。

对人体而言，外照射引起的辐射损伤主要来自 γ 射线和 X 射线、中子，其次是 β 射线和 α 射线。外照射防护通常可采用下列三种方式：尽量缩短受照射时间，尽量增大与辐射源的距离，在人和辐射源之间加屏蔽物，具体如下：

(1) 缩短受照射时间：受照射的累积剂量和受照射时间成正比。在一切接受电离辐射的操作中，应以尽量缩短受照射时间为原则。例如，在用 X 射线进行胸部透视时，病人所受照射剂量随检查时间的延长而增加。

(2) 增大与辐射源间的距离：增大操作人员与辐射源间的距离，可以降低受照射的剂量。对于点状放射源，人体受照剂量率与距离平方成反比。在实际操作中，常使用远距离操作的工具，如长柄钳、机械手、远距离自动控制装置等，以降低剂量率。

(3) 屏蔽防护：根据辐射通过物质时被减弱的原理，在人与辐射源之间加一层足够厚的屏蔽物（减弱材料），把外照射剂量减少到容许水平以下。当缩短受照射时间和增大与辐射源间的距离仍不能达到安全操作时，就必须考虑采用屏蔽防护。合理的屏蔽防护必须注意：①屏蔽方式：根据放射性防护要求和放射源的不同，屏蔽方式分固定式和移动式两种。固定式的屏蔽物有防护墙、地板、天花板、防护门和观察窗等；移动式的屏蔽物有包装容器、各种结构的手套箱、防护屏和铅砖等。②屏蔽材料：对不同的电离辐射，应采用不同的屏蔽材料。γ 射线和 X 射线的常用屏蔽材料有水、土壤、岩石、铁矿石、混凝土、铁、铅、铅玻璃、钨等。

由中子源发射出来的快中子，在屏蔽层中主要通过弹性散射和非弹性散射损失能量，被物质吸收后一般放出 γ 射线。因此，对中子的屏蔽，除考虑快中子的减弱过程和吸收过程外，还应考虑 γ 射线的屏蔽。常用的中子屏蔽材料是各种含氢材料，如饱和硼酸水溶液、石蜡、含

1%~2%硼的石蜡等。对具有强γ本底的中子源(如镭—铍中子源),则应考虑两层屏蔽,第一层用石蜡和吸收中子的物质等屏蔽中子;第二层用铅吸收γ射线。

β射线能引起组织表层的辐射损伤,还能产生轫致辐射。所以对β射线防护应采用两层屏蔽:第一层用低原子序数的材料屏蔽β射线,常用材料有烯基塑料、有机玻璃及铝等;第二层用高原子序数材料屏蔽轫致辐射,常用生铁、钢板和铅板等。

由于α射线在空气中的射程短,能被一张纸或衣服挡住,一般说,α射线不会造成外照射辐射损伤。

下面以^{60}Co为例,说明放射性对人体的伤害以及防护措施。

危害:^{60}Co属高毒性核素,对全身有影响,对人体的有效半衰减期为9.5d,具有极强的辐射性,能导致脱发,会严重损害人体血液内的细胞组织,造成白细胞减少,引起血液系统疾病,如再生性障碍贫血症,严重的会使人患上白血病(血癌),甚至死亡。^{60}Co在人体中的最大容许积存量为3.7×10^5Bq,在放射性工作场所空气中和露天水源中的最大容许浓度分别为0.33Bq/L和370Bq/L,其化学性质与元素钴相同,危害面积较大,20多千米范围或更远距离可以形成放射性沾染,形成更远的传播。通过其本身的放射性传给人,且被沾染的人也具有放射性。^{60}Co在空气中可以传播,只有用厚厚的铅才能阻挡。

防护:^{60}Co需用铅容器密闭保存,工作环境中有^{60}Co放射性元素时,一定要穿专用防护服;对溶入钴的液体要特别小心,尽量不要用皮肤接触,因为钴的渗透性很强,很容易进入皮肤内层。

二、岩石的放射性

岩石的放射性是放射性勘探方法建立的基础,也分为天然放射性和诱发放射性。

1. 岩石的天然放射性

岩石中某些矿物能自发通过核衰变放射出α射线或β射线或γ射线的性质,称为岩石的天然放射性。

岩石的天然放射性主要来自岩石矿物组成中的放射性元素,其中最主要的是钍(^{232}Th)、铀(^{238}U或^{235}U)、钾(^{40}K)三种同位素。

(1)钍系:地层中钍系的放射性主要来自^{232}Th,其半衰期为1.41×10^{10}a。钍系元素可以放射出α、β、γ三类射线,其特征的γ射线能量是2.62MeV。

(2)铀系:铀系从^{238}U开始,到^{206}Pb结束,^{238}U的半衰期是4.47×10^9a。铀系元素可以放射出α、β、γ三类射线,其特征的γ射线能量是1.76MeV。

(3)^{40}K:地层中另一类常见的放射性元素是钾的一种同位素,即^{40}K,其半衰期为1.26×10^9a,它能够放出β射线和γ射线,其特征γ射线能量为1.46MeV。

岩石中的放射性变化较大。一般来讲,岩性、地质年代和沉积环境都会影响岩石的放射性。岩石的年代越久、埋深越深,放射性越强。从沉积环境来讲,海相沉积岩石放射性较强,陆相沉积岩石放射性较弱。从岩性上来讲,岩浆岩的放射性最强,变质岩放射性次之,沉积岩最弱。对于沉积岩来讲,泥岩、黏土岩和页岩放射性最强,含泥质的砂岩和石灰岩次之,而纯砂岩、白云岩、石灰岩、石膏、硬石膏等放射性最弱(Hurley,2009)。

2. 岩石的诱发放射性

岩石的诱发放射性,是指本来没有放射性的岩石,暴露在特定放射性环境之中,也具备了放射性的现象。与天然放射性相区分,诱发放射性也称人工放射性。这一现象由Irène Curie

和 F. Joliot 在 1934 年发现。较轻的元素，如硼、铝，加以α射线的照射，当α射线撤去后，这些元素仍然保持放射性：

$$^{27}_{13}\text{Al} + ^{4}_{2}\text{He} \longrightarrow ^{30}_{15}\text{P} + ^{1}_{0}\text{n} \tag{6-5}$$

诱发放射性主要有两种形式，一是伽马射线轰击诱发放射，二是高能中子流轰击诱发放射。诱发发射性需要放射源，即伽马放射源和中子放射源，且每一种又有两种类型，即连续放射源和脉冲放射源。连续放射源主要是由具有天然放射性的物质发出的，而脉冲放射源是由可控的人工放射源发出的。

常见的密封的伽马放射源有 ^{60}Co、^{137}Cs、^{192}Ir 和 ^{226}Ra，非密封的伽马放射源主要是 ^{125}I 和 ^{131}I。伽马放射源的特点是能够连续不断地产生放射线。

常见的中子源有 ^{241}Am-^{4}Be 中子源、^{24}Na-^{4}Be 中子源和 ^{124}Sb-^{4}Be 中子源。脉冲放射源主要通过粒子加速器产生高能中子，利用加速器加速的带电粒子轰击适当的靶核，通过核反应产生中子，最常用的核反应有(d,n)、(p,n)和(γ,n)等，其中子强度比放射性同位素中子源大得多。可以在很宽的能区上获得单能中子。加速器采用脉冲调制后，可成为脉冲中子源。此外还可用原子核裂变反应堆产生大量中子。反应堆是最强的热中子源。

3. 岩石放射性的测量

岩心伽马测试仪可以直接在地面对岩心的伽马射线强度进行测量。最早的伽马测试仪由美国 CoreLab 公司开发，国内的仪器公司研发了类似的仪器。

通常最广泛用于测量放射性的仪器是盖革计数器（Geiger-Müller counter，如图 6-9 所示）。这一仪器的探测装置称为 Geiger-Müller 管，仪器本身因此得名。Geiger-Müller 管充满低压的惰性气体（如氦、氖、氩），并加以高电压。当有辐射存在时，惰性气体因电离而导电，Geiger-Müller 管就产生一个电脉冲。通过对电脉冲的计数，放射性活度得以被测量。

另一种常用的放射性测量仪器是闪烁计数器（scintillation counter，如图 6-10 所示）。其原理是闪烁体（锌硫化物）被辐射产生光子，再由光电效应产生电信号。闪烁计数器是伽马射线能谱仪的基础。

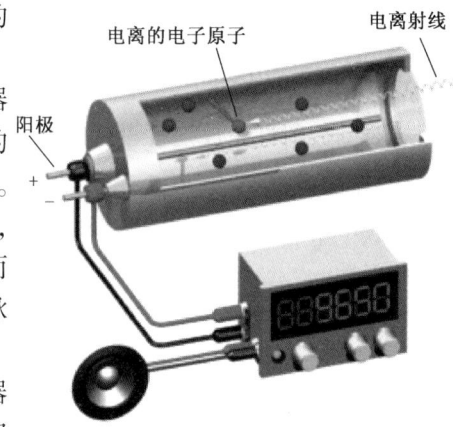

图 6-9 盖革计数器示意

彩图6-9

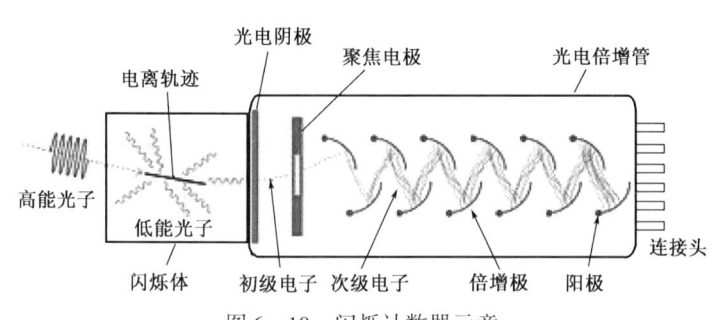

图 6-10 闪烁计数器示意

4. 岩石放射性的用途

研究岩石放射性对于了解岩石形成年代、岩石古地理、沉积环境、组成矿物及岩石结构等多个方面都有帮助。对岩石放射性特征的分析已经成为研究岩石特征的关键技术。

利用放射性元素测定纪年是目前确定岩石年代的常用方法。例如，^{14}C 的半衰期为 5730a，可用于测定年龄小于 $5 \times 10^4 a$ 的样品；而 ^{40}K 的半衰期为 $1.3 \times 10^{19} a$，适用于测定年龄大于 $5 \times 10^4 a$ 的样品；另外还有铀（U）—铅（Pb）、钍（Th）—镤（Pa）、铷（Rb）—锶（Sr）法等。

根据岩石放射性的强弱，可以对岩石沉积成岩过程中的古地理环境或者沉积环境作出分析和判断。一般而言，海相和深湖相沉积的岩石放射性强，而在陆相沉积的岩石放射性弱。例如，海相沉积的黑色泥岩具有非常强的放射性，而陆相中的硬石膏岩、盐岩放射性则很弱。此外，根据岩石中放射性元素 U 的含量也可以推断沉积环境。通常情况下，富含 U 的矿物都是在深水或者还原环境下沉积的。地质年代越久，地层放射性越弱；沉积成岩时代越近，地层放射性越强。基性岩，例如火成岩（岩浆岩）类，是由岩浆从地层深部喷发至地面，快速冷凝形成，其搬运距离短，受风化剥蚀较弱，因此放射性强；沉积岩经过漫长的搬运、风化、磨圆、剥蚀等物理化学以及生物作用后才压实形成，其原始的放射性比起火成岩已大大减弱。利用岩石放射性强弱，还可以分析岩石矿物组成。通常情况下，沉积岩的放射性是由岩石所含泥质颗粒多少决定的。根据矿物质 Th、K 的含量可以判断黏土的类型。据统计，当放射性元素 Th/K 比值大于 12 时，黏土矿物以高岭土、绿泥石为主；当 Th/K 比值大于 28 时，则为重钍矿；而当 Th/K 比值小于 2 时，以云母、海绿石、长石为主，当 Th/K 比值小于 0.5 时，则为富含钾的蒸发岩。

第二节　岩石的磁性

地球周围存在着磁场，即地磁场，地磁场是地球内部天然磁性的外在表现。地球可以看作一个磁偶极子，N 极位在地理北极附近，而 S 极则位于地理南极附近。两个磁极与地球的自转轴大约成 11.5° 的磁偏角（图 6-11）。地球的磁场向太空扩展数万千米形成地球磁圈。地球磁圈对地球而言有屏障太阳风所挟带的带电粒子的作用。

一、地磁场的分布

地面上任意一点地磁场强度矢量 T 通常用直角坐标系来描述。以观测点为原点 O，令 X 轴指向地理北极，Y 轴指向地理东，Z 轴铅直向下，如图 6-12 所示。观测点 O 的地磁场强度 T 在 X 轴上的分量为北向分量 X，对应地，在 Y 轴上的为东向分量 Y，在 Z 轴上的为垂直分量 Z。地磁场强度矢量 T 在 XOY 平面上的分量 H 称为水平分量，H 指向磁北，其延长线为磁子午线。

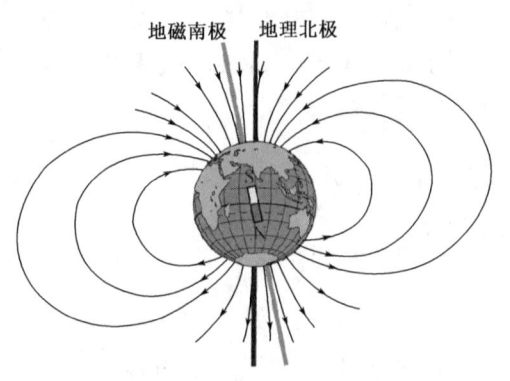

图 6-11　地磁场的分布

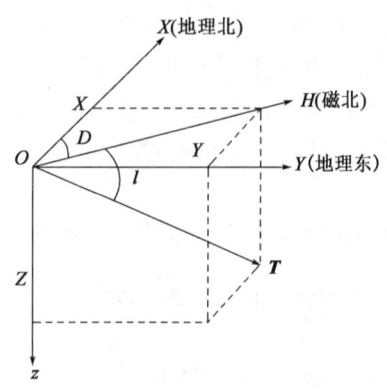

图 6-12　地磁要素

通常规定,各分量与相应坐标轴的正向一致时为正,反之为负。磁子午线(磁北)与地理子午线(地理北)的夹角为磁偏角,用 D 表示。H 偏东时 D 为正,反之为负。T 与 XOY 平面的夹角为磁倾角,用 I 表示。T 下倾时 I 为正,反之为负。根据此规定,北半球 $I>0$,南半球 $I<0$。

T、X、Y、Z、H、D 及 I 这些参数都表述了地磁场的某一要素,故称为地磁要素。根据图 6-12,可以写出这些要素之间的关系:

$$\begin{cases} H = T\cos I \\ X = H\cos D, Y = H\sin D, Z = T\sin I \\ \tan D = Y/X, \tan I = Z/H \\ H^2 = X^2 + Y^2 \\ T^2 = X^2 + Y^2 + Z^2 \end{cases} \quad (6-6)$$

在地面上观测所得到的地磁场 T 是各种不同成分磁场的总和。它们的场源分布有的在地球内部,有的在地面之上的大气层中。按其来源和变化规律不同,可将地磁场分为两部分:一是主要来源于固体地球内部的稳定磁场 T_s,二是主要起因于固体地球外部的变化磁场 δT。因而,地磁场 T 可以表示为

$$T = T_s + \delta T \quad (6-7)$$

继 1838 年高斯提出球谐分析之后,1885 年,史密特利用总磁场的球谐分析方法和面积分法,把稳定磁场和变化磁场分解为起源于地球内、外的两部分,故有

$$T_s = T_{si} + T_{se}, \delta T = \delta T_i + \delta T_e \quad (6-8)$$

式中,T_{si} 是起因于地球内部的稳定磁场,占稳定磁场总量的 99% 以上;T_{se} 是起源于地球外部的稳定磁场,仅占不到 1%;δT_e 是变化磁场的外源场,约占变化磁场总量的 2/3;δT_i 为内源场约占其总量的 1/3,δT_i 实际上也是由外部电流感应而引起的。

一般情况下,变化场为稳定场的万分之几到千分之几,偶尔可达到百分之几,故通常所指的地球稳定磁场主要是内源稳定场,它由以下三部分组成:

$$T_{si} = T_0 + T_m + T_a \quad (6-9)$$

式中,T_0 为中心偶极子磁场;T_m 为非偶极子磁场,也称为大陆磁场或世界异常。这两部分的磁场之和又称为地球基本磁场,编制的世界地磁图大多为地球基本磁场的分布图,其中 T_0 场几乎占 80%~85%,故它代表了地磁场空间分布的主要特征。

内源稳定磁场的另一个组成部分,是地壳内的岩石矿物及地质体在基本磁场磁化作用下所产生的磁场,称为地壳磁场,又称为异常场或磁异常,以 T_a 表示。其分布范围在数千米或数十千米的称为局部异常 T'_a,达数百或数千千米的称为区域磁场 T''_a。这两部分磁异常对编制世界地磁图来说,均属全球地磁场的局部现象,应属于光滑滤波除掉的部分。磁法勘探是通过测定和研究地壳磁场来解决地质构造和矿产资源的调查问题。

综上所述,地球磁场的构成可用下式表示:

$$T_{si} = T_0 + T_m + T_{se} + T'_a + T''_a + \delta T \quad (6-10)$$

式中的外源稳定磁场 T_{se},因数量级极小,通常可忽略。

二、地磁场随地理分布的基本特征

世界地磁图基本上反映了来自地球核部场源的各地磁要素随地理分布的基本特征。

图 6-13 是 2010 年等偏线图。由图 6-13 可看出,等偏线是从一点出发汇聚于另一点的

曲线簇,明显地分别汇聚在南、北两磁极区,在这两点上磁北方向可以从0°变到360°,即没有固定的磁偏角。按磁偏角定义,同样在地理两极也是如此。因此,在南北两半球上磁偏角共有四个汇聚点。全图有两条零偏线($D=0°$)分布,将全球分为负偏角区($D<0°$)和正偏角区($D>0°$)两个部分。

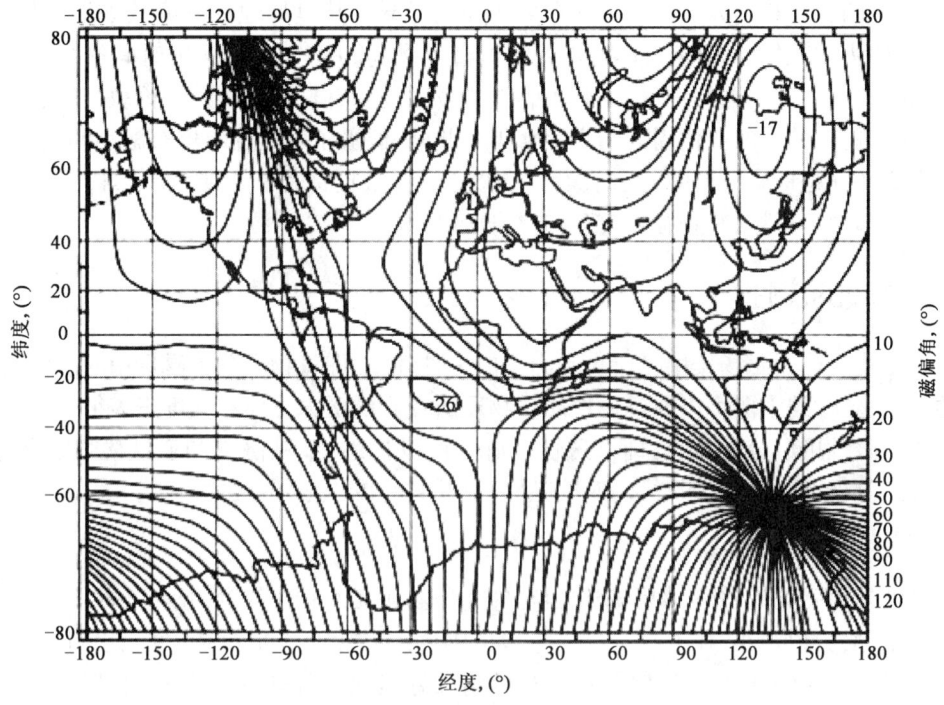

图6-13　2010年等偏线图(据刘天佑,2013)

图6-14是2010年地球总场强度等值线图。由图6-14可看出,在大部分地区,等值线

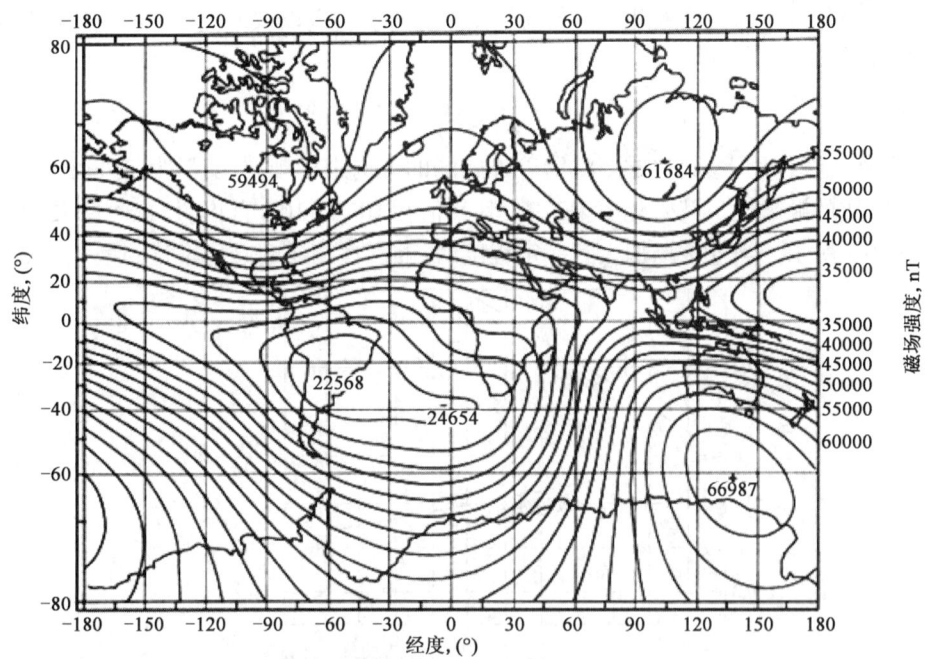

图6-14　2010年地球总磁场强度等值线图(据刘天佑,2013)

也与纬线近乎平行。其强度值在磁赤道附近约为 30000～40000nT，由此向两极逐渐增大，在南北两磁极处总强度值大约是 60000～70000nT。

根据各地磁要素在地理分布上的基本特征，可以认为地球基本磁场的模式与一个位于地球中心并与其旋转轴斜交 11.5°的地球中心偶极子场很类似。两者各地磁要素分布基本特征大致吻合，但两者在相当大的区域内存在着明显的差异。从世界地磁图中减去地磁场的偶极子磁场（T_0 约占主磁场的 80%），即可得到非偶极子磁场（T_m）。主磁场随时间的缓慢变化，称为地磁场的长期变化。磁偏角、磁倾角和地磁场强度都有长期变化。从伦敦、巴黎和罗马的资料可以推测，磁偏角的变化周期约为 600 年。此外，偶极子磁矩逐年也有微小的改变。长期变化的主要特征是地磁要素的"西向漂移"，偶极子场和非偶极子场都西向漂移，且偶极子磁矩的衰减和非偶极子场的西向漂移都具有全球性质。

三、物质的磁性

磁性是物质受到磁场作用时所表现出来的一种性质，即将物质置于磁场中时，物质会受到磁力的作用，磁性的强弱可以通过单位质量物质所受到的磁力方向和强度来表征。

物质的磁性可以分成 5 类，即抗磁性、顺磁性、铁磁性、反铁磁性和亚铁磁性。其中抗磁性、顺磁性和反铁磁性属于弱磁性，而铁磁性、亚铁磁性属于强铁磁性。

1. 抗磁性

在受到外加磁场作用时，物质表现出与外加磁场相反的磁化强度的现象，称为抗磁性。其磁化率小于零，数值很小，在 $10^{-7}～10^{-6}$ 量级范围。这实际上是在外磁场的作用下，此类物质的外层电子轨道在绕外磁场旋进时，所产生的附加磁矩的方向与外磁场方向相反，因而表现为抗磁性。这类物质的磁化率为负值，且数值很小，约为 10^{-5} 数量级。

抗磁性物质的特点是：外磁场去掉时，附加磁矩随即消失，合磁矩为零；磁矩方向与外磁场方向相反，且磁化率不随温度变化。通常金、汞、锌、铜、硫、碳以及水、大多数有机物和生物组织具有抗磁性。

2. 顺磁性

物质在外磁场作用下，其热磁矩将沿着外磁场的方向进行排列，变形为与外磁场一致的磁性，这就是物质的顺磁性。其磁化率大于零，其量值在 $10^{-5}～10^{-3}$ 范围，比抗磁性大 1～3 数量级，如图 6-15 所示。当外磁场加大到一定程度时，顺磁性物质的磁化率达到饱和。顺磁性物

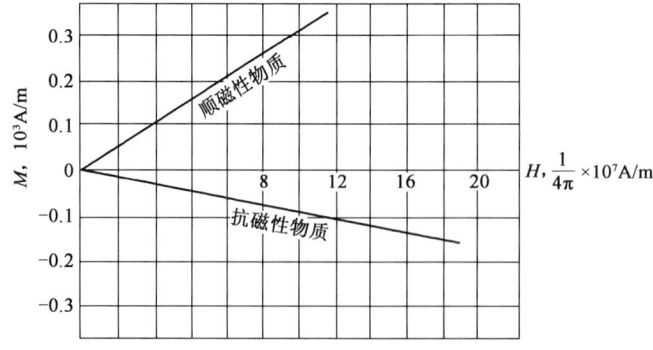

图 6-15　抗磁性与顺磁性物质的磁化

质的特点是:磁化强度与热力学温度成反比,磁场方向与外磁场方向一致。常见的顺磁性物质有铝、锰、钨、铀等。

还需要说明的是,顺磁性物质的原子或分子磁矩之间并无强的相互作用,因此,原始磁矩仅仅是无规则的热运动,磁矩的排列杂乱,合磁矩为零。

3. 铁磁性

物质中相邻的原子或离子的磁矩具有较强的相互作用,使得在某些区域大致按照同一方向排列,表现出非零的合磁矩。当所施加的外磁场强度增加时,这些区域的原始磁矩更加定向排列,合磁矩随之增加到某一极限,这就是物质的铁磁性。

如图 6-16 所示,对未磁化样品施加磁场 H 作用,随 H 值由零增至 H_s,而后减至零,反向由零减至 $-H_s$,再由 $-H_s$ 增至 H_s,变化一周,样品的磁化强度 M 沿 $O、A、B、C、D、E、F、A$ 变化,诸点所围成的曲线称磁滞回线,表明铁磁性物质的磁化强度随磁化场的变化呈不可逆性。其中 H_c 称为矫顽磁力,不同铁磁性物质他的变化范围较大。

铁磁性物质的特点是:磁化率大于 0,且数值很大,在 $10^{-1} \sim 10^5$ 量级;磁化强度与外磁场强度呈非线性关系,在较弱的磁场作用下,即可达到磁化饱和;磁化强度随磁场的变化具有不可逆性;磁化率与温度的

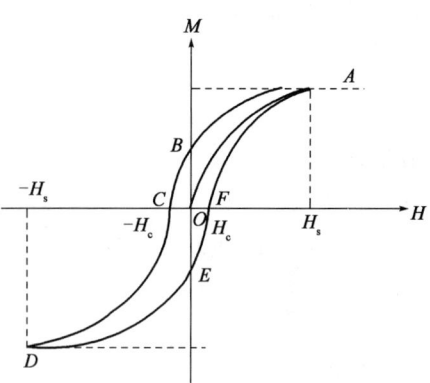

图 6-16 铁磁性物质的磁滞回线

关系服从居里—魏斯定律;铁磁性物质的基本磁矩为电子自旋磁矩,其轨道磁矩对合磁矩基本无贡献。

4. 反铁磁性

在宏观磁性上,这类物质的磁化率大于 0,其数值范围在 $10^{-5} \sim 10^{-3}$ 量级。有些类似于顺磁性物质,在临界温度(奈尔温度 T_N, Néel temperature),磁化率出现极大值,当温度低于奈尔温度时,物质表现为反铁磁性,高于奈尔温度时,表现为顺磁性或铁磁性。与铁磁性不同的是,在原子自旋(磁矩)受交换作用而呈现有序排列的磁性材料中,如果相邻原子自旋间是受负的交换作用,自旋为反平行排列,则磁矩虽处于有序状态(称为序磁性),但总的净磁矩在不受外场作用时仍为零。这种磁有序状态称为反铁磁性。

5. 亚铁磁性

亚铁磁性物质由两种磁次晶格组成,它们的原(分)子都有剩余自旋磁矩,但这两种磁矩不相等。这些自旋磁矩有负的交换作用,因此,两种磁次晶格的自旋反平行排列相互抵消后,整体还有净磁化强度。这样的物质称为亚铁磁体。在宏观磁性上,这类物质的磁化率大于 0,约为 $10^{-1} \sim 10^4$ 量级,磁化率是温度与外加磁场强度的函数,且与磁化历史有关。当温度低于居里温度时,呈现亚铁磁性;高于居里温度时,呈现顺磁性或铁磁性。

需要注意的是,部分学者也认为反铁磁性和亚铁磁性均属于铁磁性的一种。铁磁性、反铁磁性和亚铁磁性的不同特征,取决于矿物质电子自旋的排列方式。如果所有的自旋都沿相同的方向排列,即表现为很强的铁磁性特征;若反平行排列且两个相反方向的数目完全相等,就为反铁磁性;若反平行排列且一个方向的数目大于另一个方向的数目,则是亚铁磁性。

四、岩石磁性的表征参数

岩石的磁性来源于其中所含的铁磁性矿物,将岩石放入磁场,岩石将被磁化,通过岩石磁化强度可以表征和反映其磁性的强弱。当外加磁场除去后,仍然保留在岩石中的磁化强度,称为剩余磁化强度,简称剩磁。剩磁不仅与岩石自身的性质和外磁场有关,还与岩石所处的状态、经历的成岩演化过程等相关,因此,研究岩石的磁性空间分布及时空变化,不仅可以帮助了解能源矿产资源分布,同时可以了解地球自身的演化状况。岩石磁性是磁法勘探的基础。

描述岩石磁性的物理量主要是磁化率 κ、磁导率 μ、感应磁化强度 M_i 和剩余磁化强度 M_r。

(1) 磁化强度 M:是指单位体积中原子或离子磁矩的矢量和,即

$$M = \frac{\sum p_i}{V} \tag{6-11}$$

式中,p_i 表示单个原子或离子的磁矩,$A \cdot m^2$;V 表示原子或离子磁矩所占据的体积,m^3;M 表示磁化强度,A/m。

(2) 磁化率 κ:是表征磁介质属性的物理量,等于磁化强度 M 与磁场强度 H 之比,即

$$\kappa = \frac{M}{H} \tag{6-12}$$

式中,H 表示磁场强度,A/m。

磁化率 κ 是一个无因次量。对于顺磁质,$\kappa > 0$,对于抗磁质,$\kappa < 0$,其值都很小。对于铁磁质,κ 很大,且还与 H 有关。铁磁性物质的 M 与 H 之间有复杂的非线性关系。对于各向同性磁介质,κ 是标量,而对于各向异性磁介质,磁化率是一个二阶张量。

(3) 磁导率 μ:是物质中磁感应强度 B 与磁场强度 H 之比,即

$$\mu = \frac{B}{H} \tag{6-13}$$

式中,磁感应强度 B 也称为磁通量密度,其单位为 T 或 $V \cdot s/m^2$。磁导率的单位是 H/m。实际应用中,往往采用相对磁导率 μ_r,定义为磁导率 μ 与真空磁导率 μ_0 之比,即

$$\mu_r = \frac{\mu}{\mu_0} \tag{6-14}$$

真空磁导率为一常数,$\mu_0 = 4\pi \times 10^{-7} H/m$。

对于顺磁物质,$\mu_r > 1$,而对于抗磁物质,$\mu_r < 1$,但是两类物质 μ_r 与 1 相差无几。

(4) 岩石的感应磁化强度 M_i:是岩石在现代地磁场中被磁化获得的磁化强度。

位于岩石圈中的岩矿石,处在约为 $0.5 \times 10^{-4} T$ 的地球磁场作用下,其表示为

$$M_i = \kappa(T/\mu_0) \tag{6-15}$$

式中,T 是地磁场总强度;κ 是岩石、矿石的磁化率。

(5) 岩石的剩余磁化强度 M_r:是岩石在沉积成岩时,处在一定的古地理环境下,受当时的地磁场磁化,成岩后经历漫长的地质年代,所保留下来的磁化强度。

(6) 岩石的总磁化强度 M:是感应磁化强度与剩余磁化强度的总和,即

$$M = M_i + M_r = \kappa(T/\mu_0) + M_r \tag{6-16}$$

在磁法勘探中,表征岩石磁性的物理量是 $\kappa(M_i)$、M_r 及 M_t。

(7)居里点(Curie temperature):也称居里温度或磁性转变点,是指材料可以在铁磁体和顺磁体之间改变的温度,即铁磁体从铁磁相转变成顺磁相的相变温度,也可以说是发生二级相变的转变温度。当温度低于居里点时,该物质成为铁磁体,此时和材料有关的磁场很难改变;当温度高于居里点时,该物质成为顺磁体,磁体的磁场很容易随周围磁场的改变而改变。铁的居里点为770℃,钴的居里点为1131℃。

五、岩石的磁性

自然界中,绝大多数矿物属顺磁性物质与抗磁性物质。几种常见矿物的磁化率见表6-1。

表6-1 几种常见矿物的磁化率

抗磁性物质				顺磁性物质			
名称	$\kappa_{平均}, 10^{-5}$	名称	$\kappa_{平均}, 10^{-5}$	名称	$\kappa_{平均}, 10^{-5}$	名称	$\kappa_{平均}, 10^{-5}$
石英	-1.3	方铅矿	-2.6	橄榄石	2	绿泥石	20~90
正长石	-0.5	闪锡矿	-4.8	角闪石	10~80	金云母	50
锆石	-0.8	石墨	-0.4	黑云母	15~65	斜长石	1
方解石	-1.0	磷灰石	-8.1	辉石	40~90	尖晶石	3
岩盐	-1.0	重晶石	-1.4	铁黑云母	750	白云母	4~20

从表6-1可看出,抗磁性矿物的磁化率都很小,在磁法勘探中通常视为无磁性;而顺磁性矿物的磁化率要比抗磁性矿物大得多。

1. 沉积岩的磁性

一般说来,沉积岩的磁性较弱,见表6-2。沉积岩的磁化率主要决定于副矿物的含量和成分,它们是磁铁矿、磁赤铁矿、赤铁矿,以及铁的氢氧化物。造岩矿物如石英、长石、方解石等,对磁化率无贡献。沉积岩的天然剩余磁性,与由母岩剥蚀下来的磁性颗粒有关,其数值不大。

表6-2 地壳岩石的磁化率和天然剩余磁化强度

岩石类型	$\kappa, 10^{-6}$	$M_r, A/m$	岩石类型	$\kappa, 10^{-6}$	$M_r, A/m$
超基性岩	$10^1 \sim 10^3$	$10^{-1} \sim 10^1$	变质岩	$10^{-1} \sim 10^2$	$10^{-3} \sim 10^{-1}$
基性岩	$10^0 \sim 10^3$	$10^{-3} \sim 10^1$	沉积岩	$10^{-1} \sim 10^1$	$10^{-3} \sim 10^{-1}$
酸性岩	$10^0 \sim 10^2$	$10^{-3} \sim 10^1$			

注:表中数字表示数量级。

2. 火成岩的磁性

根据产出状态,火成岩又可分为侵入岩和喷出岩。

(1)不同类型的侵入岩(花岗岩、花岗闪长岩、闪长岩、超基性岩等),其κ平均值随着岩石的基性增强而增大。它们的磁化率均具有数值分布范围宽的相同特征。

(2)超基性岩是火成岩中磁性最强的。超基性岩体在经受蛇纹石化时,辉石被蚀变分解形成蛇纹石和磁铁矿,使磁化率急剧增大。

(3)一般来说基性岩、中性岩的磁性较超基性岩要低。

(4)花岗岩建造的侵入岩,普遍是铁磁—顺磁性的,磁化率不高。

(5) 喷出岩在化学和矿物成分上与同类侵入岩相近，其磁化率的一般特征相同。由于喷出岩迅速且不均匀冷却，结晶速度快，因而其磁化率离散性大。

(6) 火成岩具有明显的天然剩余磁性。$Q = M_r/M_i$，称为柯尼希斯贝格比。不同火成岩的 Q 值范围可在 $0 \sim 10$ 或更大范围内变化。

3. 变质岩的磁性

变质岩的磁化率和天然剩余磁化强度的变化范围很大。按磁性，变质岩可分为铁磁—顺磁性和铁磁性两类，与原来的基质有关，也与其形成条件有关。由沉积岩变质生成的变质岩，称水成变质岩，一般具有铁磁—顺磁性；由岩浆岩变质生成的变质岩，称火成变质岩，有铁磁—顺磁性与铁磁性两种。这与原岩的矿物成分，以及变质作用的外来性或原生性有关。

具有层状结构的变质岩，表现为磁的各向异性，其 M_r 方向往往近于片理方向。磁化率各向异性可用下式来描述：

$$\lambda_\kappa = \frac{\kappa_{最大} - \kappa_{最小}}{\kappa_{平均}} \quad (6-17)$$

式中，λ_κ 是磁化率各向异性系数。在强变质沉积岩中，λ_κ 值最大可达 $1.0 \sim 1.5$。

六、剩余磁性的形成

岩石在自然界中获得剩磁的方式有热剩磁、碎屑剩磁、化学剩磁、等温剩磁、压剩磁、黏滞剩磁等，以前三种为主。

热剩磁：在高于居里点的状态下，对铁磁性物质进行磁化，并且逐步降温，当温度低于居里点时，去掉外磁场，铁磁性物质所获得的永久性剩磁。

碎屑剩磁：又称沉积剩磁，是已经磁化的岩石碎屑在水或空气中沉积时，受到地磁场的作用定向排列而产生的剩磁。

化学剩磁：常温下，在较弱的外磁场中，岩石的磁性矿物由于氧化等化学反应、相变或结晶增长等过程而获得的剩磁。

沉积岩的剩余磁性主要来自形成沉积岩的母岩，与其母岩剥蚀下来的磁性颗粒有关。一般，粒度越粗，离母岩越近，其剩余磁性越强；粒度越细，离母岩越远，剩余磁性越弱。在其他条件不变时，铁磁性矿物颗粒胶结越好，剩余磁性越强。沉积岩的剩余磁性 M_r 稳定，天然磁化强度比火成岩、变质岩弱。沉积岩形成经历了沉积作用和成岩作用过程，沉积作用会形成碎屑剩磁，后者由于要发生氧化和脱水过程而使沉积岩获得化学剩磁。

层状结构的变质岩，剩余磁性方向往往偏向片理方向或近变质岩走向，在垂直层理方向上磁性最弱。变质岩的剩余磁性主要是碎屑剩磁和化学剩磁。

火成岩具有很强的天然剩余磁性，其剩余磁性主要是火成岩冷却过程中受到当时磁场的作用所获得的磁性，即热剩磁。

七、地质体磁化的消磁作用

当地质体被外磁场磁化时，在其内部除存在外磁场外，还能产生一个与外磁场方向相反的磁场，抵消一部分外磁场，该现象称为消磁作用，又称"退磁作用"。

测定岩石磁性时，由于消磁作用，观测所得的磁性数据要低于实际值。磁性越强，这种影响越严重,因此测定强磁性岩石时,要根据岩石的形状,选取适当的消磁系数,进行消磁改正。此外由于地质体长轴方向的消磁作用小于短轴方向的消磁作用,因而使磁化磁场方向在地质体内向长轴方向偏移,不再是地磁场的方向。对于弱磁性矿(岩)体,消磁作用小,这种偏移也较小,常可以忽略不计。磁性较强的矿(岩)石,这种偏移将十分明显,进行磁法勘探成果解释时,必须注意该影响。

如图6-17所示,设均匀有限磁介质,受外部磁场(地磁场)H_0磁化,则其两端表面将有面磁荷分布,在其内部产生与磁化场H_0方向相反的磁场H_e,称为消磁场(退磁场)。则有限体内部的磁场为

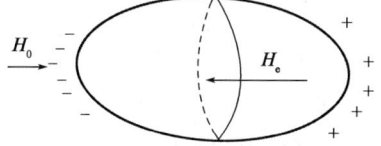

图6-17 有限物体消磁场示意图

$$H = H_0 + H_e \tag{6-18}$$

对于均匀磁化磁性体,可证明其消磁场为

$$H_e = -NM \tag{6-19}$$

式中,N为消磁系数(退磁系数),它是与磁性体形状有关的常数;负号表示H_e与M方向相反。

由式(6-16),式(6-19)可改写成

$$H_e = -N(M_i + M_r) \tag{6-20}$$

则在消磁作用下,有限体受磁化后其感应磁化强度应为

$$M_i = \kappa T = \kappa(H_0 + T_e) = \kappa\left[\frac{T_0}{\mu_0} - N(M_i + M_r)\right] \tag{6-21}$$

整理可得

$$M_i = \frac{\kappa}{1+N\kappa}\frac{T_0}{\mu_0} - \frac{\kappa}{1+N\kappa}NM_r \tag{6-22}$$

令

$$\kappa' = \frac{\kappa}{1+N\kappa} \text{或} \kappa = \frac{\kappa'}{1-N\kappa} \tag{6-23}$$

则

$$M_i = \kappa'\frac{T_0}{\mu_0} - \kappa'NM_r \tag{6-24}$$

若不考虑剩磁,即$M_r = 0$,则有

$$M_i = \kappa'\frac{T_0}{\mu_0} \tag{6-25}$$

式(6-25)表示均匀有限磁介质的感应磁化强度与磁化场的关系。κ'称视磁化率,是一个与形状有关的物理量。与之对应,κ称为真磁化率。

由式(6-23)可知,当$N\kappa \ll 1$时,才有$\kappa' \approx \kappa$。考虑到N值的大小在0~1之间,若取$N = 0.8$,让$N\kappa < 0.01$,那么只要$\kappa < 0.001 \times 4\pi$,视磁化率与真磁化率就可以看成是相等的,其误差小于1%,消磁作用可忽略不计。

八、岩石磁性的影响因素

绝大部分岩石是以抗磁性或顺磁性矿物作为基质的,铁磁性物质含量很少。由于抗磁性和顺磁性物质的磁化率均较小,所以岩石的磁性决定于铁磁性矿物的含量。但岩石的磁性实

际上受岩石所含磁性矿物类型及含量、磁性矿物颗粒的大小及结构、岩石所处的温度和压力等几方面因素的综合影响。

1. 矿物的影响

根据矿物的磁化系数的不同,磁性矿物分成强磁性和弱磁性矿物。强磁性矿物包括磁铁矿、钛磁铁矿、锌铁尖晶石、磁黄铁矿等,而弱磁性矿物包括赤铁矿、褐铁矿、菱铁矿、钛铁矿、水锰矿、硬锰矿、黑云母、辉石等。

实际上,岩石中并不存在纯的铁磁性矿物,而是铁淦氧磁性矿物,如铁的氧化物和硫化物及其他金属元素的固熔体等。它们的磁性很强,对岩石的磁性起着决定作用。表6-3给出了几种铁磁性矿物的磁化率。

表6-3 铁磁性矿物的磁化率

名称	分子式	κ
磁铁矿	Fe_3O_4	$0.07 \sim 0.2$
钛磁铁矿	$x Fe_3O_4 \cdot (1-x) Ti Fe_3O_4$	$10^{-7} \sim 10^{-2}$
磁赤铁矿	γFe_2O_3	$0.03 \sim 0.2$
赤铁矿	αFe_2O_3	$10^{-8} \sim 10^{-5}$
磁黄铁矿	FeS_{1+x}	$10^{-5} \sim 10^{-4}$
铁镍矿	$NiFe_2O_4$	0.05
锰尖晶矿	$MnFe_2O_3$	2.0
镁铁矿	$MgFe_2O_4$	0.08
针铁矿	$\alpha FeOOH$	$(0.02 \sim 80) \times 10^{-4}$
纤铁矿	$\gamma FeOOH$	$(0.9 \sim 2.5) \times 10^{-4}$
菱铁矿	$FeCO_3$	$(20 \sim 60) \times 10^{-4}$

2. 温度的影响

总体来讲,抗磁性物质和温度无关,顺磁性物质和温度成反比,铁磁性矿物则存在可逆型和不可逆型两种类型:

(1)可逆型:加热和冷却过程中在一定条件下,磁化率都有同一数值。

(2)不可逆型:加热和冷却过程中,磁化率的数值变化不一致,这是由不稳定铁磁性矿物引起的。

高温下磁性稳定性较差,低温下磁性稳定性较好;温度变化速度的不同,获得的磁性也不同,冷却速度越快,获得的剩余磁化强度越大,反之亦然。

3. 压力的影响

岩石在机械力的作用下,其形状和体积发生变化,从而使得岩石磁性发生相应的变化。总体来讲,岩石的磁性随着压力的增大而减小,沿应力的方向磁性降低,而垂直于压力方向变化不大,有时会略有升高。由于地质应力或地层压力的作用后,断裂或破碎带区域磁性较弱,但若后期充填磁性矿物,磁性将有所增大。

第三节 岩石的热物理性质

一、岩石的热物理参数

常用的描述岩石热物理性质的参数为热导率、热容和比热容、热扩散率以及热膨胀系数。

1. 岩石的热导率

岩石的热导率是指岩石使热量通过的能力,其单位为 W/(m·K)(Perry et al.,1997)。热传导的定律通常被称为傅里叶定律,其微分形式如下:

$$\boldsymbol{q} = -k\nabla T \qquad (6-26)$$

式中,$\boldsymbol{q}$ 为热通量,即每秒钟流过每单位面积的热量,W/m²;k 为热导率,W/(m·K),有时也用符号 λ 表示;∇T 为温度的梯度,K/m。

傅里叶定律是欧姆定律在热学中的类比,或者说欧姆定律是傅里叶定律在电学中的类比:

$$\boldsymbol{j} = -\sigma \nabla U \qquad (6-27)$$

$$\boldsymbol{u} = -\frac{k}{\eta}\nabla p \qquad (6-28)$$

2. 岩石的热容和比热容

岩石的热容表示随温度变化,岩石吸热或放热的多少,单位为 J/K。它表征了岩石储存热量的能力。岩石受热,原子与分子振动并保持一段时间(热力学第三定律的推论),在宏观上表现为岩石保持"热"的状态,其定义式为

$$C = \frac{Q}{\Delta T} \qquad (6-29)$$

式中,Q 为热量,J;ΔT 为温度的变化,K。

单位质量的岩石温度每变化 1K 所吸热或放热的多少,称为岩石的比热容,单位为 J/(kg·K),定义式为

$$c = \frac{Q}{m\Delta T} \qquad (6-30)$$

式中,m 为岩石的质量,kg。

3. 岩石的热扩散率

岩石的热扩散率表示常压下岩石热导率与密度与比热容的比(Lide,2009)。它表征的是岩石储存热能与传导热能之间的相对关系,其单位为 m²/s,定义式为

$$\alpha = \frac{k}{\rho c} \qquad (6-31)$$

式中,k 为热导率;ρ 为密度;c 为比热容。

4. 岩石的热膨胀系数

岩石具有受热膨胀的性质。岩石是由矿物颗粒组成的,绝大多数岩石都呈结晶状态。而结晶空间格子的微粒是不断在其平衡位置附近振动的,当温度升高时,微粒间平衡位置的距离

增大,因而产生岩石的热膨胀,其结果就是,长度或体积增大。

岩石的热膨胀系数是表征岩石受热时其长度、面积、体积增大程度的物理量。长度的增加称"线膨胀",面积的增加称"面膨胀",体积的增加称"体膨胀",总称为热膨胀。

热膨胀系数 α,是指在压力一定的条件下,单位温度变化所导致的体积变化,即

$$\alpha = \frac{\Delta V}{V \Delta T} \tag{6-32}$$

式中,ΔV 为所给温度变化 ΔT 下物体体积的改变;V 为物体体积。

二、岩石热物理参数的测量

岩石热扩散率的测量,既可以通过定义式计算,也可用激光热导仪(图6-18)测量(Park et al.,1961)。其基本过程是在测试样品一端发射一个热能脉冲,在另一端测量随时间变化的温度值。所测样品切割为直径12.7mm的圆盘形,厚度约0.1~3mm。

彩图6-18

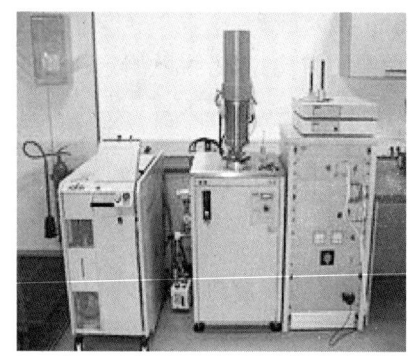
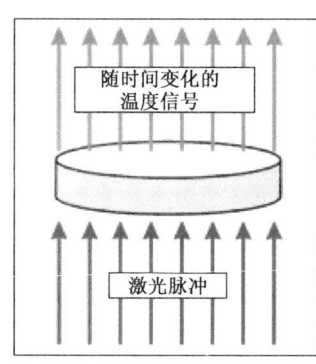

图6-18 激光热导仪

岩石比热容的计算,从理论上,可按爱因斯坦所提出的比热容公式。爱因斯坦认为,每种物质都有自身的本征振动频率 ν,振动物体对能量的吸收符合普朗克的量子理论:

$$C_V = 3kN_A \left(\frac{h\nu}{kT}\right)^2 \frac{e^{h\nu/kT}}{(e^{h\nu/kT} - 1)^2} \tag{6-33}$$

式中,C_V 为体积不变时每摩尔物质的热容;T 为温度;ν 为本征振动频率;N_A 为阿伏加德罗常数;h 为普朗克常数;k 为常数。

实际中,测定岩石比热容的方法主要包括量热法、冷却量热法、绝热量热法。量热法的基本原理是:岩石样品放在温度较低的介质中,岩石热量向周围介质扩散,岩石冷却达到平衡状态,在保温条件较好的前提下,岩石放热与介质吸热大致相等,已知介质比热容(例如水),可以测定岩石的比热容:

$$c = \frac{m_w c_w + m_0 c_0 + m_t c_t}{m(T - T_B)}(T_B - T_A) \tag{6-34}$$

式中,c 为岩石的比热容;c_w 为水的比热容;c_0 为量热筒的比热容;c_t 为水银温度计头的比热容;T_A 为水的初始温度;T 为岩样的加热温度;T_B 为加热的岩样和水混合后的平衡温度;m、m_w、m_0、m_t 分别为岩石、水、量热筒、温度计头的质量。

岩石热导率的测量方法种类繁多,从原理上分为两大类:稳态法和非稳态法。稳态法所测量物质的温度不随时间变化,对岩石来说,最常用的是分棒法。其原理是把未知热导率的岩心

放在两个已知热导率的物体之间,常用的材料是铜片,将热铜片放在岩心顶部,冷铜片放在岩心底部,约 30min 后岩心达到稳态,进行测量。非稳态法是在加热过程中进行测试,其优点是不需要等被测物体恢复到稳态,测量信号随时间变化,所以相对更快,缺点是数据的数学分析相对困难一些。非稳态法常用的方法是探针法。

图 6-19 显示了岩石比热容的两种测量方法。

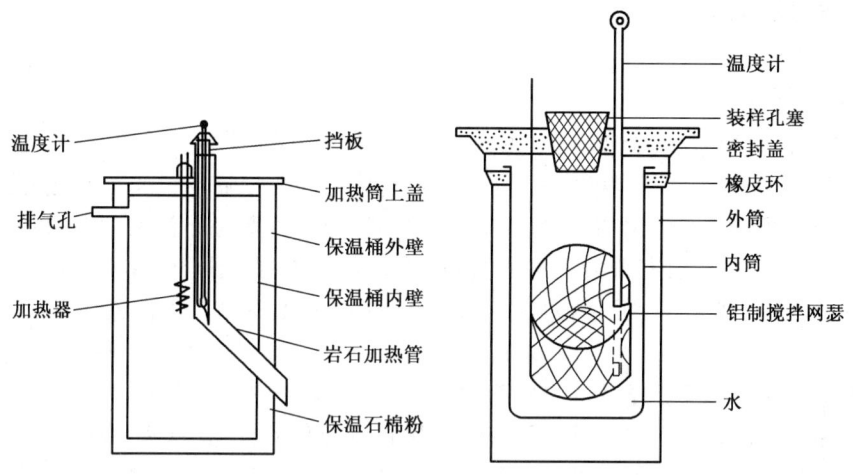

图 6-19　岩石比热容测量示意图(据沈显杰,1988,有修改)

三、岩石热物理性质的应用

地下的岩石蕴藏巨大的热能,地热的应用在我国尚不普及(在全世界亦然)。目前较为先进的地热发电系统是 EGS(enhanced geothermal system)系统。该系统不需要自然热源的对流作用,而是通过开发干燥低渗透率岩石的热能发电。通过注入高压冷水压裂岩石,增大岩石中的自然缝隙。水流过干热岩石,重新回到地面时,已经变成热水,水的热能进而被转化为电能,之后水变冷,可以进行下一个循环(视频 14、视频 15)。

视频 14

视频 15

另一种应用地热的系统是地热热泵,其概念早在 19 世纪中期形成,到 20 世纪 60—70 年代进入商业开发,包括地源(闭式)和地下水(开式)两种基本系统。井下热交换器(BHE, borehole heat exchanger)也是一种地热开发的形式。

在合理控制开发程度的前提下,地热资源是可再生的(Rybach,2004)。相反,过度的开采,会导致地热资源加速枯竭。

不同地热资源再生效率不同。例如 BHE 需要 100~200 年再生,浅层热泵需要 30 年再生,小热泵需要 1 年再生,而温泉是实时再生的。

第四节 岩石的核磁共振特性

一、核磁共振现象

1. 核磁共振简述

核磁共振现象最早发现于20世纪30年代,在磁场中的原子核会沿磁场方向呈正向或反向有序平行排列,而施加无线电波之后,原子核的自旋方向发生翻转。这是人类关于原子核与磁场以及外加射频场相互作用的最早认识。1946年,费利克斯·布洛赫(Bloch)和爱德华·珀塞尔(Purcell)发现,将具有奇数个核子(包括质子和中子)的原子核置于磁场中,再施加以特定频率的射频场,就会发生原子核吸收射频场能量的现象,这就是人们最初对核磁共振现象的认识。

核磁共振现象来源于原子核的自旋角动量在外加磁场作用下的进动。

根据量子力学原理,原子核与电子一样,也具有自旋角动量,其自旋角动量的具体数值由原子核的自旋量子数决定。实验结果显示,不同类型的原子核自旋量子数也不同:(1)质子数和中子数均为偶数的原子核,自旋量子数为0;(2)质量数为奇数的原子核,自旋量子数为半整数;(3)质量数为偶数、质子数与中子数为奇数的原子核,自旋量子数为整数。

由于原子核携带电荷,当原子核自旋时,会由自旋产生一个磁矩,这一磁矩的方向与原子核的自旋方向相同,大小与原子核的自旋角动量成正比。将原子核置于外加磁场中,若原子核磁矩与外加磁场方向不同,则原子核磁矩会绕外磁场方向旋转,这一现象类似于陀螺在旋转过程中转动轴的摆动,称为进动。进动具有能量,也具有一定的频率。

原子核进动的频率由外加磁场的强度和原子核本身的性质决定,也就是说,对于某一特定原子,在一定强度的外加磁场 B_0 中,其原子核自旋进动的频率 f 是固定不变的:

$$f = \frac{\gamma}{2\pi} B_0 \tag{6-35}$$

式中,γ 为旋磁比。

原子核发生进动的能量与磁场、原子核磁矩、磁矩与磁场的夹角相关,根据量子力学原理,原子核磁矩与外加磁场之间的夹角并不是连续分布的,而是由原子核的磁量子数决定的,原子核磁矩的方向只能在这些磁量子数之间跳跃,而不能连续变化,这样就形成了一系列的能级。当原子核在外加磁场中接受其他来源的能量输入后,就会发生能级跃迁,也就是原子核磁矩与外加磁场的夹角会发生变化。这种能级跃迁是获取核磁共振信号的基础。

静磁场中质子的自旋和进动如图6-20所示。为了让原子核自旋的进动发生能级跃迁,需要为原子核提供跃迁所需要的能量,这一能量通常是通过外加射频场来提供的。根据物理学原理,当外加射频场的频率与原子核自旋进动的频率相同的时候,射频场的能量才能够有效地被原子核吸收,为能级跃迁提供助力。因此某种特定的原子

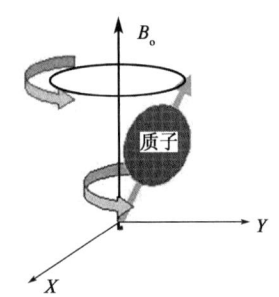

图6-20 静磁场中质子的自旋和进动

核,在给定的外加磁场中,只吸收某一特定频率射频场提供的能量,这样就形成了一个核磁共振信号。岩石中核磁共振信号基本上是由孔隙流体中的氢核产生。

在核磁共振的实际测量中,应用氢核(存在于孔隙流体中)的核磁共振现象,从测量信号反演得到纵向弛豫时间 T_1 和横向弛豫时间 T_2。弛豫时间由孔隙中氢核的数量决定,故弛豫时间的分布与岩石孔隙流体性质有关,例如流体扩散性质、孔隙大小等。

2. 纵向弛豫及横向弛豫

在核磁共振信号的测量期间,质子磁矩受到 Z 轴静磁场的作用,在进动过程中向 Z 轴方向恢复,这个过程称为纵向弛豫(视频16)。纵向弛豫的方程为

$$M(t) = M_0(1 - e^{-\frac{t}{T_1}}) \qquad (6-36)$$

式中,M_0 为质子初始的磁化强度,T;T_1 为质子的纵向弛豫时间,ms;$M(t)$ 为 t 时刻的磁化强度,T。

视频16

质子磁化强度在 $X-Y$ 平面的投影同时向零方向恢复。这个过程称为横向弛豫。横向弛豫过程的表达式为

$$M(t) = M_0(1 - e^{-\frac{t}{T_2}}) \qquad (6-37)$$

式中,$M(t)$ 为 t 时刻磁化强度在 $X-Y$ 平面的投影,T;M_0 为开始横向弛豫的初始磁化强度,T;T_2 为横向弛豫时间,ms。

弛豫过程的快慢,反映了岩石的孔渗特性及流体特性。不同流体的弛豫参数见表6-4。

表6-4 不同流体的弛豫参数(据 Coates 等,1999)

流体	T_1,ms	T_2,ms	标准 T_1/T_2	HI	η,cP	$D_0 \times 10^{-5}$ cm^2/s
盐水	1~500	1~500	2	1	0.2~0.8	1.8~7
油	3000~4000	300~1000	4	1	0.2~1000	0.0015~7.6
气	4000~5000	30~60	80	0.2~0.4	0.011~0.014 甲烷	80~100

二、核磁共振测量原理

目前,岩心核磁共振实验仪主要有国外的牛津、国内的上海纽迈等。这些核磁共振实验仪器的结构设计、具体测量方式和测试分辨率等存在一些差异,但在测量原理上大同小异,一般都主要包括磁体、探头、前置放大器、功率放大器、核磁共振控制器和控制计算机等部分。在测量过程中,一般都需利用静磁场使地层中的质子(氢核)定向排列,然后对质子施加特定频率,且方向与静磁场方向垂直的射频磁场使质子发生核磁共振。岩石中的质子受激发跃迁到高能态,然后以弛豫的形式放出多余的能量,质子回到平衡态。测量质子在弛豫过程中放出的能量,即是核磁共振的测量信号。由于测量效率的原因,目前实验室岩心核磁共振分析,一般测量岩石的横向弛豫过程,获得 T_2 时间谱。图6-21为国内上海纽迈公司的核磁共振实验仪。

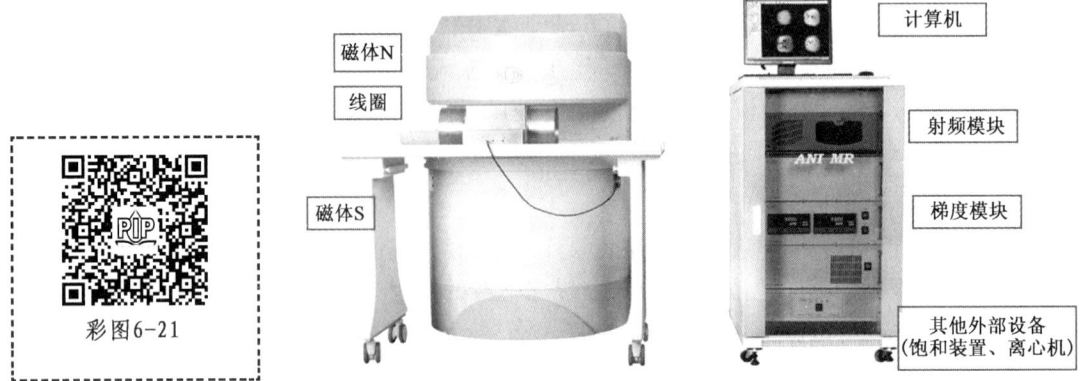

图6-21 岩心核磁共振仪器基本模块示意图

三、岩心核磁共振的应用

T_2测量值的幅度和地层的孔隙度成正比(一般情况下该孔隙度不受岩性的影响),衰减率与孔隙大小和孔隙流体的类型及黏度有关。T_2时间短一般指示比表面积大而渗透率低的小孔隙;T_2时间长则指示渗透率高的大孔隙。目前,根据岩心核磁共振实验得到的弛豫时间谱分布,主要可以得到地层岩石的总孔隙度、有效孔隙度、自由流体体积、毛细管束缚流体体积、黏土束缚水体积等参数,并开展孔隙结构研究。

1. 由核磁共振T_2分布图获取岩石孔隙度

图6-22为利用核磁共振T_2谱获取地层中各种流体成分所依据的模型。从图中可见,地层总孔隙度、有效孔隙度、自由流体体积、毛细管束缚流体体积、黏土束缚水体积之间满足关系:

(1)总孔隙度由黏土束缚水、毛细管束缚水和自由流体体积组成;
(2)有效孔隙度由毛细管束缚水和自由流体体积组成;
(3)自由流体体积为可产出的气、中到轻质的油和水;
(4)黏土束缚水体积 = 总孔隙度 - (毛细管束缚水 + 自由流体)。

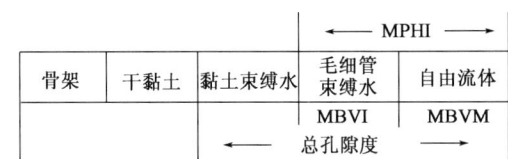

图6-22 核磁共振T_2谱流体分析模型(修改自斯伦贝谢资料)

在如图6-23所示的T_2分布示意图上,横坐标为弛豫时间,孔径越大,弛豫时间越长;纵坐标为核磁共振信号幅度。核磁共振的有效孔隙度 MPHI 计算公式为

$$\text{MPHI} = \int_{T_{2\min}}^{T_{2\max}} S(T_2) dT_2 \quad (6-38)$$

式中,$S(T_2)$为全部T_2分布的积分面积。

核磁共振的毛细管可动流体孔隙度 MBVM 计算公式为

$$\mathrm{MBVM} = \int_{T_{2\mathrm{cutoff}}}^{T_{2\max}} S(T_2)\mathrm{d}T_2 \qquad (6-39)$$

核磁共振的毛细管束缚流体孔隙度 MBVI 计算公式为

$$\mathrm{MBVI} = \int_{T_{2\min}}^{T_{2\mathrm{cutoff}}} S(T_2)\mathrm{d}T_2 \qquad (6-40)$$

2. 束缚水饱和度 S_{wir} 与 T_2 谱的分布变化

束缚水饱和度大时,右边峰小。随着束缚水饱和度的减少,可动流体饱和度增加,波形越来越靠右,幅度越来越大。

3. 开展孔隙结构研究

T_2 分布能较好地反映岩石的孔喉结构。T_2 数值与岩石孔径成正比,由 T_2 分布可以得到岩石孔径分布图。图 6-23 为以 T_2 时间分布表示的含水砂岩的流体分量图像。从图中可见,在含水砂岩中,T_2 时间分布反映了地层的孔径分布。短 T_2 分量来自接近和束缚于岩石颗粒表面的水。从图中可见,T_2 截止值是利用 T_2 谱开展储层孔隙内流体研究所需的重要参数,国外在均匀砂岩储层中确定的 T_2 截止值为 33ms,但国内在非均质孔隙介质中的研究表明,T_2 截止值有一定的变化范围。由此可见,通过实验科学确定不同地层以及不同状态、不同性质流体的 T_2 时间截止值,对利用核磁共振开展储层评价应用研究至关重要。

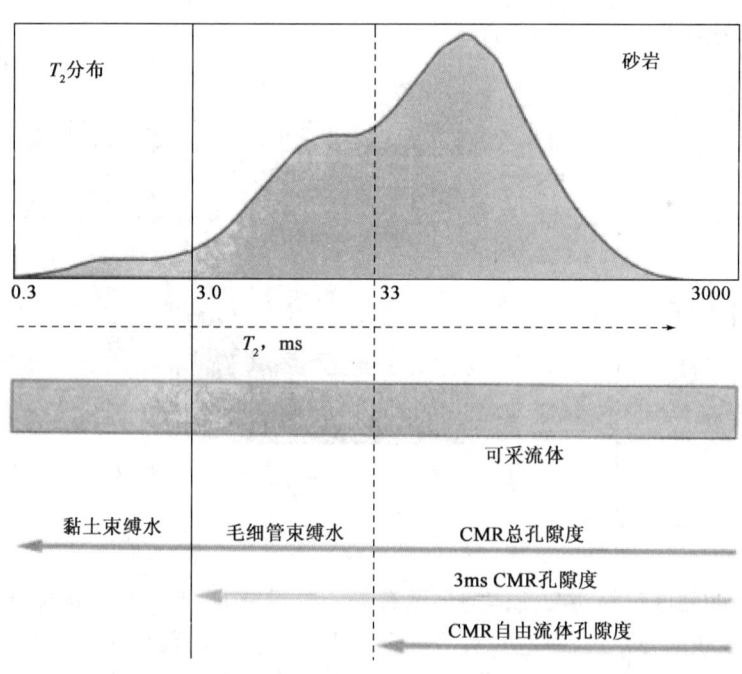

图 6-23 T_2 时间分布表示的含水砂岩的流体分量图像(据斯伦贝谢资料)

岩石孔隙中氢核的弛豫快慢与弛豫的方式有关。当氢核在岩石孔隙的表面附近弛豫时,氢核频繁与孔隙表面碰撞,这种碰撞使氢核的弛豫过程加快。氢核在孔隙表面附近的弛豫机制属于表面弛豫。如图 6-24 所示,旋进质子在孔隙空间扩散时会与其他质子及颗粒表面碰撞,质子每与一个颗粒表面碰撞一次,就有可能发生弛豫相互作用,颗粒表面的弛豫是影响弛豫时间最重要的机制。实验表明,在小孔隙中,质子与颗粒表面碰撞的概率高,弛豫快;在大孔隙中,质子与颗粒表面碰撞的概率低,弛豫慢。

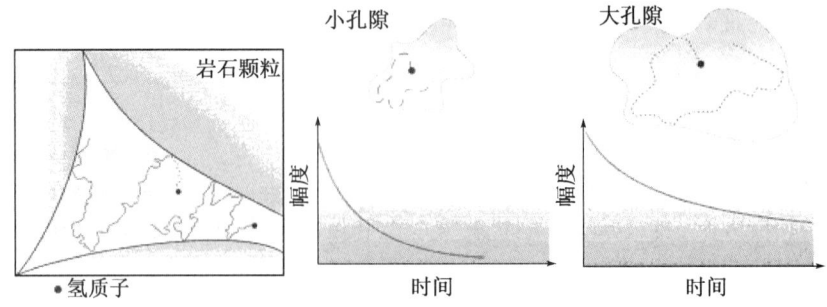

图 6-24 岩石颗粒表面的弛豫现象(来源于斯伦贝谢资料)

4. T_2 分布反映流体性质与流体含量的信息

当孔隙中同时存在油水两相或油气水三相流体时,T_2 谱的分布不仅反映孔径分布,而且包含流体性质与含量的信息。超低孔油水共存时 T_2 分布如图 6-25 所示,图中从前往后为含水饱和度递减时(100%~28%),含油饱和度在增加时的 T_2 分布变化。此外,我们还可以注意到油的弛豫时间比水长,水在左,油(或气)在右。

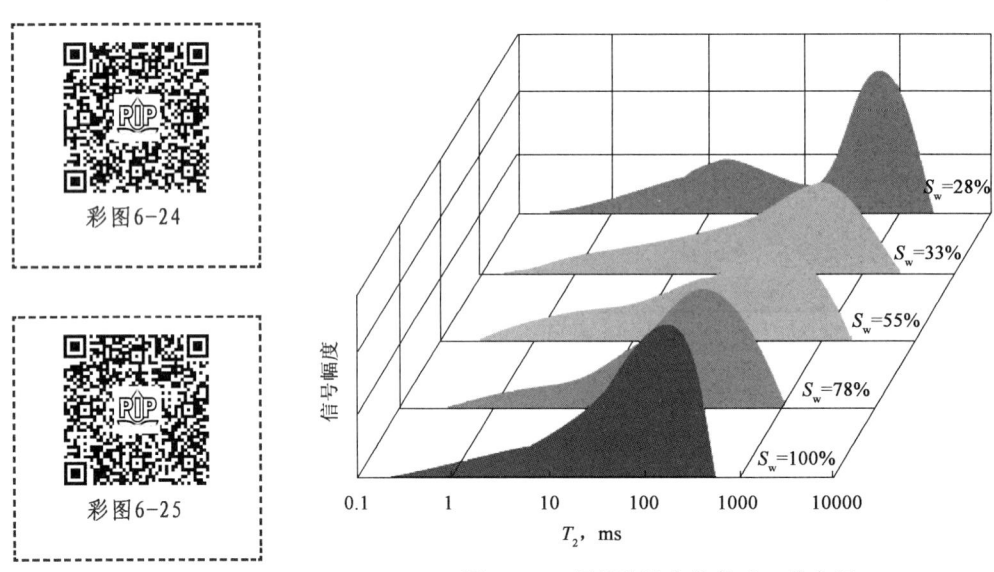

图 6-25 超低孔油水共存时 T_2 分布图

孔隙中氢核的弛豫过程还与流体的黏度有关。对于稠油,由于高黏度流体束缚了氢核的弛豫形态,使得氢核的弛豫过程加快,有时甚至低于仪器测量时间的下限,以至仪器无法测量稠油部分的弛豫时间。相反,轻质油的弛豫过程较慢,使弛豫时间的谱分布上长弛豫时间部分的幅度增加。

四、岩心核磁共振实例

下面列举三个典型的弛豫时间谱:

碳酸盐岩的 T_2 谱如图 6-26 所示。从图中可看出,(1) T_2 谱呈三个峰,T_2 时间轴上有三个峰值极大值;(2)从碳酸盐T_2谱图看出,总孔隙度偏小,核磁共振信号的主要来源于裂缝和孔洞水的贡献,碳酸盐谱图偏右,且峰值越来越高;(3)第二个峰面积可反映裂缝的响应,第三个峰可反映孔洞的孔隙大小。

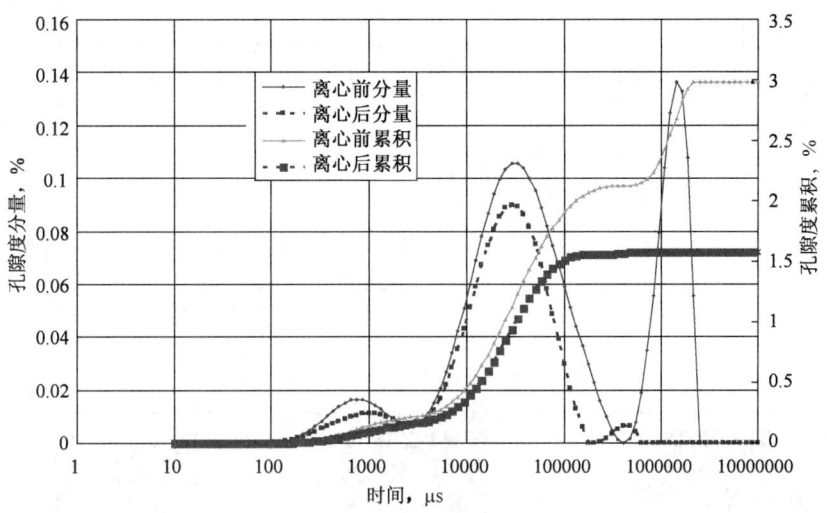

图6-26 碳酸盐岩的T_2谱

砂岩的T_2谱如图6-27所示。从图中可看出,T_2谱呈双峰分布,在整个T_2时间轴上有两个峰值极大值,且第一个峰的幅值要小于第二个峰的幅值。由于小孔隙所对应的T_2时间要小于大孔隙的T_2时间,所以该类型谱是以大孔占优,故称为双峰大孔型。

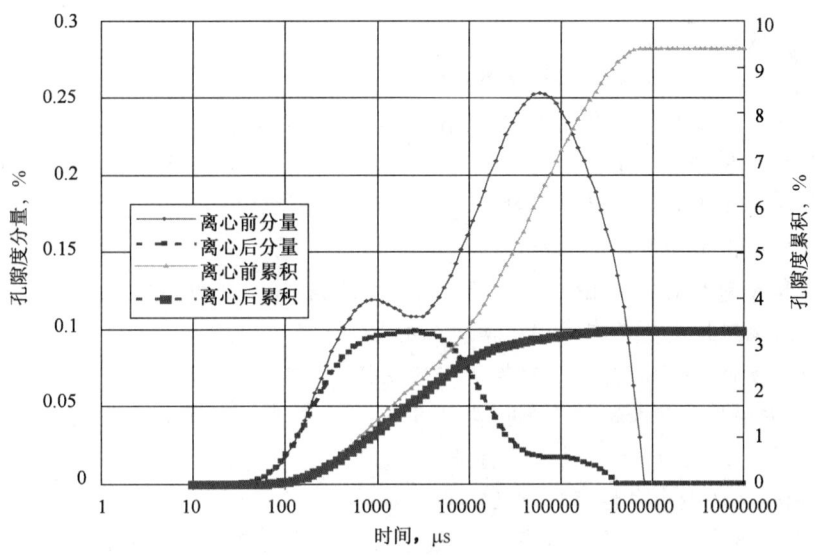

图6-27 砂岩的T_2谱

超低孔低渗砂岩的T_2谱如图6-28所示。从图中可看出,T_2谱向左,小孔径多,大孔隙的贡献(右峰幅度)远远小于小孔径(左峰)的贡献。

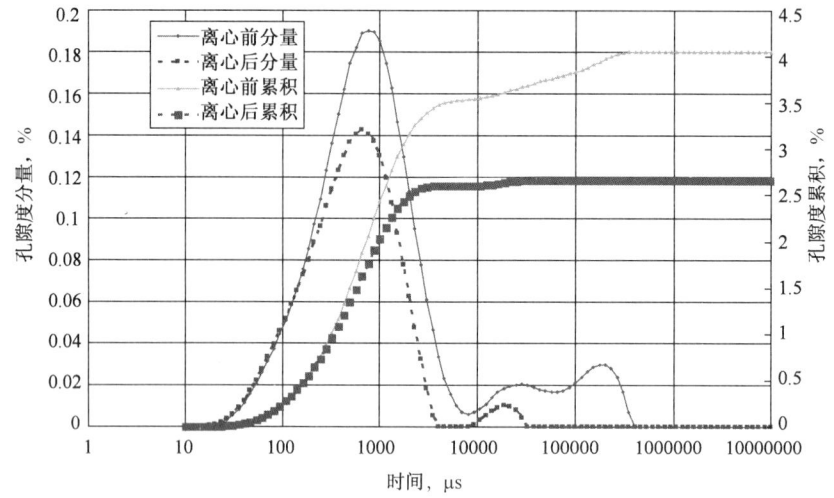

图 6-28 超低孔低渗砂岩的 T_2 谱

彩图 6-26

彩图 6-27

彩图 6-28

习　题

(1) 什么是放射性衰变？
(2) 天然放射性衰变主要有哪几种类型？
(3) 射线与物质相互作用有几种方式，各自的主要特征是什么？
(4) 放射性的危害有哪几类？
(5) 简要说明如何避免放射性照射。
(6) 岩石放射性是如何产生的？
(7) α、β 和 γ 射线有何特征？
(8) 岩石的放射性主要是有哪些元素引起的？
(9) 查阅文献资料，简述岩石放射性的一般规律。
(10) 物质的磁性和剩余磁性有哪些类型？
(11) 常见的三大岩类，其磁性有何特征？
(12) 研究岩石的剩余磁性有何意义？
(13) 什么是磁化率？查阅文献资料，简述岩石磁化率在实际工程中有什么应用。
(14) 查阅文献资料，简述中国地热资源是否丰富。若是，在哪些地区？
(15) 什么是纵向弛豫时间和横向弛豫时间？
(16) 根据 T_2 谱分布，写出计算岩石的总孔隙度、有效孔隙度、可动孔隙度和毛细管束缚孔隙度。

参 考 文 献

安明玉,王洪英,魏东,等,2002.大庆油田深层岩石力学特性参数的试验研究[J].石油钻探技术,30(1):13-15.

贝尔 J,等,1983.多孔介质流体动力学[M].北京:中国建筑工业出版社.

蔡美峰,2002.岩石力学与工程[M].北京:科学出版社.

陈杰,刘向君,成竹,等,2005.利用电阻率测井资料研究砂岩孔隙结构特征[J].西南石油大学学报(自然科学版),27(6):5-7.

陈勉,金衍,张广清,2008.石油工程岩石力学[M].北京:科学出版社.

陈乔,刘向君,梁利喜,等,2012.裂缝模型声波衰减系数的数值模拟[J].地球物理学报,55(6):2044-2052.

陈乔,2011.缝洞型地层声学特性数值模拟研究[D].成都:西南石油大学.

陈颙,黄庭芳,2001.岩石物理学[M].北京:北京大学出版社.

陈颙,2009.岩石物理学[M].北京:中国科技大学出版社.

崔振东,刘大安,安光明,等,2010.V 形切槽巴西圆盘法测定岩石断裂韧度 K_{IC} 的实验研究[J].岩土力学,31(9):2743-2748.

邓继新,史謌,刘瑞珣,等,2004.泥岩、页岩声速各向异性及其影响因素分析[J].地球物理学报,47(5):862-868.

邓少贵,范宜仁,刘兵开,等,2001.含油气泥质砂岩导电性研究[J].石油大学学报,25(4):24-29.

邓涛,黄斌彩,杨林德,2007.致密岩石纵横波波速各向异性的比较研究[J].岩土力学,28(3):493-498.

杜新民,关振铎,1988.山形切口短棒法测定 K_{IC} 值的现状[J].无机材料学报,3(2):161-168.

范晓敏,李舟波,2011.储层岩石物理学[M].北京:地质出版社.

范业活,关继腾,房文静,2005.含水泥质砂岩导电特性的机理研究[J].青岛大学学报,18(2):57-64.

范宜仁,胡庆东,1992.国内外岩石电阻率实验室测量[J].国外测井技术,7(6):19-29.

范宜仁,刘兵开,赵文杰,1997.岩石激发极化电位的实验研究[J].测井技术,21(4):241-246.

冯涛,谢学斌,王文星,等,2000.岩石脆性及描述岩爆倾向的脆性系数[J].矿冶工程,20(4):18-19.

何更生,唐海,2011.油层物理[M].2 版.北京:石油工业出版社.

何继善,2007.频率域电法的新进展[J].地球物理学进展,22(4):1250-1254.

何伶,赵伦,李建新,等,2014.碳酸盐岩储集层复杂孔渗关系及影响因素:以滨里海盆地台地相为例[J].石油勘探与开发,41(2):206-214.

何顺平,2016.页岩断裂韧性及诱导裂缝缘形态影响因素研究[D].成都:西南石油大学.

胡雪涛,李允,2000.随机网络模拟研究微观剩余油分布[J].石油学报,21(4):46-51.

黄布宙,2005.泥质砂岩三孔隙混合导电模型及其应用[D].长春:吉林大学.

黄布宙,李舟波,付有升,2006a.基于混合理论的泥质砂岩三孔隙导电模型[C].中国地球物理学会第22届年会,四川成都.

黄布宙,李舟波,莫修文,等,2006b.利用混合理论对泥质砂岩导电机理的分析[C].中国地球物理学会第22届年会,四川成都.

贾学明,王启智,2003.断裂韧度试样 CCNBD 宽范围应力强度因子标定[J].岩土力学,24(6):907-912.

蒋廷学,卞晓冰,苏瑗,等,2014.页岩可压性指数评价新方法及应用[J].石油钻探技术,42(5):16-20.

蒋宇冰,范宜仁,邓少贵,2007.岩石激发极化弛豫时间谱实验研究[J].测井技术,31(4):311-313.

李阿伟,孙东生,王红才,2014.致密砂岩波速各向异性及弹性参数随围压变化规律的实验研究[J].地球物理学进展(2):754-760.

李厚义,1996.对油层水电阻率的思考[J].测井技术,20(4):303-307.

李庆辉,陈勉,金衍,等,2012.页岩脆性的室内评价方法及改进[J].岩石力学与工程学报,31(8):1680-1685.

李士伦,2000.天然气工程[M].北京:石油工业出版社.

李永平,1984.油层岩石压缩系数的应用及确定方法[J].石油勘探与开发,11(6):49-54.

李舟波,2003.地球物理测井数据处理与综合解释[M].长春:吉林大学出版社.

梁利喜,熊健,刘向君,2015.川南地区龙马溪组页岩孔隙结构的分形特征[J].成都理工大学学报(自然科学版),42(6):700-708.

梁利喜,周龙涛,刘向君,等,2015.孔洞结构对超声波衰减特性的影响研究[J].岩石力学与工程学报(s1):3208-3214.

梁利喜,2008.深部应力场系统评价与油气井井壁稳定性分析研究[D].成都:成都理工大学.

刘斌,1998.不同温压条件下蛇纹岩和角闪岩中波速与衰减的各向异性[J].地球物理学报,41(3):371-381.

刘斌,席道瑛,葛宁洁,等,2002.不同围压下岩石中泊松比的各向异性[J].地球物理学报,45(6):880-890.

刘恩龙,沈珠江,2005.岩土材料的脆性研究[J].岩石力学与工程学报,24(19):3449-3453.

刘红歧,2015.岩石中离子导电与介电[M].北京:科学出版社.

刘茂诚,2010.一个各向异性速度分析应用实例[J].石油地球物理勘探,45(4):525-529.

刘其明,黄建智,卢蜀秀,2011.新场构造三压力剖面计算方法[J].钻采工艺,34(5):37-40.

刘舒杰,1994.泥质砂岩导电机理研究[D].成都:成都地质学院.

刘天佑,2007.地球物理勘探概论[M].北京:地质出版社.

刘向君,罗平亚,2004.岩石力学与石油工程[M].北京:石油工业出版社.

刘向君,刘洪,杨超,2011a.碳酸盐岩气层岩电参数实验[J].石油学报,32(1):131-134.

刘向君,杨超,陈乔,等,2011b.孔洞型碳酸盐岩地层超声波实验研究[J].天然气工业,31(8):56-59.

刘向君,王森,刘洪,等,2012.碳酸盐岩含气饱和度对超声波衰减特性影响的研究[J].石油地球物理勘探,47(6):926-930.

刘向君,熊健,梁利喜,等,2014.川南地区龙马溪组页岩润湿性分析及影响讨论[J].天然气地球科学,25(10):1644-1652.

刘向君,梁利喜,2015.油气工程测井理论与应用[M].北京:科学出版社.

刘向君,熊健,梁利喜,等,2017.基于微CT技术的致密砂岩孔隙结构特征及其对流体流动的影响[J].地球物理学进展,32(3):1019-1028.

刘向君,梁利喜,熊健,2018.页岩气层高效钻完井基础研究及应用[M].北京:科学出版社.

刘峥,巫虹,2004.岩石Kaiser效应测地应力原理中的若干问题研究[J].上海地质,25(3):38-41,56.

罗景美,刘兵开,马志娟,2000.岩石激发极化电位的实验研究[J].测井技术,24(3):36-39.

罗延钟,张桂青,1988.频率域激电法原理[M].北京:地质出版社.

罗蛰潭,王允诚,1986.油气储集层的孔隙结构[M].北京:科学出版社.

毛志强,高楚桥,2000.孔隙结构与含油岩石电阻率性质理论模拟研究[J].石油勘探与开发,27(2):87-90.

莫修文,1998.低阻储层导电模型的建立和测井方法研究[D].长春:长春科技大学.

莫修文,李舟波,贺铎华,等,2001.三水导电模型及其在低阻储层解释中的应用[J].长春科技大学学报,31(1):92-95.

凝析气藏相态特征确定技术要求:SY/T 6101—2012[S].

欧阳健,2010.地层电性质研究与电测井方法进展之二:山前构造挤压区石灰岩、泥岩电性质与电测井响应研究应用与进展[J].石油科技论坛,29(2):22-28.

气体吸附BET法测定固态物质比表面积:GB/T 19587—2017[S].

沈显杰,等,1988.岩石热物理性质及其测试[M].北京:科学出版社.

史贵才,葛修润,卢允德,2006.大理岩应力脆性跌落系数的试验研究[J].岩石力学与工程学报,25(8):

1625−1631.

宋延杰,刘宪伟,黄宝华,2003.混合泥质砂岩有效介质通用 HB 电阻率模型在高泥储层中的应用[J].测井技术,27(6):508−512.

宋延杰,王秀明,卢双舫,2005.骨架导电的混合泥质砂岩通用孔隙结合电阻率模型研究[J].地球物理学进展,20(3):747−756.

宋延杰,唐晓敏,张传英,2008.三种混合泥质砂岩有效介质通用电阻率模型比较[J].吉林大学学报,38(5):879−886.

宋延杰,唐晓敏,于宝,2009a.不同泥质分布形式泥质砂岩导电规律实验研究[J].地球物理学进展,24(6):2186−2193

宋延杰,王畅,唐晓敏,等,2009b.泥质砂岩水淹层有效介质对称复电阻率模型[J].大庆石油学院学报,33(3):13−17.

宋延杰,韩建强,王瑛,等,2010.考虑黏土连续性影响的低孔隙度低渗透率砂岩储层导电模型研究[J].测井技术,34(3):205−209.

碎屑岩粒度分析方法:SY/T 5434—2009[S].

孙宝佃,张银海,陈守军,2006.岩电影响因素实验及数据处理方法[J].测井技术,30(6):493−496.

孙建国,2006.岩石物理学基础[M].北京:地质出版社.

孙建孟,王克文,李伟,2008.测井饱和度解释模型发展及分析[J].石油勘探与开发,35(1):101−107.

天然气藏分类:GB/T 26979—2011[S].

田民波,2001.磁性材料[M].北京:清华大学出版社.

童茂松,李莉,王伟男,等,2005.岩石激发极化弛豫时间谱与孔隙结构、渗透率的关系[J].地球物理学报,48(3):710−716.

童茂松,王荣,井连江,等,2006.岩石激发极化弛豫时间谱实验影响因素分析[J].勘探地球物理进展,29(1):25−29.

王贺林,王庆魁,刘文涛,等,2006.利用测井信息研究开发区块的地层压力[J].石油地球物理勘探,41(5):557−560.

王宏建,2008.利用激发极化测井确定地层渗透率的研究进展[J].测井技术,32(6):508−513.

王克文,关继腾,等,2005.孔隙网络模型在渗流力学研究中的应用[J].力学进展,8(3):353−357.

王克文,孙建孟,耿生臣,等,2006.不同矿化度下泥质对岩石电性影响的逾渗网络研究[J].地球物理学报,49(6):1867−1872.

王连俊,杨健,刘峥,1995.岩石 Kaiser 效应测定地应力原理及应用[J].长春地质学院学报,25:52−57.

王敏生,李祖奎,2007.测井声波预测岩石力学特性的研究与应用[J].采矿与安全工程学报,24(1):74−78.

王启福,鲜学福,1992.岩石三点弯曲圆梁断裂韧性 K_{IC} 的测试研究[J].重庆大学学报,15(5):101−106.

王森,刘向君,陈乔,等,2015.碳酸盐岩储层孔隙度超声波评价数值模拟[J].地球物理学进展,30(1):267−273.

王宪刚,任晓娟,张宁生,等,2010.低渗透率气藏岩石电性参数特征及影响因素[J].测井技术,34(1):6−8.

王宇,李晓,武艳芳,等,2014.脆性岩石起裂应力水平与脆性指标关系探讨[J].岩石力学与工程学报,33(2):264−275.

魏建新,赵群,孟平,等,1997.各向异性介质中横波特征的实验研究[J].石油地球物理勘探,32(4):503−511.

魏周拓,范宜仁,陈雪莲,2012.横波各向异性在裂缝和应力分析中的应用[J].地球物理学进展,27(1):217−224.

吴涛,2015.页岩气层岩石脆性影响因素及评价方法研究[D].成都:西南石油大学.

肖宇,刘洪平,赵彦超,2016.鄂尔多斯盆地泾河油田长 8 段致密砂岩油层岩电性质研究[J].地球物理学进展,31(2):829−835.

肖占山,2006.复电阻率测井频散特性分析及其数值模拟[D].杭州:浙江大学.

邢丽波,2005.混合泥质砂岩导电效率、ABC、颗粒导电电阻率模型研究[D].大庆:大庆石油学院.

熊健,梁利喜,刘向君,等,2014.川南地区龙马溪组页岩岩石声波透射实验研究[J].地下空间与工程学报,10(5):1071-1077.

熊健,刘向君,梁利喜,等,2015a.四川盆地长宁地区龙马溪组上、下段页岩储层差异研究[J].西北大学学报(自然科学版),45(4):623-630.

熊健,刘向君,梁利喜,2015b.四川盆地长宁构造地区龙马溪组页岩孔隙结构及其分形特征[J].地质科技情报,34(4):70-77.

熊健,罗丹序,刘向君,等,2016.鄂尔多斯盆地延长组页岩孔隙结构特征及其控制因素[J].岩性油气藏,28(2):16-23.

岩石孔隙体积压缩系数测定方法:SY/T 5815—2016[S].

岩心分析方法:GB/T 29172—2012[S].

杨景强,樊太亮,马宏宇,等,有效介质电阻率模型在含泥含钙砂岩储层中的应用[J].测井技术,2008,32(6):514-518.

杨列林,2014.页岩气对国际能源品需求的影响及我国的发展对策[J].中国流通经济(4):117-121.

杨胜来,2004.油层物理学[M].北京:石油工业出版社.

殷硕,2010.基于毛管模型的泥质砂岩储层导电特性研究[D].青岛:中国石油大学(华东).

殷之文,2003.电介质物理学[M].北京:科学出版社.

雍世和,张超谟,2002.测井数据处理与综合解释[M].东营:石油大学出版社.

油藏岩石润湿性测定方法:SY/T 5153—2017[S].

油气储层评价方法:SY/T 6285—2011[S].

元海涵,1995.毛管理论在测井解释中的应用[M].北京:石油工业出版社.

岳文正,陶果,朱克勤,2004.饱和多相流体岩石电性的格子气模拟[J].地球物理学报,47(5):905-910.

张丽华,潘保芝,李宁,等,2011.基于三水模型的储层分类方法评价低孔隙度低渗透率储层[J].测井技术,35(1):31-35.

张明禄,石玉江,2005.复杂孔隙结构砂岩储层岩电参数研究[J].石油物探,44(1):21-23.

张宁生,1996.颗粒与油珠造成地层损害的实验与网络模拟研究[J].石油勘探与开发,23(1):48-51.

张盛,王启智,2009.用5种圆盘试件的劈裂试验确定岩石断裂韧性[J].岩土力学,30(1):12-18.

张文志,邢丽波,2005.混合泥质砂岩导电效率电导率模型[J].油气田地面工程,24(12):1-2.

张志强,鲜学福,1998.用带中心孔巴西圆盘试样测定岩石断裂韧性的研究[J].重庆大学学报(自然科学版),21(2):68-74.

周改英,2006.致密砂岩岩电参数实验研究[D].成都:西南石油大学.

周维垣,1990.高等岩石力学[M].北京:水利电力出版社.

周龙涛,2014.孔洞型碳酸盐岩超声波衰减特性的研究及应用[D].成都:西南石油大学.

朱洪林,2015.低渗砂岩储层孔隙结构表征及应用研究[D].成都:西南石油大学.

朱哲显,2014.缝洞型碳酸盐岩岩石物理参数尺度效应研究[D].成都:西南石油大学.

Altindag R, 2003. Correlation of specific energy with rock brittleness concepts on rock cutting[J]. Journal of the South African Institute of Mining and Metallurgy, 103(3): 163-171.

Altindag R, 2010. Assessment of some brittleness indexes in rock-drilling efficiency[J]. Rock Mechanics&Rock Engineering, 43(3): 361-370.

Anstey N A, 1991. Velocity in thin section[J]. First Break, 9(10): 449-457.

Archie G E, 1942. The electrical resistivity log as an aid in determining some reservoir characteristics[J]. Transactions of the AIME, 146(1): 54-62.

Berg C R, 1995. A simple, effective-medium model for water saturation in porous rocks[J]. Geophysics, 60(4):

1070 – 1080.

Berg C R,1996. Effective – medium Model for Calculating Water Saturation in Shaly Sands[J]. The Log Analyst,37 (3):16 – 26.

Berg C R,1998. A Comparison of SATORI and HB Effective – medium Conductivity Models[J]. The Log Analyst,39 (5):34 – 39.

Biot M A,1956a. Theory of propagation of elastic waves in a fluid – saturated porous solid: I – Low – frequency range[J]. J. Acoust Soc. Am. , 26:168 – 178.

Biot M A,1956b. Theory of propagation of elastic waves in a fluid – saturated porous solid: II – High – frequency range[J]. J. Acoust Soc. Am. , 28:179 – 191.

Biot M A,1956c. Theory of deformation of a porous viscoelastic anisotropic solid[J]. J. App. Phys. ,27:459 – 467.

Birch F,1960. The velocity of compressional waves in rocks to 10kb, Part 1[J]. J. Geophys. Res. , 65: 1 083 – 1102.

Birch F,1961. The velocity of compressional waves in rocks to 10kb, Part 2[J]. J. Geophys. Res. , 66:2199 – 2224.

Bishop A W,1967. Progressive failure – with special reference to the mechanism causing it[C]//Proceedings of the geotechnical conference, Oslo, 2: 142 – 150.

Blakeman E R, 1989. Application of Bimodal Porosity Concepts to the Development of Log Interpretation Models [C]//SPE Annual Technical Conference and Exhibition. Society of Petroleum Engineers.

Brunauer S, Emmett P H, Teller E, 1938. Adsorption of gases in multimolecular layers[J]. Journal of the American chemical society, 60(2): 309 – 319.

Carr N L, Kobayashi R, Burrows D B, 1954. Viscosity of Hydrocarbon Gases Under Pressure[J]. Journal of Petroleum Technology, 6(10):47 – 55.

Chilingar G V, 1964. Relationship Between Porosity, Permeability, and Grain – Size Distribution of Sands and Sandstones[J]. Developments in Sedimentology, 1:72 – 75.

Christensen N I, Wepfer W W,1989. Laboratory techniques for determining seismic velocities and attenuations, with application to the continental lithosphere[M]// Pakiser L C, Mooney W D. Geophysical framework of the continental United States, GSA Memoir 172. Boulder: Geological Society of America:91 – 102.

Clavier C, Coates G, Dumanoir J, 1984. Theoretical and experimental bases for the dual – water model for interpretation of shaly sands[J]. Society of Petroleum Engineers Journal, 24(2): 153 – 168.

Crane S D, 1990. Impacts Of Microporosity, Rough Pore Surfaces, and Conductive Minerals On Saturation Calculation From Electric Measurements: An Extended Archie's Law[C]//SPWLA 31st Annual Logging Symposium. Society of Petrophysicists and Well – Log Analysts.

De Witte A J, 1957. Saturation and porosity from electric logs in shaly sands[J]. Oil and Gas Journal, 55(9): 89 –97.

De Witte L,1950. Relations between resistivities and fluid contents of porous rocks[J]. Oil and Gas Jour, 49(16): 120.

De Witte L,1955. A study of electric log interpretation methods in shaly formations[J]. 204:103 – 332.

Dodson C R, Standing M B,1944. Pressure – Volume – Temperature And Solubility Relations For Natural – Gas – Water Mixtures[J].

Donaldson E C, Thomas R D, Lorenz P B, 1969. Wettability Determination and Its Effect on Recovery Efficiency [J]. Society of Petroleum Engineers Journal, 9(1):13 – 20.

Fatt I, 1958. Pore volume compressibilities of sandstone reservoir rocks[J]. Journal of Petroleum Technology, 10 (3): 64 – 66.

Gassmann F,1951. Elastic waves through a packing of spheres[J]. Geophysics, 16(4): 673 –685.

Gebrande H, Kern H, Rummel F,1982. Elastisity and inelasticity[M]// Hellwege, K. H. Landolt – Bornstein numerical data and functional relationships in Science and Technology, new series; Group V. geophysics and space research. New York: Springer – Verlag:1 – 233.

Geertsma J,1957. The effect of fluid pressure decline on volumetric changes of porous rocks[J]. AIME,210:331 – 340.

Givens W W, Schmidt E J, 1988. A generic electrical conduction model for low – contrast resistivity sandstones [C]//SPWLA 29th Annual Logging Symposium. Society of Petrophysicists and Well – Log Analysts.

Givens W W, 1986. Formation factor, resistivity index, and related equations based upon a conductive rock matrix model (CRMM)[C]//SPWLA 27th Annual Logging Symposium. Society of Petrophysicists and Well – Log Analysts.

Goktan R M, Yilmaz N G, 2005. A new methodology for the analysis of the relationship between rock brittleness index and drag pick cutting efficiency[J]. Journal of the South African Institute of Mining and Metallurgy, 105 (10): 727 –733.

Goodman R E, 1963. Subaudible noise during compression of rocks[J]. Geological Society of America Bulletin, 74 (4): 487 –490.

Guo Z, Li X, Liu C, et al, 2013. A shale rock physics model for analysis of brittleness index, mineralogy and porosity in the Barnett Shale[J]. Journal of Geophysics & Engineering, 10(2): 25006 – 25015.

Gupta A R, Gupta P K, Singh V N, et al,2013. A combination of effective medium theory and mixture theory to model electrical conductivity response of shaly sand reservoirs[C]. 10th Biennial International Conference& Exposition. Kochi: 2013: 480 –488.

Han D H, Nur A, Morgan D,1986. Effects of porosity and clay content on wave velocities in sandstones[J]. Geophysics, 51: 2093 –2107.

Heard H C, 1963. Effect of large changes in strain rate in the experimental deformation of Yule marble[J]. The Journal of Geology: 162 – 195.

Hearst J R, Nelson P H, Paillet F L,2000. Well logging for physical properties[M]. 2nd ed. Chichester: John Wiley.

Hill H J, Milburn J D,1956. Effect of clay and water salinity on electrochemical behavior of reservoir rocks[J]. Petroleum Transactions,207:65 – 72.

Hill R,1952. The elastic behavior of a crystalline aggregate[J]. Proc. Phys. Soc., A65:349 – 354.

Hucka V, Das B, 1974. Brittleness determination of rocks by different methods[C]// International Journal of Rock Mechanics and Mining Sciences & Geomechanics Abstracts. Pergamon, 11(10): 389 –392.

ISRM Testing Commission,1988. Suggested Method for Determining the Fracture Toughness of Rock[J]. Int. J. Rock mech. Sci. &Gocmoch. Abstr. ,25(2):71 – 96.

ISRM Testing Commission, 1995. Suggested method for determining mode I fracture toughness using cracked chevron notched Brazilian disc (CCNBD) specimens [J]. International Journal of Rock Mechanics and Mining Sciences, 32:57 – 64.

Jarvie D M, Hill R J, Ruble T E, etal, 2007. Unconventional shale – gas systems:the Mississippian Barnett Shale of north – central Texas as one model for thermogenic shale – gas assessment[J]. AAPG Bulletin, 91(4):475 – 499.

Jones L E A, Wang H, 1981. Ultrasonic velocities in Cretaceous shales from the Williston Basin[J]. Geophysics, 46(3): 288 – 297.

Kahraman S, Altindag R,2004. A brittleness index to estimate fracture toughness[J]. International Journal of Rock Mechanics and Mining Sciences,41(2):343 – 348.

Kaiser J, 1950. Untersuchungen über das Auftreten von Geräuschen beim Zugversuch [D]. Technische Hochschule München.

Kern H, Wenk H, 1990. Fabric – related velocity anisotropy and shear wave splitting in rocks from Santa Rosa Mylonite Zone, California[J]. J. Geophys. Res. , 95:11213 – 11223.

Kuijper D,1996. Electrical Conductivities in Oil – bearing Shaly Sand Accurately Described with the SATORI Saturation Model [J]. The Log Analyst,37(5):22 – 32.

Kumazawa M,1969. The elastic constant of polycrystalline rocks and nonelastic behavior inherent to them[J]. J. Geophys. Res. , 74:5311 – 5320.

Liu X, Xiong J, Liang L, 2015. Investigation of pore structure and fractal characteristics of organic – rich Yanchang formation shale in central China by nitrogen adsorption/desorption analysis [J]. Journal of Natural Gas Science and Engineering, 22, 62 – 72.

Meinzer E,1942. PHYSICS OF THE EARTH—IX[J].

Morrow N R, 1976. Capillary Pressure Correlations For Uniformly Wetted Porous Media[J]. Journal of Canadian Petroleum Technology, 15(4):49 – 69.

Neasham J W. 1977. The morphology of dispersed clay in sandstone reservoirs and its effect on sandstone shaliness, pore space and fluid flow properties,SPE – 6858 – MS//SPE Annual Fall Technical Conference and Exhibition, 9 – 12 October, Denver, Colorado.

Nur A, Mavko G, Dvorkin J, et al, 1998. Critical porosity: A key to relating physical properties to porosity in rocks [J]. The Leading Edge, 17(3): 357 – 362.

Peselnick L, Zietz I, 1959. Internal friction of fine – grained limestones at ultrasonic frequencies[J]. Geophysics, 24(2): 285 – 296.

Poupon A, Loy M E, Tixier M P, 1954. A contribution to electrical log interpretation in shaly sands[J]. Journal of Petroleum Technology, 6(6): 27 – 34.

Raiga – Clemenceau J, Fraisse C, Grosjean Y, 1984. The Dual – Porosity Model, A Newly Developed Interpretation Method For Shaly Sands[C]//SPWLA 25th Annual Logging Symposium. Society of Petrophysicists and Well – Log Analysts.

Raymer D S, Hunt E R, Gardner J S,1980. An improved sonic transit time – to – porosity transform, Proc. SPWLA 21st Ann. Meeting[M]. [s. l.]:[s. n.].

Revil A, Cathle L M, Losh S,1998a. Electrical conductivity in shaly sands with geophysical applications[J]. Journal of Geophysical Research,103(B10):23925 – 23936.

Revil A, Glover P W J,1998b. Nature of surface electrical conductivity in natural sands,sandstones,and clays[J]. Geophysical Research Letters,25(5):691 – 694.

Rickman R, Mullen M J, Petre J E, et al, 2008. A practical use of shale petrophysics for stimulation design optimization: All shale plays are not clones of the Barnett Shale[C]//SPE Annual Technical Conference and Exhibition. Society of Petroleum Engineers.

Sen P N,1992. Influence of temperature on electrical conductivity on shaly sands[J]. Geophysics,57(1):89 – 96.

Sheriff R E, 1995. Geldart L. P. Exploration seismology[M]. Cambridge:Cambridge university press.

Silva P L, Bassiouni D, 1986. Statistical Evalution of the SB Conductivity Model for Water – Bearing Shaly Formations[J]. The log analyst, 27(3): 9 – 19.

Simandoux P, 1963. Dielectric measurements on porous media, application to the measurements of water saturation: study of behavior of argillaceous formations[J]. Revue de l' Institut Francais du Petrol, 18(supplementary issue): 93 – 215.

Simmons G, Brace W F,1965. Comparison of static and dynamic measurements of compressibility of rocks[J]. J. Geophys. Res. , 70: 5649 – 5656.

Simmons G, 1964. Velocity of compressional waves in various minerals at pressure to 10 kbars[J]. J. Geophys. Res. , 69(6): 1117 – 1121.

Singh S P, 1986. Brittleness and the mechanical winning of coal[J]. Mining Science and Technology, 3(3): 173 –

180.

Suman R J, Knight R J,1997. Effects of pore structure and wettability on the electrical resistivity of partially saturated rocks—A network study[J]. Geophysics,62(4):1151 – 1162.

Tarasov B, Potvinb Y, 2013. Universal criteria for rock brittleness estimation under triaxial compression [J]. International Journal of Rock Mechanics and Mining Sciences, 59: 57 – 69.

Thomsen L, 1986. Weak elastic anisotropy[J]. Geophysics, 51(10): 1954 – 1966.

Timmerman E H, 1982. Practical reservoir engineering[J]. Pennwell Pub. co.

Toksoz M N, Johnston D H, 1981. Seismic wave attenuation[M]. Reprint Series 2. Tulsa: Society of Exploration Geophysicists.

Vahid H, Peter K, 2003. Brittleness of rock and stability assessment in hard rock tunneling[J]. Tunneling and Underground Space Technology, 18(1): 35 – 48.

Vinegar H J, Waxman M H,1984. Induced polarization of shaly sands [J]. Geophysics,49 (8) :1267 – 1287.

Visher G S, 1969. Grain size distributions and depositional processes[J]. Journal of Sedimentary Research, 39(3): 1074 – 1106.

Volarovich M P, Bajuk E I, 1977. Elastic properties or rocks[M]// Volarovich M P, Stiller H, Lebedev T S. Issledovanie Fiziceskich svoit sv mine ralnogo vescestva zemli pri vysokich temmodinamiceskich parametrach. Kiev: Izd. Nakova dumka.

Wang H F,2000. Theory of linear poroelasticity with applications to geomechanics and hydrogeology[M]. Princeton: Princeton University Press.

Waxman M H, Smits L J M, 1968. Ionic double – layer conductivity in oilbearing shaly sands[J]. SPE Formation Evaluation, 4(1): 20 – 32.

Waxman M H,Smits L J M, 2003. Electrical Conductivities in Oil – Bearing Shaly Sands Soc[J]. SPE Journal,8 (8):107 – 122.

Waxman M H,Thomas E C,2007. Electrical Conductivities in Shaly Sands I. The Relation Between Hydrocarbon Saturation and Resistivity Index; II. The Temperature CoeffiClent Of Electrical Conductivity[J]. SPE Journal,12 (3):213 – 225.

Weidner D J,1987. Elastic properties of rocks and minerals[M]// Sammis C G, Henyey T L. Methods of experimental physics, Volume 24, Geophysics, Part A, Laboratory measurements. San Diego: Academic Press, 1 – 30.

Wood A B, 1941. A textbook of sound[M]. G. Bell and Sons.

Worthington P F,1985. The Evolution of Shaly – Sand Concepts in Reservoir Evaluation[J]. The Log Analyst,26 (1): 23 – 40.

Wyllie M R J, Southwick P F, 1954. An experimental investigation of the SP and resistivity phenomena in dirty sands [J]. Journal of Petroleum Technology, 6(2): 44 – 57.

Wyllie M R J, Gregory A R, Gardner L W,1956. Elastic wave velocities in heterogeneous and porous media[J]. Geophysics, 21(129): 41 – 70.

Xiong J, Liu X, Liang L, 2015a. An Investigation of Fractal Characteristics of Marine Shales in the Southern China from Nitrogen Adsorption Data[J]. Journal of Chemistry.

Xiong J, Liu X, Liang L, 2015b. Experimental study on the pore structure characteristics of the Upper Ordovician Wufeng Formation shale in the southwest portion of the Sichuan Basin, China[J]. Journal of Natural Gas Science and Engineering, 22: 530 – 539.

Yagiz S,2009. Assessment of brittleness using rock strength and density with punch penetration test[J]. Tunnelling and Underground Space Technology,24(1): 66 – 74.

Yarali O, Kahraman S, 2011. The drillability assessment of rocks using the different brittleness values [J]. Tunnelling and Underground Space Technology, 26(2): 406 – 414.